气象综合观测系列教材

常规地面气象观测装备保障实习实训手册

主　　编：范雯杰
副 主 编：文　刚　温　博

气象出版社
China Meteorological Press

内容简介

本手册密切结合地面气象自动化观测业务的发展进行编写，主要内容包括电子技术基础、新型自动气象站和新型气象观测设备的装备保障知识等，详细介绍了相关仪器的安装、日常维护、信号测量和故障排除方法。此外，本手册还提供有实习实训题目供读者进行实践操作，从而切实掌握装备保障所需知识。为了便于扩展阅读和参考，本手册还在“百度网盘”上提供了相关参考资料，并针对部分仪器实践操作录制了视频。

本手册既可用作相关院校或培训机构在地面气象观测方面的教材，也可作为地面气象观测、气象装备保障和气象仪器生产研发等相关领域业务或技术人员的工具书。

图书在版编目（CIP）数据

常规地面气象观测装备保障实习实训手册 / 范雯杰主编. -- 北京 : 气象出版社, 2022.5

ISBN 978-7-5029-7696-5

Ⅰ. ①常… Ⅱ. ①范… Ⅲ. ①地面观测－气象观测－装备保障－手册 Ⅳ. ①P412.1-62

中国版本图书馆CIP数据核字(2022)第069018号

常规地面气象观测装备保障实习实训手册

Changgui Dimian Qixiang Guance Zhuangbei Baozhang Shixi Shixun Shouce

---

出版发行：气象出版社

地　　址：北京市海淀区中关村南大街 46 号　　**邮政编码**：100081

电　　话：010-68407112(总编室)　010-68408042(发行部)

网　　址：http://www.qxcbs.com　　**E-mail**：qxcbs@cma.gov.cn

责任编辑：张　媛　　**终　　审**：吴晓鹏

责任校对：张硕杰　　**责任技编**：赵相宁

封面设计：艺点设计

印　　刷：北京建宏印刷有限公司

开　　本：787 mm×1092 mm　1/16　　**印　　张**：12.5

字　　数：320 千字　　**彩　　插**：4

版　　次：2022 年 5 月第 1 版　　**印　　次**：2022 年 5 月第 1 次印刷

定　　价：80.00 元

《常规地面气象观测装备保障实习实训手册》
编 委 会

前　言

伴随着综合气象观测现代化建设的不断推进，从 2020 年 4 月起，地面气象观测业务已全面实现了自动化。与此同时，全国各气象观测台站所用的新型气象观测仪器也日益增多，除了新型自动气象站之外，能自动观测能见度、日照、雪深、降水类天气现象等各类气象要素的自动观测仪器也已全面投入业务运行。与此同时，如何保障这些自动化观测仪器的稳定、可靠运行，也对业务人员的岗位素质能力提出了更高要求。地面气象观测业务的工作重点也由人工观测转向了仪器装备保障、数据质量控制和观测产品加工等方面。

为此，本手册密切结合地面气象自动化观测业务的发展需要，以气象装备保障的岗位技能需求为重点进行编写，其目的是促进观测业务人员切实掌握所需知识，提升实践操作和故障排除的能力，从而保障气象观测设备的稳定可靠运行。

本手册由中国气象局气象干部培训学院牵头，组织干部学院河北分院、四川分院、新疆分院等单位共同编写，其初稿形成于 2012 年。近年来，结合观测自动化后的业务发展现状，编者又对相关内容进行了全面修订和更新，从而形成了更为精简、实用的当前版本。近 10 年来，本手册的初稿及修订版本已陆续在 90 余期全国观测员上岗和岗位能力培训班上进行了使用，取得了良好的应用效果。

本书的第 1 章 电子技术基础，由范雯杰、文刚、马晓磊等编写；第 2 章 新型自动气象站，仪器安装以及相关教学视频主要由赵振东、陈蓓莹、张静等编写或录制，其余内容则主要由范雯杰、余德亮、温博及分院相关老师编写；第 3 章 新型气象观测设备，主要由刘俊、陈蓓莹、范雯杰等编写，配套的教学视频则由刘俊、刘健进行录制和分享。

在本手册编写过程中，查阅参考了各相关仪器生产厂家和省级装备保障中心的大量资料、课件，在此特表示诚挚的谢意。

本手册全部内容均与当前的地面气象自动化观测业务紧密关联，尤其是书中还附有大量的实习实训题目可供读者进行实践操作练习。本手册既可用作地面气象观测类的教材，也可作为工具书供气象观测业务一线人员或相关行业参考使用。

为了便于扩展阅读，本手册还在“百度网盘”上提供了相关参考资料，并针对部分仪器实践操作录制了视频，后续还将结合业务发展持续更新。读者可通过以下地址进行下载：http://pan.baidu.com/s/1kVBepbp，提取密码：qln4。

由于编者水平有限，本手册中难免存在错误和不当之处，敬请广大读者批评指正。

编 者

2021年10月

实习实训须知

1. 应严格遵守安全操作规程。

2. 进行实习实训前，须认真研读本手册，明确目的要求，并按预习要求准备好相关知识。

3. 实习实训期间，须服从指导老师安排，以分组或独立操作的方式，按步骤依次完成操作。

4. 未经指导老师批准，不得擅自调换操作台或仪器设备，不得擅自动用室内各类操作工具、材料等。

5. 遇到操作问题或突发设备故障时，应及时向组长或指导老师反映；应如实填写实习实训报告。

6. 应共同维持室内的安静、整洁，不吃零食、吸烟、乱扔垃圾。

7. 在硬件实习实训室内，还应尤其注意用电安全，正确区分交流、直流电源，发现安全隐患应及时报告。

8. 应使水杯等水源远离各类仪器设备、电源等，避免造成短路或其他危险事故。

9. 实习实训结束后，需协助组长将各仪器设备、工具等复归原位，关闭计算机，并经组长或指导老师同意后，方可离开实习实训室。

目　录

第 1 章　电子技术基础

1.1　电路基本概念和万用表

1.1.1　预习内容

1. 电路基本概念、欧姆定律。
2. 交流电、直流电的区别及其在日常生活中的应用。
3. 万用表的种类和基本功能。

1.1.2　学时

1～2 学时。

1.1.3　目的要求

1. 了解电压、电流、电阻的基本概念及其相互关系。
2. 掌握利用万用表测量电阻、电流、电压和线路通断的基本方法。

1.1.4　设备与工具

1 套万用表、部分电子元器件和实习学习板(可选)。

1.1.5　原理与说明

1. 电路基本概念

(1)电压、电阻、电流

电压:静电场中电荷在某一点所具有的势能,又称电势能,用符号 U 表示,单位:伏特(V)。其常用单位和换算方法为:1 伏特(V)$=10^3$ 毫伏(mV)。

电阻:导体对电流的阻碍作用称为该导体的电阻,用符号 R 表示,单位:欧姆(Ω)。其常用单位和换算方法为:1 兆欧(MΩ)$=10^3$ 千欧(kΩ)$=10^6$ 欧(Ω)。

电流:电荷的定向移动,电流大小称为电流强度,用符号 I 表示,单位:安培(A)。其常用单位和换算方法为:1 安培(A)$=10^3$ 毫安(mA)。

(2)欧姆定律

电流、电压、电阻之间的关系,满足欧姆定律:电压=电阻×电流($U=R\times I$)。

同理可知：$I=U/R$，$R=U/I$。

例如，在图 1.1.1 中，可得到以下关系：

V_2 处的电压 $U=R_3\times I$。

电路中的电流 $I=U_{电}/(R_2+R_3)=U/R_3$。

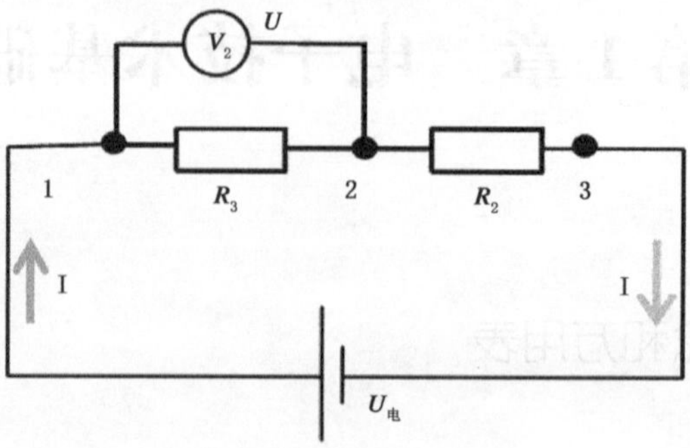

图 1.1.1　欧姆定律电路

(3)交流电和直流电

①交流电

交流电是强度与方向都随时间做周期性变化的电流，也称交变电流。发电厂的发电机利用动力使发电机中的线圈运转，每转 180°发电机输出电流的方向就会变换一次，因此电流的大小也会随时间做规律性的变化，此种电源就称为“交流电源”，简记为 AC。交流电是周期性(呈正弦曲线)变化的，因此，它是有频率的，通常电网接入供电为 50 Hz(如中国)或 60 Hz(如美国)，电压有 AC220 V(如中国)和 AC110 V(如美国)等。

自动气象站中的应用：气象业务台站中主要采用的是交流供电系统(AC220 V)，经电源控制器(如开关电源)将其转换为直流电输出。交流电若触电对人体伤害极大，在测量时尤其要注意操作安全。

② 直流电

直流电则是电荷沿着一个不变的方向流动，不随时间做周期性变化，产生直流电的电源称为“直流电源”，简记为 DC。直流分为几种类型，一般只考虑标准直流。

自动气象站中的应用：电源控制器(开关电源)、蓄电池的输出均为标准直流，为主采集器、从采集器和各路传感器提供工作电源。在测量时相对而言对人体危险小。

(4)模拟信号和数字信号

①基本概念

信号数据可用于表示任何信息，如符号、文字、语音、图像等，从表现形式上可归结为两类：模拟信号和数字信号。

模拟信号是指用连续变化的物理量表示的信息，其信号的幅度，或频率，或相位随时间作连续变化(图 1.1.2a)。而数字信号指幅度取值是离散的，幅度取值表示被限制在有限个数值之内(图 1.1.2b)。模拟信号与数字信号的区别可根据幅度取值是否离散来确定。

对模拟信号进行传输、处理的电子线路称为模拟电路。对数字信号进行传输、处理的电子线路称为数字电路。

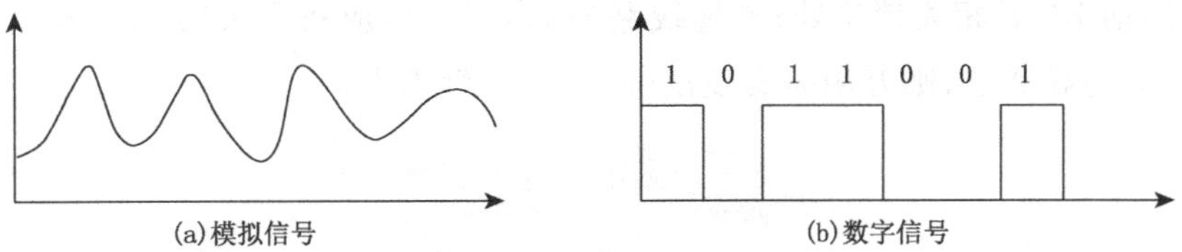

图 1.1.2　模拟信号和数字信号波形示意图

② 模拟信号和数字信号的区别

模拟信号与数字信号不同的数据必须转换为相应的信号才能进行传输:模拟数据一般采用模拟信号(analog signal)来表示,例如,用一系列连续变化的电磁波(如无线电与电视广播中的电磁波)或电压信号;数字数据则采用数字信号(digital signal)来表示,例如,用一系列断续变化的电压脉冲(如用恒定的正电压表示二进制数 1,用恒定的负电压表示二进制数 0)。

模拟通信的优点是直观且容易实现,但其在传输过程中会受到外界和通信系统内部的各种噪声干扰,噪声和信号混合后难以分开,从而使得通信质量下降。线路越长,噪声的积累也就越多。

数字化通信则加强了保密性和抗干扰性。模拟信号经 A/D 变换后,可以先进行加密处理,再进行传输,在接收端解密后,再经 D/A 变换还原成模拟信号。数字信号在传输过程中受干扰影响时,会由于其产生的杂音电压低于门限电压(称为阈值)而被过滤掉,从而提高了抗干扰能力。因而其传输距离远,也能适用于性能较差的线路。

自动气象站中的应用:自动气象站所用的交流、直流电源和模拟传感器的输出信号均为模拟信号,如温度、湿度、气压、蒸发、热电辐射表等;自动气象站所用的串口通信、光纤通信、控制器局域网络(controller area network,CAN)总线等方式则为数字信号,如气压、能见度、天气现象等。

2. 万用表

(1)概述

万用表是一种多功能、多量程的测量仪表,按显示方式可分为指针万用表和数字万用表。数字式万用表的测量值由液晶显示屏直接以数字的形式显示,读取方便,应用最为广泛,也是本章将介绍的万用表。

万用表一般可测量直流电流、直流电压、交流电压、电阻和线路通断等,有的型号还可以测量交流电流、电容量、电感量及半导体的一些参数。

自动气象站中的应用:在对自动气象站进行日常维修时,经常需要利用万用表进行信号测量,进而排查各类故障。因此,掌握万用表的基本用法,尤其是测量直流电压、交流电压、电阻及线路通断的方法,这是进行日常维修的基础。

(2)测量方法

(彩)图 1.1.3 为某款数字万用表的外形和功能介绍,其面板上部为液晶显示屏(liquid crystal display,LCD),显示屏左下方设有整机电源开关(POWER),按下为“开”,再按一下,使其弹起为“关”。

面板中央为功能量程选择开关。使用时,根据测量对象不同,转动该开关(旋钮)至适当档位(量程)即可进行测量。如测量交流电压时,应将开关转动至“V～”相关档位处;测量电阻时，应将开关转动至“Ω”相关档位处；测量线路通断好坏时，应将开关转动至蜂鸣档（((•）处，若其测量的线路是导通的，则万用表会发出蜂鸣声，否则不发声。

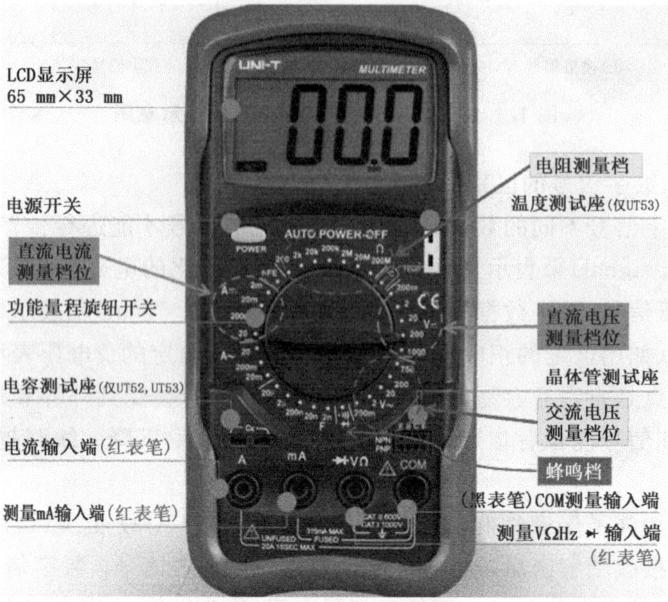

图 1.1.3　某款数字万用表实物图和功能介绍

在进行上述档位选择时，需根据测量值来估计合适的量程，从而选择合适的档位。量程需选择比估计值大的，且应尽量接近量程。如果事先不清楚被测电压的大小时，应先选择最高量程档位，然后逐渐减小到合适的量程(注意：表盘上的数值均为该量程的最大值。如果量程选择过小，则有烧毁万用表的风险；若所选量程过大，则读数误差也会增大)。

面板下部有 4 个插孔，分别是：公共端插孔“COM”；测量电压、电阻和二极管插孔“VΩ”；测量较低电流插孔“mA”；测量较高电流插孔“A”。在使用时，应将黑表笔插入“COM”插孔，红表笔插入相应插孔。

(3)使用注意事项

①满量程时，显示屏仅在最高位显示数字“1”，其他位均消失，这表明量程选值太小，应将量程转至数值较大的档位上。

②测电压时，应将数字万用表与被测电路并联(图 1.1.4)，测量交流、直流电压时一定要注意档位是否正确。

③测电流时，应与被测电路串联(图 1.1.4a)，测直流电流时，不必考虑正负极性。

④测电阻时，注意：用大量程测小电阻会出现“000”，表示无阻值；用小量程测大电阻会出现“1”，表示无穷大。

⑤万用表的“红表笔、黑表笔”较粗，操作稍有不当，便会导致印制板线路短路，因此使用时应注意其摆放位置。

⑥若显示屏上出现“[− +]”符号，则表示电池电压低，此时读数可能出错，应及时更换电池。

⑦禁止在测量高电压(220 V 以上)或大电流(0.5 A 以上)时换量程，以防止产生电弧，烧毁开关触点。

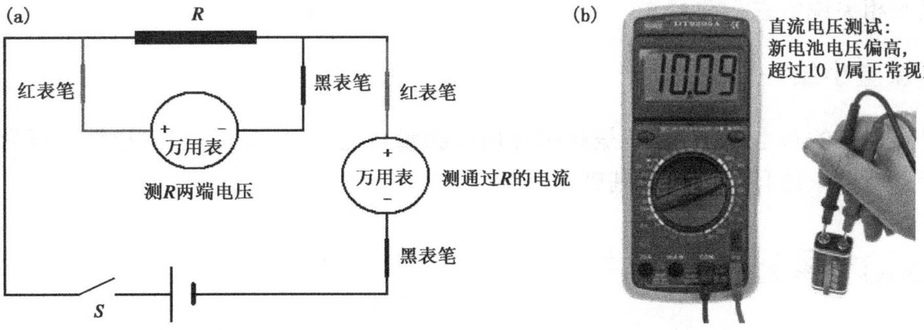

图 1.1.4　万用表在电路中测量电压/电流示意图(a)和测电池电压实物图(b)

1.1.6　实习实训内容与步骤

1. 实习所用的万用表型号为＿＿＿＿＿＿＿。

2. 参照图 1.1.3，熟悉万用表的结构，填写下列内容(填入"√"或"×")：

电源开关＿＿＿＿＿＿＿；量程选择开关＿＿＿＿＿＿＿；红表笔＿＿＿＿＿＿＿；黑表笔＿＿＿＿＿＿＿；

"COM"插孔＿＿＿＿＿＿＿；电阻/电压"Ω/V"插孔＿＿＿＿＿＿＿；蜂鸣器档＿＿＿＿＿＿＿；

电阻测量档＿＿＿＿＿＿＿；电容测量档＿＿＿＿＿＿＿；交流电压测量档＿＿＿＿＿＿＿；

交流电流测量档＿＿＿＿＿＿＿；直流电压测量档＿＿＿＿＿＿＿；直流电流测量档＿＿＿＿＿＿＿；

其他档位＿＿＿＿＿＿＿；＿＿＿＿＿＿＿；＿＿＿＿＿＿＿。

注：若有新型自动气象站信号模拟学习板，则以下操作可在其上进行(附录 A)。

3. 调节万用表至电阻的相应测量档位，进行电阻测量练习，填写测量值：

电阻 1：＿＿＿＿＿＿＿ Ω；　电阻 2：＿＿＿＿＿＿＿ Ω。

4. 调节万用表至直流电压的相应测量档位，对电池进行测量，填写测量值：

电池 1 的电压：＿＿＿＿＿＿＿ V；电池 2 的电压：＿＿＿＿＿＿＿ V。

5. 调节万用表至直流电流的相应测量档位，将万用表串联至电路中，对电流进行测量，填写测量值(本小题选做)：

电路 1 的电流：＿＿＿＿＿＿＿；电路 2 的电流：＿＿＿＿＿＿＿。

6. 调节万用表通断档位，对相关电子元件或线路进行测量，填写测量结果(导通填"√"、不导通填"×")：

测量点 1：＿＿＿＿＿＿＿；测量点 2：＿＿＿＿＿＿＿；测量点 3：＿＿＿＿＿＿＿。

7. 仪器整理：将万用表、各类测量元件等复位，摆放整齐。

1.1.7　注意事项

1. 使用万用表测量时，必须正确选择参数档和量程档，同时应注意两支测量表笔的正负极性。

2. 测量电压或电阻时，万用表与被测电路或电阻并联，测量电流时，与被测电路串联。

3. 禁止在测量高电压(220 V 以上)或大电流(0.5 A 以上)时换量程，以防止产生电弧，烧毁开关触点。

4. 万用表的型号不同，其档位特征和测量功能可能也有所不同。实际工作中，应结合所用万用表的相关说明进行测量。

1.1.8 课堂小结

掌握万用表的基本用法，尤其是利用万用表测量直流电压、交流电压、电阻及线路通断等，这是进行自动气象站日常维修的基础。

1.2 自动气象站常用元件

1.2.1 预习内容

1. 二极管、避雷器、开关电源、保险管、蓄电池、UPS 等基本知识及其在日常生活中的应用。

2. 串口通信、光纤通信、CAN 通信的基本特点、应用领域及其差别。

3. 自动气象站常用线缆、接线端子的基本特点及其应用领域。

4. 电烙铁焊接的基本方法(选修)。

1.2.2 学时

1～2 学时。

1.2.3 目的要求

1. 掌握二极管、避雷器、保险管、蓄电池的基本概念和测量方法。

2. 了解串口通信、光纤通信、CAN 通信的基本特点及其实物。

3. 掌握自动气象站常用线缆、接线端子的基本特点及其使用方法。

4. 了解使用电烙铁焊接电缆接插件的基本方法(选修)。

1.2.4 设备与工具

1 套万用表、部分元器件、线缆、接线端子、焊接工具或实习学习板(可选)。

1.2.5 原理与说明

1. 避雷组件

(1)防雷二极管

二极管的主要特性是单向导电，也就是电流只可以从二极管的一个方向流过。在正向电压下，其导通电阻很小，可以通过信号；在反向电压作用下，其电阻极大或者是无穷大，如同一只断开的开关。但应注意的是，当二极管外加的反向电压超过某一数值时，反向电流会突然增大，此时防雷二极管便被电击穿。

自动气象站中的应用：防雷二极管广泛应用于 CAWS600-B(图 1.2.1)、DZZ3、DZZ5、DZZ6 等型号的自动气象站的防雷板上，其作用是在主采集器与传感器之间起到一定的防雷保护作用：若自动站传感器感应到雷电高电压，此时雷电流将经线路到达防雷二极管的正端，并将防雷二极管反向电击穿，从而使雷电流泄放到“地(GND)”，因此可保护主采集器免遭雷击损坏，当雷电流经防雷二极管到地泄放完后，防雷二极管又恢复反向截止状态，传感器采集到的信号又将直接送往主采集器，使自动气象站再次恢复正常。不同型号自动气象站所用的防雷二极管的批次、型号不同，其外形和避雷性能也有差异。

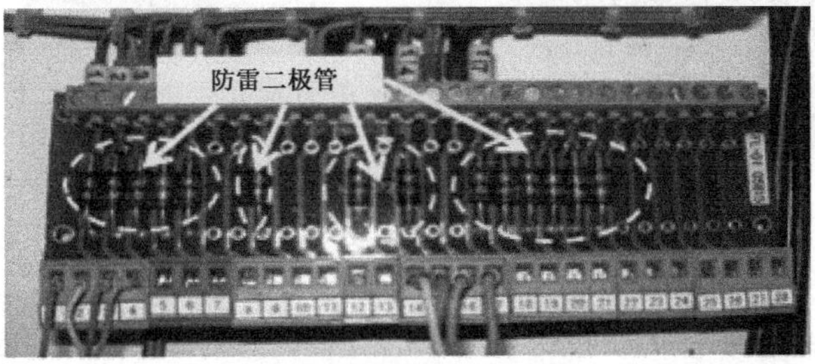

图 1.2.1　防雷板(CAWS600-B)上的防雷二极管(圆圈内)实物图

(2)避雷器

避雷器(防雷器、电压保护器)是用于保护电气设备免受高瞬态过电压危害，并限制续流时间，也常限制续流幅值的一种电器。避雷器分为很多种，按其保护的对象，可分为信号避雷器、电源避雷器等；电源避雷器也可分为交流避雷器、直流避雷器等。

自动气象站中的应用：用于保障自动气象站的用电安全，其型号众多，避雷性能差异较大。图 1.2.2a 中部为一款交流避雷器实物图，该避雷器用于交流输入信号(AC220 V)的避雷防护，一旦发生故障，其中部的指示灯会点亮。

(3)信号隔离器

用于提高输入、输出电源之间的电气隔离性能。不同类型的信号隔离器可以起到增加信号传输距离、保护下级电路、抑制干扰等作用。

自动气象站中的应用：串口隔离器可用于自动气象站与业务计算机之间的串行通信，起到防雷保护、增加传输距离的作用。

(4)其他避雷装置

除上述器件外，自动气象站还配备有避雷针等防雷设施。此外，新型自动气象站所采用的光纤通信方式，也可在主采集器和业务计算机中间起到良好的防雷作用。

2. 供电组件

空气开关又名空气断路器，是一种只要电路中电流超过额定电流就会自动断开的开关，集控制和多种保护功能于一身，起到控制自动气象站交流供电电源通断的作用。

开关电源是利用现代电力电子技术，控制开关管开通和关断的时间比率，维持稳定输出电压的一种电源，可分为直流开关电源和交流开关电源两类。直流开关电源((彩)图 1.2.2a)可将电能质量较差的原生态电源(粗电)，如市电电源或蓄电池电源，转换成满足设备要求的质量较高的直流电压(精电)。

保险管(保险丝、熔断器)是一种安装在电路中，保证电路安全运行的电器元件。它会在电流异常升高到一定的高度和一定的时候，自身熔断(断路)，切断电流，从而起到保护电路安全运行的作用((彩)图 1.2.2b)。

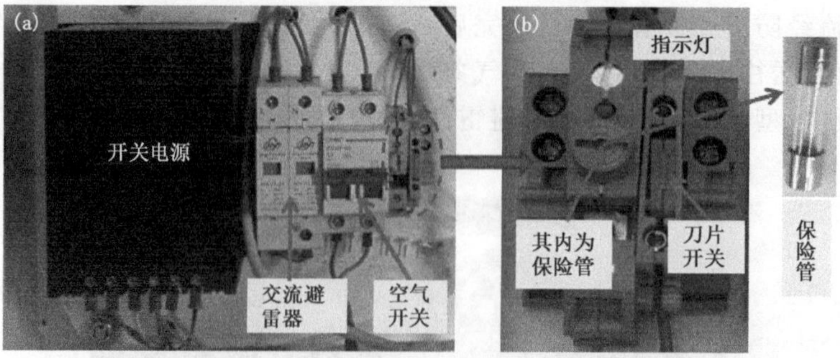

图 1.2.2　自动气象站(DZZ5)供电组件实物图

蓄电池(二次电池)是将化学能转换成电能的一种装置,是按可再充电设计的电池,通过可逆的化学反应实现再充电,通常是指铅酸蓄电池。它的工作原理是:充电时利用外部的电能使内部活性物质再生,把电能储存为化学能,需要放电时再次把化学能转换为电能输出,比如生活中常用的手机电池、汽车电池等。

不间断电源(UPS)是将蓄电池(多为铅酸免维护蓄电池)与主机相连接,通过主机逆变器等模块电路将直流电转换成市电的系统设备,主要用于给单台计算机、计算机网络系统或其他电力电子设备等提供稳定、不间断的电力供应。当市电输入正常时,UPS 将市电稳压后供应给负载使用,此时的 UPS 就是一台交流市电稳压器,同时它还向机内电池充电;当市电中断(事故停电)时,UPS 立即将电池的直流电能,通过逆变零切换转换的方法向负载继续供应 220 V 交流电,使负载维持正常工作并保护负载软件、硬件不受损坏。UPS 设备通常对电压过高或电压过低都能提供保护。

自动气象站中的应用:以 DZZ5 供电端为例(图 1.2.2),其供电输入的交流电(AC220 V)经开关电源将其转换为直流电输出,其中,保险管起到控制直流电源输出的作用,以保护后端的数据采集器和各类传感器。此外,蓄电池作为自动气象站的备用电源,当没有市电供应时,仍然可以保证自动气象站正常工作一段时间。UPS 则作为自动气象站交流输入、值班室内业务计算机等的备用电源使用。

3. 通信方式

(1)串口通信

串口通信是计算机上一种非常常用的设备通信协议。它是指外设和计算机间,通过数据信号线、地线、控制线等,按位进行传输数据的一种通信方式。这种通信方式使用的数据线少,在远距离通信中可以节约通信成本,但其传输速度比并行传输低。

串口,也称串行通信接口,按电气标准及协议来分,包括 RS232、RS422、RS485、USB 等。在计算机上若已经配备有 RS232,直接使用就行了,若使用 RS485 通信,只要在 RS232 端口上配接一个 RS232 转 RS485 的转换头就可以了。

大多数计算机(不包括笔记本电脑)通常包含两个基于 RS232 的串口。串口按位(bit)发送和接收字节(图 1.2.3a)。尽管比按字节(byte)的并行通信慢,但是串口可以在使用一根线发送数据的同时,用另一根线接收数据。典型地,串口用于 ASCII 码字符的传输,使用 3 根线完成(图 1.2.3b):地线(5 脚)、发送(2/3 脚)、接收(2/3 脚)。由于串口通信是异步的,端口能够在一根线上发送数据，同时在另一根线上接收数据。其他线用于握手，但不是必须的。串口通信最重要的参数是波特率、起始位、数据位、停止位和奇偶校验位。

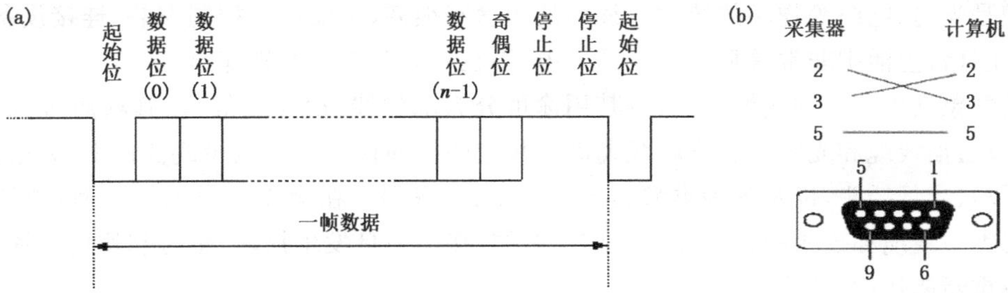

图 1.2.3　串口通信的字符帧格式(a)、接口分布和基本通信连接(b)示意图

对于两个进行通信的端口，这些参数必须匹配：

①波特率：表示每秒钟传送的位的个数，是一个衡量通信速度的参数。波特率和距离成反比，高波特率常常用于近距离仪器间的通信。

②起始位：位于字符帧的开头，只占1位，始终为逻辑低电平，表示发送端开始发送1帧数据。

③数据位：紧跟起始位后，是衡量通信中实际数据位的参数。

④停止位：末尾，为逻辑"1"高电平，表示1帧字符传送完毕。

⑤奇偶校验位：占1位，用于对字符传送做正确性检查，是串口通信中一种简单的检错方式。奇偶校验位是可选择的，共有3种可能，由用户根据需要选定，可使接收设备有机会判断是否有噪声干扰了通信或者传输和接收数据是否不同步。

自动气象站中的应用：广泛适用于主采集器与计算机、智能传感器（如气压、能见度）之间的通信，以及综合集成硬件控制器与智能传感器（如云高、天气现象）之间的通信。以华云CAWS600型（采集器DT80/DT85）自动气象站为例：其采用串行通信连接方式（图1.2.3b）发送数据到计算机，其串口参数设置为"9600 N 8 1"，表示"9600为波特率，无奇偶校验位，8为数据位，1为停止位"。

(2)光纤通信

光纤通信是以光波作为信息载体，以光纤作为传输媒介的一种通信方式。光纤通信是利用了光的全反射原理，当光的注入角满足一定条件时，光便能在光纤（光波导）内形成全反射，从而达到长距离传输的目的。按其传输模式，可分为多模光纤和单模光纤两类。

光纤以其传输频带宽、抗干扰性高、保密性好、信号衰减小、通信容量大和传输距离远的优点，而远优于电缆、微波通信的传输，已成为世界通信中主要传输方式。但光纤也存在质地脆、需额外供电等问题。

自动气象站中的应用：部分新型自动气象站和业务计算机之间的数据传输；综合集成硬件控制器与业务计算机之间的数据传输。

(3)CAN总线

CAN总线是国际上应用最广泛的现场总线之一。CAN总线方式与串口通信的最大区别在于：其具有硬件控制机制，由硬件控制器实现在发送数据时出现的冲突管理，确保数据传输的可靠性。

自动气象站中的应用:新型自动气象站的主采集系统和分采集系统之间的通信。

4. 线缆

线缆是光缆、电缆等物品的统称。线缆的用途有很多,主要用于控制安装、连接设备、输送电力等,在日常生活中非常常见。若电缆带电,则在安装时更需特别谨慎。

自动气象站中使用的线缆众多,按其用途可分为电源线、信号线等,按其材质可分为同轴线缆、串口通信线缆和光纤等。不同线缆需用相应的接插件连接到机箱或器件上,如航空插头(同轴线缆)、光纤插头,以及各种类型的接口端子、插座等。在操作各类接插件时,要注意:需根据不同类型线缆和插头的特征进行操作。线缆、接头一旦发生损坏,也可利用电烙铁对其进行修复或重新制作(光纤除外)。

下面以航空插头、光纤插头和接口端子为例进行介绍。

(1)航空插头

航空插头是连接电气线路的机电元件,主要用于自动气象站采集器箱、传感器的信号连接等。在对其进行插拔操作时,要注意以下几点:

①安装时要注意把指针对应好,应注意插头上各处的“凸起”应与插座上的各处的“凹槽”对齐((彩)图 1.2.4a)。

②指针对好后,捏住航空插头的尾部并上紧((彩)图 1.2.4b)。

③安装航空插头时,用手握住航空插头的尾部,用力把螺纹拧紧,但不可强用力。

④插拔航空插头时,不要把线弯曲,以防止长时间使用而造成接触不良;不可太用力,以防把线拉断,造成接触不良。

⑤安装航空插头底座时,应将其内环拧紧,防止松动进水。

(2)光纤插头

光纤插头可将两根光纤永久地或可分离开地联结在一起,它是光纤的末端装置。在安装光纤插头时,应注意:将其槽口对准光纤插座的相应定位点,并轻轻用力向内顶;当顶到位后,再顺时针旋转 1/4 圈,即可将光纤插头锁紧((彩)图 1.2.4c)。在使用时,应注意不要踩踏、挤压、扭折光纤线缆,且光纤的弯曲半径(>20 cm)不能过小,否则易造成光纤损坏。当光纤损坏时,可更换整根光缆,或进行光纤熔接。但熔接光纤只能利用专业设备,并由专业人士来进行操作。

(3)接口端子

接口端子是用于实现电气连接的一种配件产品,可方便导线的连接。它其实就是一段封在绝缘塑料里面的金属片,两端都有可以插入导线的插孔,有螺丝可用于紧固或者松开,比如两根导线,有时需连接,有时又需断开,这时就可用端子把它们连接起来,并可随时断开,很方便快捷(不需焊接),适合于大量的导线互联。

接口端子广泛应用于自动气象站传感器信号线、电源输入线、通信线等部分的接线。在使用时,可利用万用表测量与接口端子相连接的引线输出信号值,此时应用万用表的表头测量金属“螺丝”位置((彩)图 1.2.4d);在接入引线时,应先用小一字螺丝刀逆时针旋转“螺丝”,待“引线接入点”内留出一定空间时,再将引线端子插入“引线接入点”,然后顺时针拧紧螺丝,即可保证引线端子与接口端子良好接触。

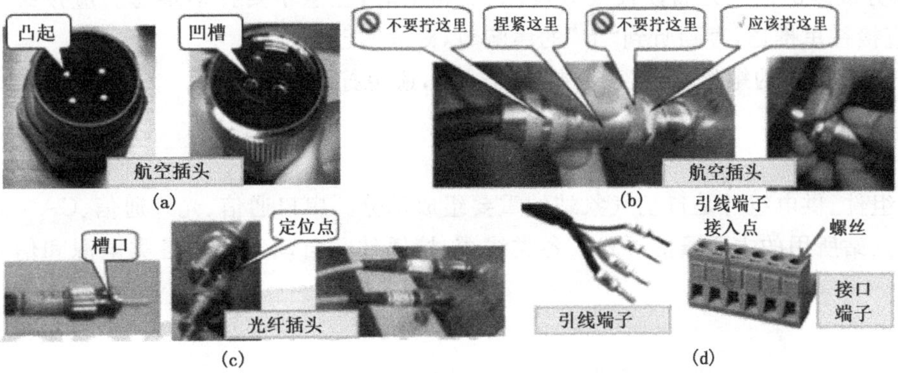

图 1.2.4　几种不同插头和接口的实物图

1.2.6　实习实训内容与步骤

注：若有新型自动气象站信号模拟学习板，则下列 1～3 题的操作可在其上进行（附录 A）。

1. 二极管好坏测量：

二极管 1 反向电阻：______________，好坏判断：______________（√或×）；

二极管 2 反向电阻：______________，好坏判断：______________（√或×）。

注：用万用表“电阻档”测量一下二极管的反向电阻，如果很小，说明其是坏的；很大，则说明其是好的（对防雷二极管，其正反向电阻值都很大）。

2. 保险管好坏测量（√或×）：

保险管 1 好坏判断：__________；保险管 2 好坏判断：__________。

注：用万用表“蜂鸣档”测量一下保险管两端，若发出蜂鸣声，说明是好的；不发声，说明是坏的。

3. 练习引线端子与接口端子相连接的方法，正确找到万用表的测量位置。

4. 对照实物，认识串口、光纤通信口、CAN 总线接口及其配套线缆。

5. 练习航空插头、光纤插头的插拔方法。

6. 自动气象站线缆、插头的制作（选修）：

（1）熟悉电烙铁的基本结构。

（2）学习电烙铁的使用基本方法，进行焊接操作练习。

（3）了解线缆、插头的基本结构和焊接位置，利用电烙铁制作线缆和插头。

7. 仪器整理：将万用表、各类测量元件等复位，摆放整齐。

1.2.7　注意事项

1. 使用蓄电池和 UPS 时，一定不要将正负极短路或接反。否则极易引发危险或损坏仪器。

2. 插拔自动气象站各类器件时，应先断电。

3. 插拔各类插头时，应用巧劲。应根据各类插头的特点，先找准接触位置，再进行安装。切不可使用蛮力，否则极易造成插头损坏。

4. 部分线缆的插头为插拔式接口，接到机箱上时，注意不要拧动螺母。应按螺母针口数目对齐，直接往里推送，直到听到“卡”的声响时，则表明已经接好。

5. 拧接口端子的螺丝时，注意不要用力过猛，避免拧断接线端子。

1.2.8　课堂小结

避雷组件、供电组件是自动气象站的重要组成部分。串口通信、光纤通信、CAN 总线通信是自动气象站所用的主要通信方式。各类线缆、接插件是自动气象站各类电源和信号进行传输的通道。

第 2 章　新型自动气象站

2.1　整体结构

2.1.1　预习内容

1.《新型自动气象(气候)站功能规格书(修订版)》(气测函〔2012〕194 号)。

2.《新型自动气象站维护规范(试行)》(气测函〔2015〕165 号)。

3.《地面气象观测场规范化建设图册》(气测函〔2014〕74 号)。

4.新型自动气象站的主要型号及其主要结构。

5.《新型自动气象站实用手册》(中国气象局气象探测中心,2016)。

2.1.2　学时

1 学时。

2.1.3　目的要求

1. 了解新型自动气象站的分类,确认实习实训所用自动气象站的型号。

2. 熟悉新型自动气象站的整体结构和通信方式。

2.1.4　设备与工具

1 套完整的新型自动气象站和配套工具。

2.1.5　原理与说明

1. 概述

(1)旧型号的自动气象站

在新型自动气象站广泛使用之前,气象业务中所用的上一代旧型号的自动气象站(也称Ⅱ型站或Ⅱ代站)在设计上差异较大、扩展性较差,有的主采集器放在室外,有的放在室内。上一代自动气象站的主要型号为 CAWS600、ZQZ-CⅡ和 DYYZ-Ⅱ等(表 2.1.1),其中,CAWS600 系列应用最为广泛、ZQZ-CⅡ系列次之,2004—2014 年它们曾是我国的主流气象站型号。当前,上一代自动气象站仍在部分台站中承担着备份站的作用,或应用于区域气象观测站中,因此,本书也在附录 B 中给出了 CAWS600-B 型自动气象站的相关操作习题,方便读者练习或了解。

表 2.1.1　业务台站用自动气象站主要型号

装备名称	型号	生产单位
自动气象站(旧型)	CAWS600	华云升达(北京)气象科技有限责任公司
自动气象站(旧型)	ZQZ-CⅡ	江苏省无线电科学研究所有限公司
自动气象站(旧型)	DYYZ-Ⅱ	长春气象仪器有限公司
自动气象站(旧型)	WP3103	广东省气象计算机应用开发研究所
新型自动气象站	DZZ1-2	广东省气象计算机应用开发研究所
新型自动气象站	DZZ3	上海长望气象科技有限公司
新型自动气象站	DZZ4	江苏省无线电科学研究所有限公司
新型自动气象站	DZZ5	华云升达(北京)气象科技有限责任公司
新型自动气象站	DZZ6	中环天仪(天津)气象仪器有限公司

(2)新型自动气象站

伴随着观测业务的不断发展,上一代(旧型)自动气象站已被新型自动气象站所取代。相对于上一代气象站,新型自动气象站做了诸多改进:研发方式上,以《新型自动气象(气候)站功能规格书(修订版)》(气测函〔2012〕194 号)作为参照标准;在考核上,由中国气象局按照功能规格书进行统一考核。因此,新型自动气象站按照统一标准、统一功能、统一结构、统一方法、统一规范的设计思路,基本做到了各部件或模块互换的自适应,达到满足现有气象观测站的气候观测、天气观测和区域观测业务的需要。

气象业务中所用的新型自动气象站主要型号如表 2.1.1 所示。其中,DZZ4 和 DZZ5 型号的新型自动气象站在全国应用最为广泛,DZZ6、DZZ3 次之,DZZ1-2 则仅在广东省布网。因此,本书的相关介绍和实习实训以布局最广泛的 DZZ4、DZZ5 为主,DZZ6 和 DZZ3 的主要信号测量点与 DZZ5 相近,可参考 DZZ5 进行测量。

2. 新型自动气象站的整体结构

新型自动气象站采用了先进的嵌入式系统技术和外部总线技术,采用的是“主采集器＋外部总线＋分采集器＋传感器＋外围设备”的结构设计方式。

新型自动气象站由硬件和软件两大部分组成。其中,硬件主要包括数据采集器、传感器、电源、业务计算机、通信系统等设备(其组成结构可参见附录 C、附录 D 的图 C1、图 D1)。新型自动气象站还可通过综合集成硬件控制器,与日照、天气现象、辐射等智能化的观测设备连接在一起,构成满足台站地面气象观测业务的地面气象观测自动化系统(图 2.1.1)。其中,图 2.1.1左下角方框内为新型自动气象站的组成结构。

数据采集器是新型自动气象站的核心,其主要功能是数据采样、数据处理、数据存储及数据传输,满足以下要求:

①具有各类工作状态指示灯,能够直观地显示出采集器的工作运行状态。

②自身能够存储 1 h 的采样瞬时值、7 d 的瞬时气象(分钟)值、1 个月的正点气象要素值。

③外存储器(卡)应至少能够存储 6 个月全要素分钟数据。

④内部时钟误差不超过 15 s/月。

⑤市电中断时,电源能保证其正常工作至少 7 d。

按其功能不同,新型自动气象站的数据采集器可分为主采集器和分采集器两类。

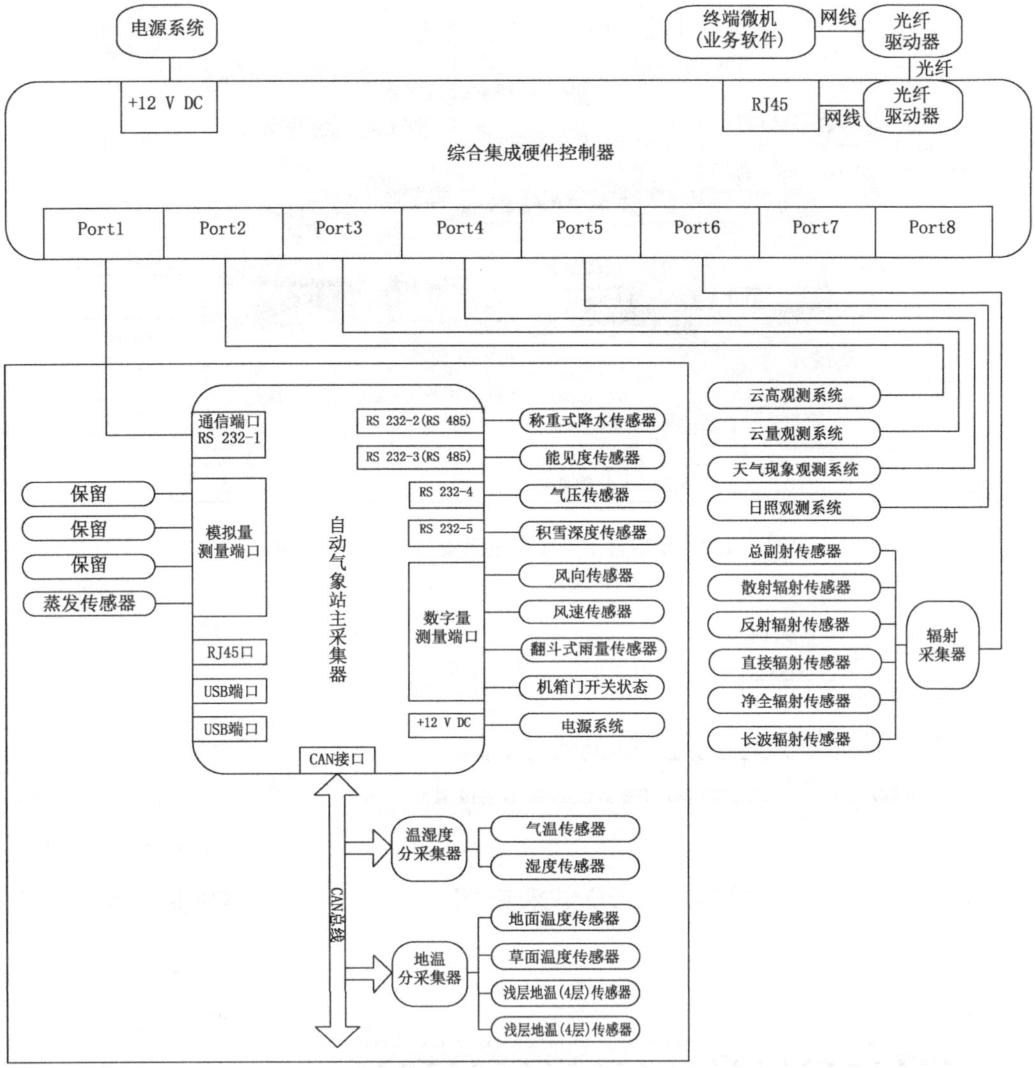

图 2.1.1　不含(左下角方框内)和含综合集成硬件控制器的新型自动气象站系统连接结构

3. 主采集器

主采集器(图 2.1.2、图 2.1.3)主要有两大功能:一是完成对基本气象要素传感器和各分采集器的采样,对采样数据进行控制运算、数据处理、数据质量控制、数据存储、通信和传输,与终端计算机或远程数据中心进行交互;二是担当管理者角色,对构成自动气象站的其他分采集器进行管理,以协同完成自动气象站的功能。

主采集器可直接挂接的传感器包括:气温、湿度、气压、降水量(翻斗或容栅式)、风向(10 m 高度)、风速(10 m 高度)、总辐射、蒸发和能见度。

4. 分采集器

分采集器同样使用嵌入式处理器技术,按照气象要素性质的不同,可分为气候观测分采集器、辐射观测分采集器、地温观测分采集器、土壤水分观测分采集器、海洋气象观测分采集器和智能分采集器。

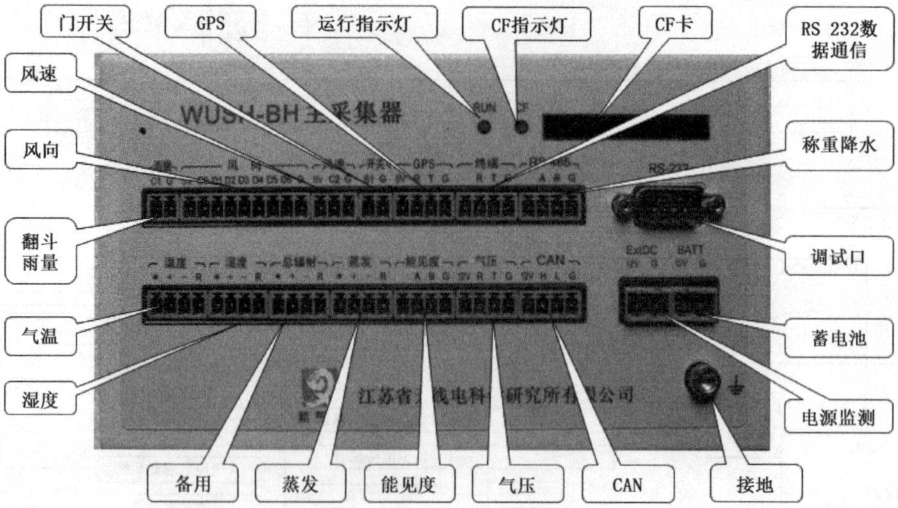

图 2.1.2　新型自动气象站主采集器实物图(DZZ4)

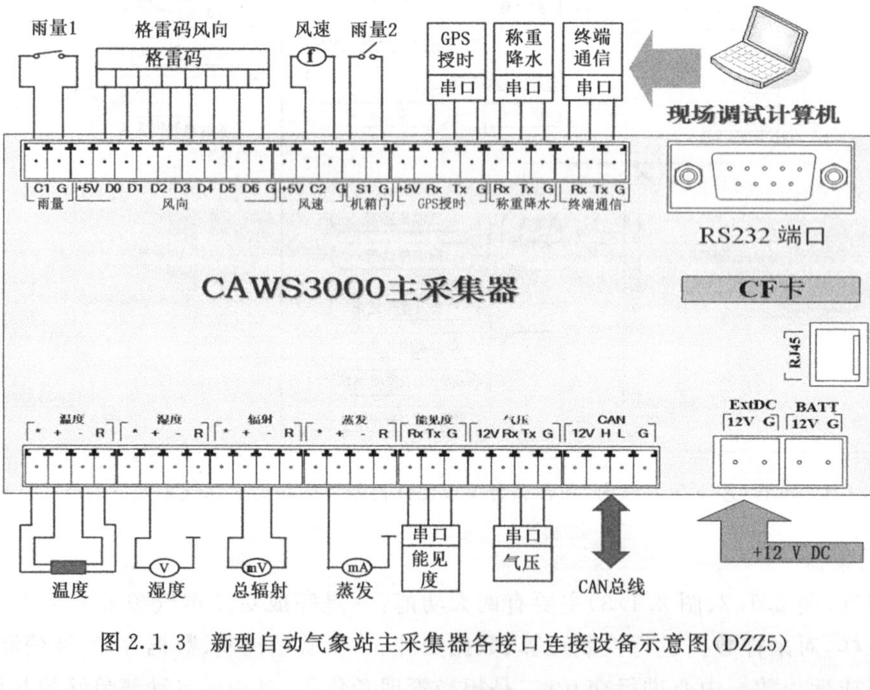

图 2.1.3　新型自动气象站主采集器各接口连接设备示意图(DZZ5)

分采集器负责所接入传感器对应的气象要素测量，对挂接的传感器按预定的采样频率进行扫描，收到主采集器发送的同步信号后，将获得的采样数据通过总线发送给主采集器。分采集器能够监测自身的工作状态，至少包括电源电压、传感器状态和通信状态监测。

5. 传感器

根据输出信号特点，新型自动气象站使用的传感器(表 2.1.2)可分为模拟传感器，数字传感器、智能传感器 3 类。各传感器的测量性能应遵循《新型自动气象(气候)站功能规格书》和相关规范要求。

表 2.1.2　新型自动气象站所用主要传感器测量原理和输出信号类型

气象要素	测量原理	输出信号类型
温度	铂电阻,Pt100	80～120 Ω 电阻
湿度	湿敏电容	0～1 V 单端电压
气压	硅谐振方式、硅电容、硅压阻	RS232
风向	光码盘或磁码盘	7 位格雷码/2.5 V 电压
风速	光码盘或磁码盘	脉冲频率(2000 Hz)
翻斗雨量	干簧管开关	开关通断
称重雨量	弦振式或应变片式	脉冲频率(3000 Hz)
蒸发	超声波测距	4～20 mA 电流
能见度	前向散射	RS232 或 RS485

6. 通信方式

新型自动气象站的通信系统主要包括串行通信、CAN 总线和光纤通信。

(1)串行通信:用于自动气象站和业务计算机之间的数据传输(与光纤通信二选一),也用于部分智能传感器通信(如气压传感器)与主采集器之间的通信,以及主采集器、分采集器的命令调试。

(2)CAN 总线:其通信速度快,可实现“多主多从”的通信方式,实现双工通信。在新型自动气象站中,用于主采集系统和分采集系统之间的通信。主采集器和分采集器或部分智能传感器之间采用 CAN 总线方式(图 2.1.4)。

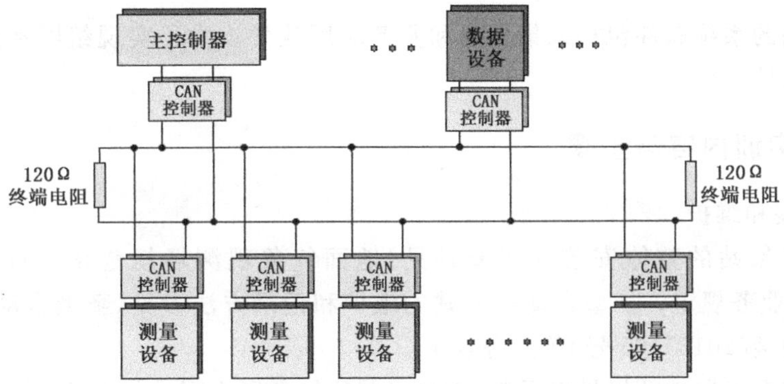

图 2.1.4　CAN 总线的电气连接结构

(3)光纤通信:用于自动气象站和业务计算机之间的数据传输(与串口通信二选一)。主采集器箱内和终端微机前各需配置一个串口(RS232)/光纤转换器,它们之间实现一对一的数据传输。光纤转换器可将串口通信信号转换为光纤通信信号。通过光纤通信模块和光纤相配合,便可实现采集器与业务计算机之间的数据传输通信(图 2.1.5)。光纤通信模块需配对使用。相比需使用线缆的串行通信和 CAN 总线通信方式,光纤通信线缆里传输的是光信号,因此,其既可避免周边电磁信号的干扰,又能起到防雷作用。

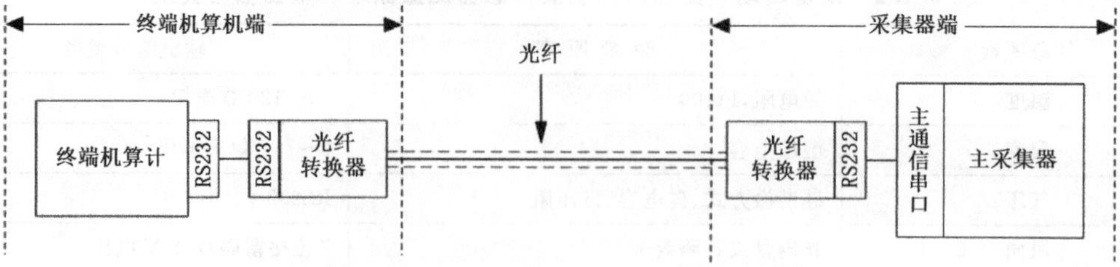

图 2.1.5 新型自动气象站光纤通信连接结构

7. 供电设备

自动气象站的电源是非常重要的,要求在各种情况下都需要不间断地供电,使之能不间断地可靠运行,因此需具备高稳定性、无干扰的系统电源。在有市电的地方,使用市电,并对备用电池浮充电,以备市电出现故障时使用。若使用计算机,则还配备不间断电源(UPS)和后备电池。在无市电的地区,自动气象站可用电池供电,这时,可用辅助电源对电池充电。可作辅助电源的有:柴油或汽油发电机、风力发电机、太阳能电池板等。在气象业务台站中主要使用的新型自动气象站为市电供电。

8. 其他设备

自动气象站通常还包括通信传输设备、防雷设备和外围设备等组成部分。外围设备包括计算机、打印机、显示器、通信和远程监控等,用于完成自动气象站的数据显示、图形显示、气象报表打印、远程通信及监控等功能。自动气象站可根据承担任务的需要有选择地配备这些设备。

9. 系统软件

自动气象站的系统软件包括采集软件和业务应用软件。为了实现组网和远程监控,有时还须配置远程监控软件。

2.1.6 实习实训内容与步骤

1. 仪器安装和维护

新型自动气象站的整体安装和布局参见《地面气象观测场规范化建设图册》(气测函〔2014〕74 号)等业务规定。新型自动气象站的维护和记录方法参见《新型自动气象站维护规范(试行)》(气测函〔2015〕165 号)等业务规定。

上述资料应由指导教师提供电子版,或自行前往气象局内网进行下载。

2. 主采集器箱

(1)确定实习实训所用新型自动气象站型号:____________。

注:由于生产批次和设备配件不同,相同型号新型自动气象站的主采集器箱内设备种类和摆放方式均有不同,本手册内各配图仅供参考。

(2)根据新型自动气象站的不同型号,在确保断电的前提下,参考实物图((彩)图 2.1.6)或线路图(附录 C、附录 D),查看主采集器箱内各部分的设备种类和接线方法。在主采集器箱内,查看是否存在下列设备(填入“√”或“×”):

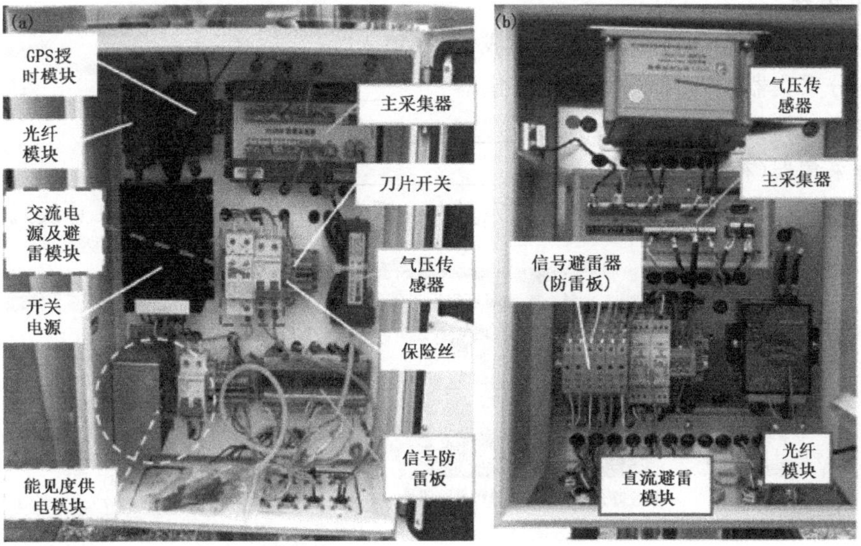

图 2.1.6　DZZ5 型(a)和 DZZ4 型(b)自动气象站主采集器箱实物图

主采集器________;气压传感器________;气压传感器导气管________;
交流输入电源________;交流电源避雷模块________;信号防雷板________;
直流输入电源________;直流电源避雷模块________;能见度供电模块________;
开关电源________;蓄电池________;光纤模块________;
GPS 模块________;其他(补充填写)____________________。

(3)在主采集器上,参考图 2.1.2、图 2.1.3,查看是否存在下列接口(填入"√"或"×"):
雨量________;格雷码风向________ ;风速________;CF 卡________;
温度________;湿度________;蒸发________;能见度(串口)________;
气压(串口)________;CAN 接口________;其他(补充填写)____________________。

(4)观察主采集器上的端口连接,找到可用万用表进行测量的位置。

(5)根据新型自动气象站的不同型号,参考实物图(图 2.1.7、图 2.1.8)或线路图,观察主采集器箱底部各接口排列和接线方法。

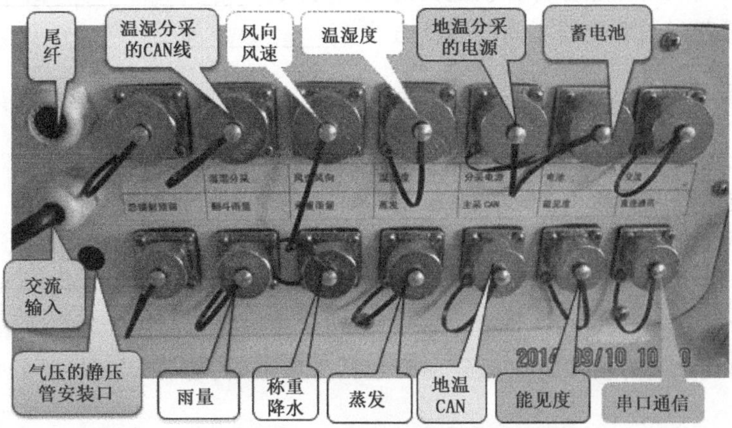

图 2.1.7　DZZ5 型自动气象站主采集器底板插口实物图

3. 分采集器

(1)查看是否存在下列分采集器或集成设备(填入"√"或"×"):

温湿度分采集器________;地温分采集器________;辐射分采集器________;

综合集成硬件控制器(串口服务器)________;

其他分采集器(补充填写)____________________。

(2)查看各分采集器箱各接口的排列及其与主采集器的连接方法(CAN 总线)。

图 2.1.8 DZZ4 型自动气象站主采集器底板插口实物图

4. 传感器

(1)查看实习实训新型自动气象站是否存在下列传感器设备(填入"√"或"×"):

温度、湿度________;单独的温度(气温)________;气压________;

风向、风速________;翻斗式雨量________;称重式降水________;

浅层地温________;深层地温________;草温________;蒸发________;

辐射________;能见度________;云高________;天气现象________;

日照________;电线积冰________;冻土________。

(2)仔细观察各传感器接口的特点及其与主采集器或分采集器的连接方法。

5. 通信方式

查看实习实训所用新型自动气象站的线缆连接方式,以确定下列问题(填入串行通信 RS232/RS485、CAN 总线、光纤通信等):

(1)主采集器与温湿/地温分采集器之间的通信方式:____________________。

(2)新型自动气象站和业务计算机之间的通信方式:____________________。

(3)气压传感器与主采集器之间的通信方式:____________________。

2.1.7 注意事项

1. 为了安全起见,本次实习实训前,应将新型自动气象站设备断电。
2. 插拔各类线缆应注意相应的方式方法。
3. 注意不要踩踏、挤压、扭折光纤线缆。

2.1.8 课堂小结

1. 新型自动气象站的硬件组成部分主要包括采集器、传感器、电源、业务计算机、通信系统等设备。

2. 对新型自动气象站各组成部分的实物辨识是进行后续操作的基础。

2.2　供电系统

2.2.1　预习内容

1. 交流电(AC)、直流电(DC)的电压特征和区别。
2. 万用表的档位分布，利用万用表测量电压和线路通断的基本方法。

2.2.2　学时

1～2 学时。

2.2.3　目的要求

了解新型自动气象站交流电源、直流电源结构和电源信号流向，掌握其测试方法和步骤。

2.2.4　设备与工具

1. 新型自动气象站电源箱、主采集器箱。
2. 数字万用表及配套工具若干。

2.2.5　原理与说明

1. 整体介绍

新型自动气象站的电源部分分为交流供电、太阳能供电和交流加太阳能供电等方式，在气象业务台站中主要采用的是交流供电系统，本书也主要以此为例进行介绍。交流供电系统主要由空气开关、电源控制器、防雷器(避雷器)、蓄电池等组成。

供电单元的输入为交流电(AC220 V)，经电源控制器(如开关电源)将其转换为直流电输出，从而为主采集箱和各分采集箱供电，供自动气象站所有设备工作。

空气开关又名空气断路器，是一种只要电路中电流超过额定电流就会自动断开的开关，集控制和多种保护功能于一身，起到控制自动气象站交流供电电源通断的作用。

防雷器(避雷器)可分为交流、直流防雷两类，是用来泄放雷电流的，用于保障自动气象站的用电安全。

蓄电池为后备电源，当没有交流供电输入时(如市电停电)，可在其电量用尽之前，使自动气象站能够连续工作；在交流电恢复之后，蓄电池将自动被再次充电，以备下次使用。

2. DZZ5 型自动气象站供电

如图 2.2.1 所示，DZZ5 型自动气象站的交流输入端(AC220 V)经空气开关后，一路接入电源控制器输入端，一路连接空气开关，接入环形变压器的输入端，环形变压器降低交流电压后给能见度加热。电源控制器输出两组直流电(DC13.8 V)，一组连接蓄电池，一组通过保险管和刀开关给主采集器供电，同时接入 12 V 升 24 V 模块给能见度供电。空气开关断开时，蓄电池连接保险管和刀片开关给主采集器供电，通过 12 V 升 24 V 模块给能见度供电。若未接能见度，则不需要考虑图中能见度相关部分的线路走向。

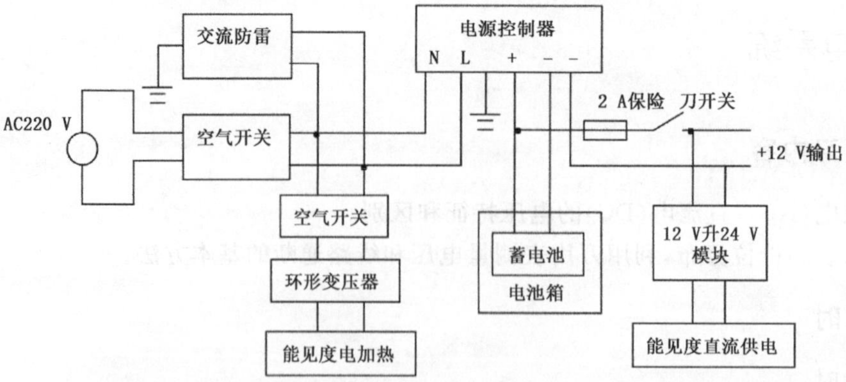

图 2.2.1　DZZ5 电源系统供电整体线路

图 2.2.2 为 DZZ5 电源实物结构，其中，AC220 V 信号的流向依次为：空气开关→防雷器（并联）→电源控制器输入端。电源控制器将 AC220 V 转化为 DC13.8 V，分两组输出，其中：一组给主采集器供电，其信号流向依次为：电源控制器输出端→保险管→刀片开关→数据采集器；另外一组给蓄电池充电。

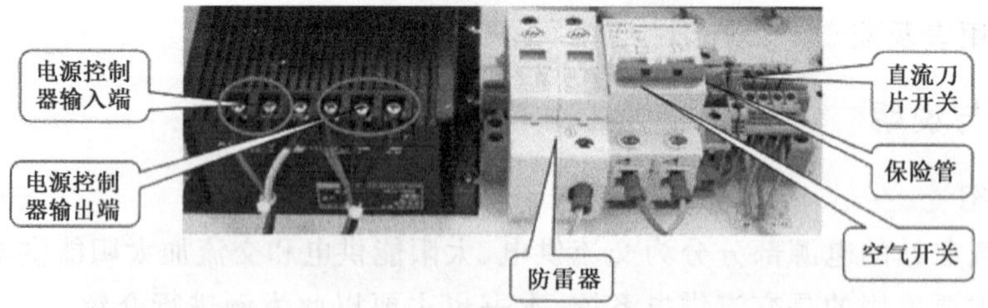

图 2.2.2　DZZ5 电源实物结构

3. DZZ4 型自动气象站供电

如（彩）图 2.2.3 所示，DZZ4 型自动气象站供电单元的交流输入端（AC220 V）经过空气开关后，接入开关电源输入端。开关电源可将交流电压转换为直流电压，并输出 3 组直流电（DC14 V 左右）：一组为橙色、黑色线，通过充电保护模块给电池充电；一组为红色、蓝色线，经过防雷器作为主采集器的检测电源；一组为棕色、黑色线，经过防雷器作为主采集器的供电电源。当空气开关断开时，电池则通过橙色、黑色这组线给主采集器供电。（彩）图 2.2.4(a) 为 DZZ4 型自动气象站电源箱内部实物图。

2.2.6　实习实训内容与步骤

电源操作涉及市电（AC220 V），具有一定的危险性。在操作过程如遇疑难，应请教指导老师，并及时关闭相关电源。

1. 在未接市电之前，先确认实习所用的自动气象站型号，找到其电源箱和主采集器箱，观察两者之间的连接方式和端口。

2. 连接相应的电源电缆线并检查，以初步确定连接无误。

⚠电源操作应谨慎小心，不要用手或导体触碰 AC220 V 电源各连接点。电缆连接过程

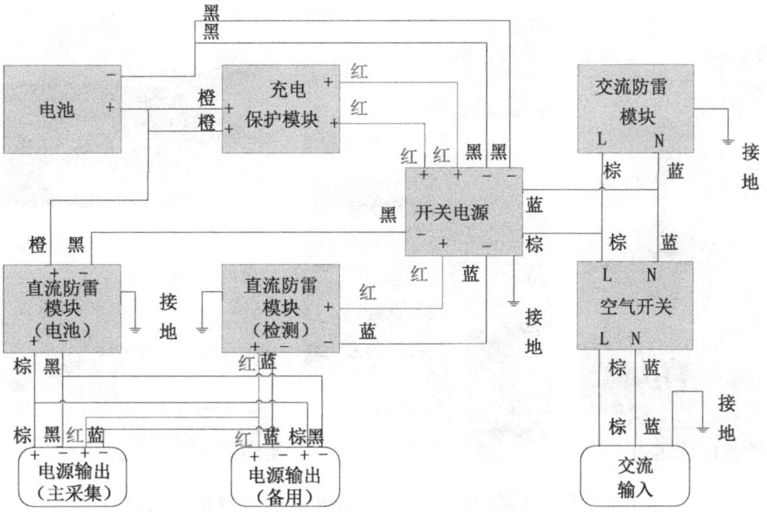

图 2.2.3　DZZ4 电源箱内部整体线路

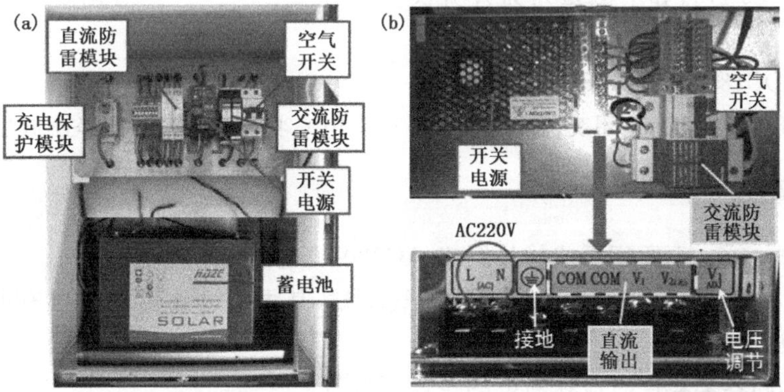

图 2.2.4　DZZ4 电源箱内部(a)和 DZZ6 电源(b)实物图

中，不得接通 AC220 V 电源。

3. 接通电源：依次合上空气开关与直流开关（通电次序为先通直流，再通交流）。此时，观察自动气象站各电源指示灯明暗变化，目测数据采集器是否通电：

通电□　未通电□

若未通电，则应观察各电源指示灯工作状态，根据故障表现，对照电路图进行逐级检查，以排除故障。

4. 交流供电测试（图 2.2.2、图 2.2.5a）：选择万用表交流电压档，测量空气开关输入电压 $U_{交}$ = ________ V；电源控制器（开关电源）输入电压 $U_{入}$ = ________ V。

参考答案：AC220；AC220。

5. 直流供电测试（图 2.2.2、图 2.2.5b,c,d）：选择万用表直流电压档，测量电源控制器（开关电源）输出电压 $U_{出}$ = ________ V；蓄电池输出电压 U_1 = ________ V；主采集器输入电压（BAT 插口）U_2 = ________ V。

参考答案：DC13.8；DC13.8；DC13.8。

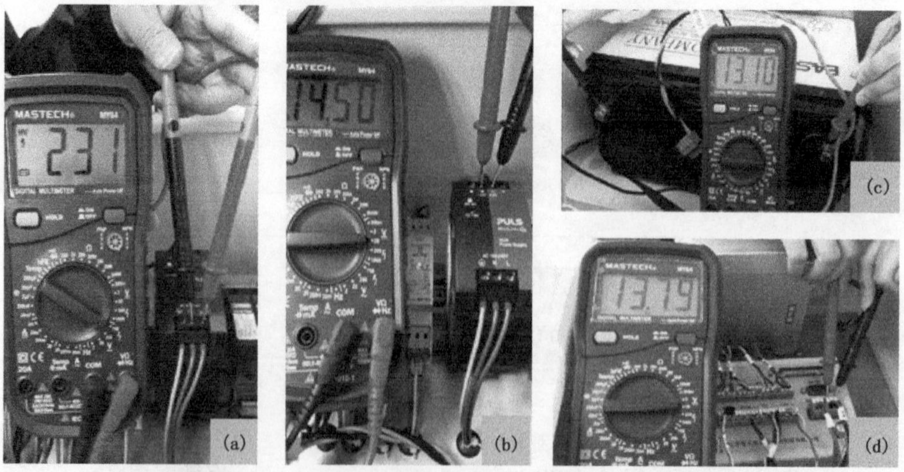

图 2.2.5　DZZ4 供电部分输出电压信号测量实物图

(a. 开关电源的输入电压,b. 输出电压,c. 蓄电池输出电压,d. 主采集器输入电压)

6. 补充(DZZ5 进行如下测量):刀片开关处电压 U_3 = ________ V;保险管处电压 U_4 = ________ V。

参考答案:DC13.8;DC13.8。

7. 仪器整理:断电(先关闭交流电,再关闭直流电);将万用表、工具等摆放整齐。

2.2.7　注意事项

1. 注意用电安全,不要用手或导体触碰 AC220 V 电源各连接点。

2. 注意不同型号或不同批次的新型自动气象站,其供电电路可能也会有所不同,需注意核对清楚后再测量。

3. 安装、拆卸各类器件时应在断电的条件下进行。

4. 电源线缆连接过程中,勿接通 AC220 V 电源,避免发生人身伤害和设备损坏。

5. 应避免各类危险操作,以免发生线路短路。例如:在实习实训室中,应使水杯等水源远离仪器设备、电源等带电设备;在野外环境中,尽量避免在阴雨天气拆装器件;由于万用表的表头较长且为金属导体,所以测量时,注意不要随意摆放万用表的表头,避免造成线路短路。

2.2.8　课堂小结

1. 根据生产批次不同,部分 DZZ5 型自动气象站的电源部分在主采集器箱,应熟悉交流输入、输出位置,注意用电安全。

2. 对系统进行上电时,应先开直流电,再开交流电;系统断电时,要先关闭交流电,再关闭直流电。

2.3　运行状态指示灯

2.3.1　预习内容

新型自动气象站整体结构。

2.3.2　学时

1～2 学时。

2.3.3　目的要求

熟悉新型自动气象站主采集器、各分采集器运行指示灯状态的含义。

2.3.4　设备与工具

主采集器和各分采集器。

2.3.5　原理与说明

1. 新型自动气象站主采集器指示灯有 RUN 和 CF 卡状态灯(图 2.3.1)。掌握指示灯状态,即可了解设备运行情况。

图 2.3.1　DZZ5(a)和 DZZ4(b)主采集器指示灯

2. 温湿度分采集器(DZZ4)指示灯有运行、CANR、CANE 3 个(图 2.3.2)。掌握指示灯状态,即可了解设备运行情况。

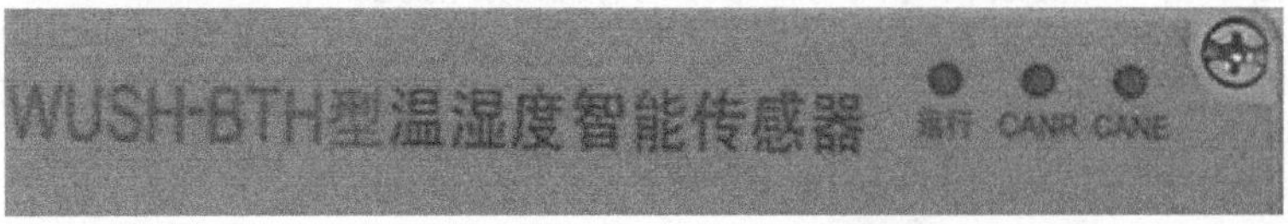

图 2.3.2　DZZ4 温湿度分采集器指示灯

3. 根据新型自动气象站型号不同,DZZ5 地温分采集器指示灯有 SYS、CAN-T、CAN-R 3 个,DZZ4 地温分采集器指示灯有 RUN、COM、CANR、CANE 4 个(图 2.3.3)。掌握指示灯状态,即可了解设备运行情况。

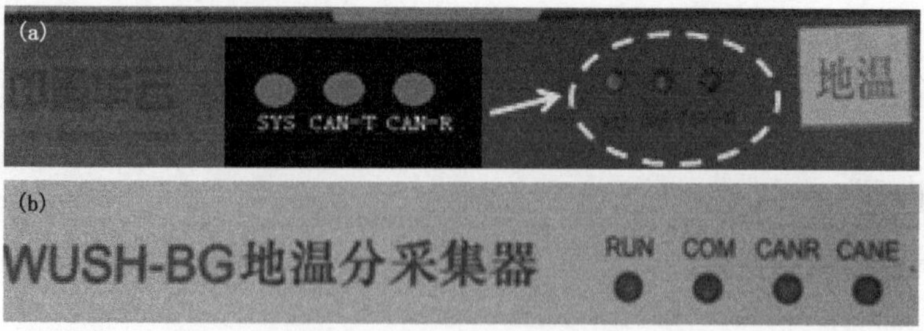

图 2.3.3 DZZ5(a)和 DZZ4(b)地温分采集器指示灯

2.3.6 实习实训内容与步骤

1. DZZ5 指示灯运行状态

(1)主采集器指示灯

①系统指示灯(秒闪),实际观察情况:____________________。

说明:供电后主采集器需 1 min 自检时间,自检完成后有声音提示,指示灯常亮,后秒闪,系统正常运行。

②CF 卡指示灯,实际观察情况:____________________。

说明:正确插入 CF 卡时指示灯常亮,无 CF 卡时指示灯不亮。

(2)光纤通信指示灯

检查光纤通信模块上的指示灯是否正常:

PWR ______________;Fiber Tx ______________;Fiber Rx ______________。

其含义为:

①PWR 指示电源正常,通电后常亮。

②Fiber Tx 指示模块正在通过光纤发数据,发送数据时闪烁 1 次。

③Fiber Rx 指示模块正在通过光纤收数据,接收数据时闪烁 1 次。

(3)地温分采指示灯

①系统运行指示灯(sys),常亮。实际观察情况:____________________。

②CAN-R 指示灯,接收数据时闪烁 1 次。实际观察情况:____________________。

③CAN-T 指示灯,发送数据时闪烁 1 次。实际观察情况:____________________。

(4)运行状态命令

串口设置 SETCOM,9600,8,N,1。

主板温度 MACT;基础信息 baseinfo;供电状态 PSS。

2. DZZ4 指示灯运行状态

(1)主采集器指示灯

表 2.3.1 为 DZZ4 指示灯运行状态及其含义。

表 2.3.1 DZZ4 指示灯运行状态及其含义

序号	指示灯状态	描述
1	常亮	系统正在启动中,此过程持续时间约为 30 s
2	1/4 s 闪(0. 25 s 亮、0.25 s 暗)	应用程序正在启动中,此过程持续时间约为 15 s
3	秒闪(1 s 亮、1 s 暗)	表示应用程序运行正常
4	快闪(0.1 s 亮、0.1 s 暗)	表示应用程序运行停止运行,一般在维护过程中出现,若在非维护过程中出现,说明系统出现故障
5	2 次快闪(闪 2 次,停 1 s)	CF 卡加载成功,等待操作,此过程持续时间可达 2 min,若长时间处于此状态,说明 CF 卡未插好或有故障,请拔出后重新插入试一次
6	3 次快闪(闪 3 次,停 1 s)	已检测到插入 CF 卡,正在进行加载,此过程保持时间约为 2 s,若长时间处于此状态,说明 CF 卡未插好或有故障,请拔出后重新插入试一次
7	4 次快闪(闪 4 次,停 1 s秒)	CF 卡故障,说明 CF 卡未插好或有故障,请拔出后重新插入试一次

①RUN 指示灯

采集器上电后,RUN 指示灯状态变化过程如下:

无 CF 卡:1→2→3。实际观察情况:____________________。

有 CF 卡:1→2→6→5→3。实际观察情况:____________________。

②CF 卡指示灯

实际观察情况:____。

说明:指示灯平时不亮,只有在采集器对 CF 卡进行读写操作时,才会点亮。在该指示灯点亮期间,不应当拔下 CF 卡,以免丢失数据。

(2)地温分采指示灯

①系统运行指示灯 RUN,常亮。实际情况:____________________。

②发送数据指示灯 COM,发送数据时闪烁 1 次。实际情况:____________________。

③接收数据指示灯 CANR,常亮。实际情况:____________________。

④传输错误指示灯 CANE,数据传输错误时闪烁。实际情况:____________________。

(3)温湿分采指示灯

①BTH 运行指示灯,常亮。实际情况:____________________。

②CANR 指示灯,常亮。实际情况:____________________。

③CANE 错误指示灯,通信错误,闪烁。实际情况:____________________。

(4)运行状态命令同 DZZ5

2.3.7 注意事项

不同型号的新型自动气象站,其指示灯的显示特征也有所不同。

2.3.8 课堂小结

利用新型自动气象站各部分的相关指示灯,可快速判断其工作状态是否正常。

2.4　温湿度、地温和气压测量

2.4.1　预习内容

1. 温度、湿度、气压传感器的测量原理。
2. 温湿度、地温分采集器的电源接口、测量通道、通信接口及接线位置。
3. 温度、湿度、气压传感器及分采集器的日常维护方法。

2.4.2　学时

4～6 学时。

2.4.3　目的要求

1. 熟悉温度、湿度、气压传感器的测量原理及接线定义。
2. 熟悉温湿度、地温分采集器的电源接口、测量通道、通信接口及接线位置，能够对分采集器的供电电源正确测试并初步判断是否正常。
3. 掌握温度、湿度传感器和温湿度分采集器的连接方法。
4. 掌握地温传感器和地温分采集器的连接方法。
5. 掌握气压传感器及静压装置的安装方法。
6. 掌握温度、湿度、气压传感器及配套分采集器的维护方法。

2.4.4　设备与工具

1. 温度、地温、湿度、气压传感器各 1 套。
2. 温湿度分采集器、地温分采集器。
3. 主采集器、电源箱。
4. 数字万用表及配套工具若干。

2.4.5　原理与说明

1. 温度工作原理

铂电阻传感器测量温度采用“四线制法”(图 2.4.1a)。假定传感器的 4 根导线电阻为 r，在 2,3 端接入标准电阻 R_0(100 Ω)和待测电阻 R_t 串联并形成回路。由恒流源提供电流 I_0，由于电压对导线的电阻值不敏感，所以 $I_0=V_1/R_t=V_2/R_0$，即得出 $R_t=R_0\times V_1/V_2$。

根据铂电阻计算公式，换算出温度计算公式：

$$t=A+B\times R_t+C\times R_t^2$$

其中，A,B,C 为常数，t 为温度(单位：℃)。在实际测量中，铂电阻温度传感器的待测电阻 R_t 在 0 ℃的阻值为 100 Ω，温度系数约为 0.385，可通过以下步骤估算温度值：

(1)测量 2,3 或 1,4 端电阻 R_1；

(2)测量 1,2 或 3,4 端电阻 R_2；

(3)计算待测电阻 $R_t= R_1-R_2$；

(4)利用公式 $t \approx (R_t - 100)/0.385$,估算出此时的温度值。

2. 湿度工作原理

湿度变化引起湿敏电容的变化由信号变换电路将电容的变化转换为电压信号,当相对湿度由 0%～100%变化时,信号变换电路输出 0～100 mV 电压,经放大得到 0～1 V 的电压,电压值与相对湿度为线性对应关系(图 2.4.1b)。测量湿度传感器的输出电压,即可估算出此时的相对湿度值。

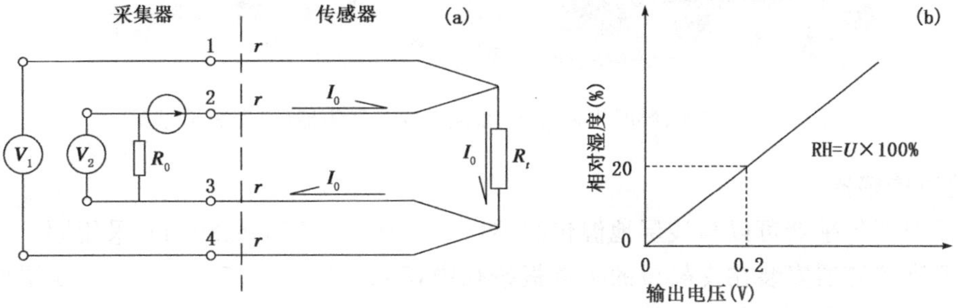

图 2.4.1　温度测量电路原理(a)和相对湿度(RH)与输出电压(U)的对应关系(b)

3. 气压工作原理

膜盒式电容气压传感器的感应元件为真空膜盒。当大气压力发生变化时,真空膜盒的弹性膜片产生形变,而引起其电容量的改变,通过测量电容量来测量气压。气压传感器为智能传感器,采用 RS232 串行输出。

2.4.6　实习实训内容与步骤

1. 仪器安装(观测场)

(1)温湿度传感器

①认识温度传感器、湿度传感器及电缆接口、温湿度分采集器接口的接线位置。此处应该留意的是,气象业务台站所用的主流型号的湿度传感器是 HMP155A,其除了可测量湿度外,其内部还兼有温度测量功能(用于校准湿度),因此,在分采集上与 HMP155A 传感器对应的接口也会相应地标注"温湿度"。

②铂电阻温度传感器、湿度传感器用支架安装在百叶箱或防辐射罩内,感应器直立,头部向下,感应元件的中心部分离地面高度为 1.5 m,如图 2.4.2a 所示。

③将传感器电缆从百叶箱底部叶片的间隙中穿出。若间隙不够大,传感器电缆的插头穿不出来,可利用百叶箱木质结构的弹性,用有一定强度的工具(如大螺丝刀)扩大百叶箱底部叶片的间隙。百叶箱内电缆不宜留太长,应以便于安装或拆卸为宜,多余电缆可放入百叶箱立柱内。最后将湿度传感器头部的帽套(通常为黄色)摘掉。

④使用专用固定结构件将温湿度分采集器固定在百叶箱连接支架上(图 2.4.2b)。

⑤最后分别将温度传感器、湿度传感器、CAN/电源电缆的接插件与温湿度分采集器进行对接,传感器的连接电缆要正确连接、固定牢靠。将 CAN/电源电缆的另一端接头与主采集器相连。该部分的详细步骤参见本章后文仪器安装(实习实训操作)的相关内容。

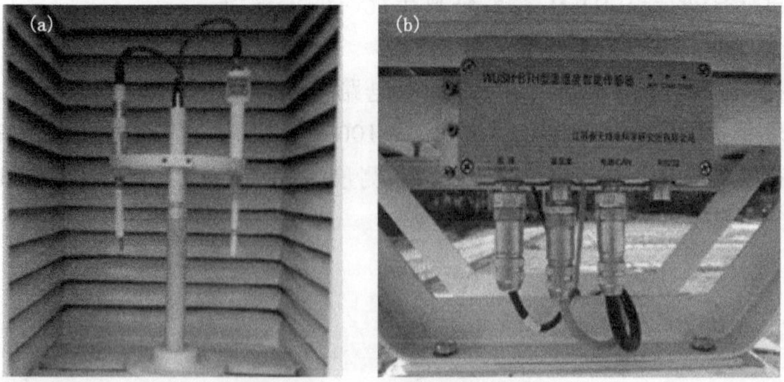

图 2.4.2　温度、湿度传感器(a)和温湿度分采集器(b)安装示意图

(2)地温传感器

①地面温度传感器可以与浅层地温传感器(5 cm、10 cm、15 cm、20 cm)采用同一个支架安装。地面温度传感器安装在支架板的顶端板条孔中,5 cm、10 cm、15 cm、20 cm 浅层地温传感器则依次自上而下分别安装在支架的对应板条孔中(图 2.4.3a)。

在观测地段挖一个小坑,将装好传感器的支架放入坑内。传感器在支架的南侧,支架位于地温观测地段东西轴线上。安装时,操作者需首先保证支架最上端地面温度传感器的轴线与地表面相平,再慢慢地将挖出的土壤填回坑内,并使每个传感器与土壤紧密接触而又不改变其位置。最终,操作者要使地面温度传感器感应体的下半部分能埋入地表土壤内,并与土壤紧密接触,上半部分露出地面,并保持干净(图 2.4.4a)。地面温度传感器也可采用正方形塑料框架安装,浅层地温传感器采用支架安装(图 2.4.3b)。

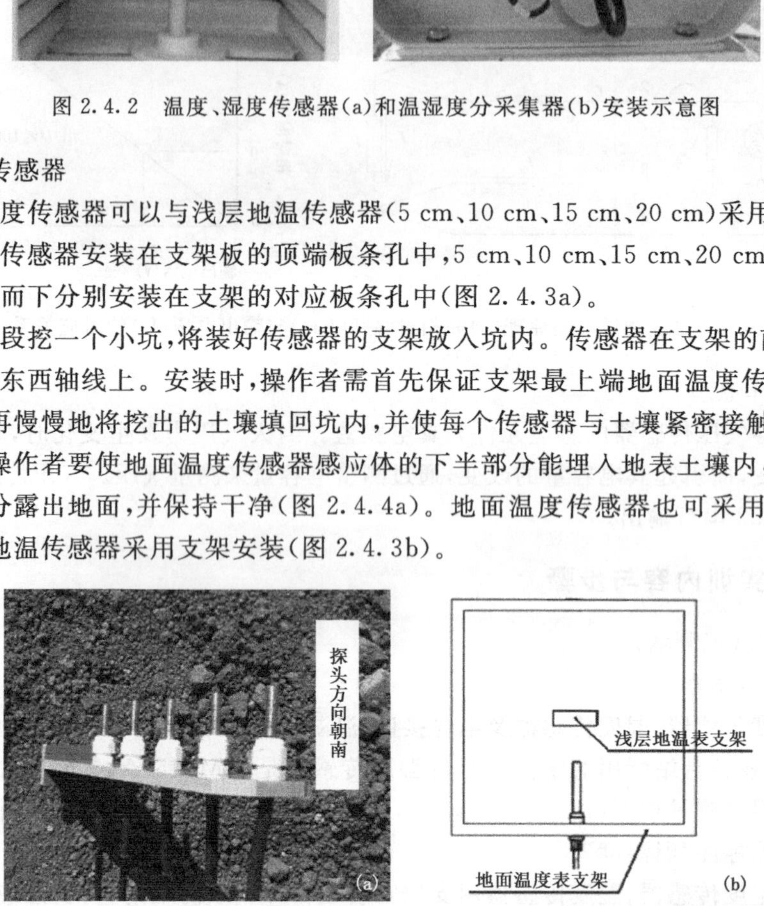

图 2.4.3　地面温度表与浅层地温表采用同一个支架安装(a)和不同支架安装(b)示意图

传感器的 5 根引线应穿在套管内埋入地下后引至地温分采集器机箱处连接,不宜露在地面(图 2.4.4b),传感器端多余的线应用塑料纸包裹后埋于地下。

②深层(40 cm、80 cm、160 cm、320 cm)地温传感器各安装在一根木棒(或三节棒)上,木棒的长度依深度而定。其安装示意图如图 2.4.4b 所示:整个木棒及传感器放在专用套管内,木棒顶端有一个金属盖,用以盖住专用套管;木棒上几处缠有绒圈,金属盖内装有毡垫。安装时,应将传感器安装在相应的专用套管内。传感器按自东向西、由浅而深、间隔 0.5 m 的原则排列成一行,其信号缆线从外套管顶端起用塑料管做防护送入土壤中(图 2.4.5a),送至分线井,接入地温采集箱。

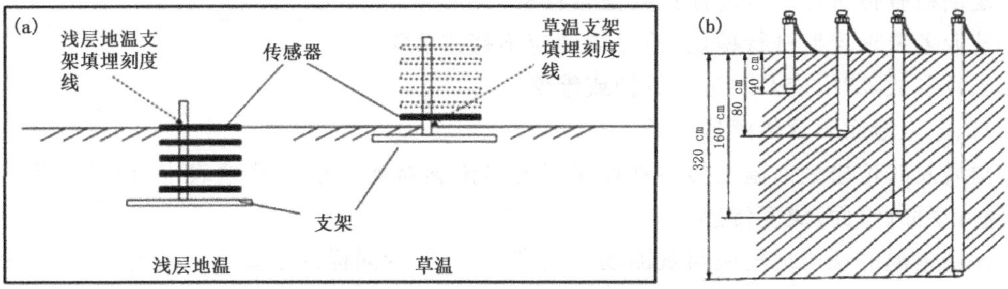

图 2.4.4　地面、浅层地温、草温(a)和深层地温(b)传感器安装示意图

③草温/雪温传感器安装在距离地温场西侧 50 cm 处，高度距地 6 cm，南北方向安置，感应头朝南，并与地面大致平行。草温传感器的中心应处于地温场中心东西线上。连接电缆穿入套管，与套管一起埋设在土壤中，但在传感器一端应留有 0.5 m 左右的电缆露出地面(图 2.4.4a、图 2.4.5b)，以方便移动。北方积雪较深地区外留电缆线视常年最大雪深确定。

图 2.4.5　地温采集器和深层地温(a)、草温(b)安装实物图

(3)气压传感器

气压传感器及其组件安装在采集器机箱内，其感应部位与台站水银气压表的感应部位高度一致，若无法调整到一致，则需重新测定海拔高度。气压传感器应避免阳光直接照射和风直接吹拂。

2. 日常维护

(1)百叶箱的维护

①百叶箱要保持洁白，内外箱壁每月至少定期清洁 1 次，清洁时间以晴天上午为宜。不能用水洗，只能用湿布擦拭或毛刷刷拭。百叶箱内的温、湿传感器不得移出箱外；清洁百叶箱不能影响观测数据的准确性。

②定期检查百叶箱顶、箱内和壁缝中有无沙尘等影响观测的杂物，若有，则用湿布擦拭或毛刷刷拭干净。

③百叶箱内不得存放多余的物品。

(2)铂电阻温度传感器的维护

①定期用干布或毛刷清洁传感器，保持其清洁干燥。维护时，注意避开正点数据采集；百叶箱门打开时间不宜过长，身体部位尽量远离感应部分以免影响观测数据的准确性。切勿强烈碰撞感应部位，以免内部铂电阻被打碎而造成永久性损坏。

②定期检查传感器和线缆连接处是否松动。

③按业务要求定期进行检定,检定周期应不超过 2 年。

④当设备故障时,应及时进行维护或维修。

(3)铂电阻地面温度传感器的维护

①雨后及时耙松地面温度传感器和浅层地温传感器场地板结的地表土,保持疏松、平整、无草;保持草面(雪面)温度传感器观测场草株高度不超过 10 cm。

②深层地温的观测地段应与观测场地面齐平,并保持同样的下垫面。若有洼陷,应及时垫平,并移植与观测场现有草层同高的草层(不长草的地区除外)。

③铂电阻地面温度传感器被积雪埋住时,仍按正常观测,但应备注起止时间。

④保持地面温度传感器和草面(雪面)传感器的清洁干燥,当有露、霜或灰尘等附着时,宜在早晨用干布或毛刷清理干净。保持深层地温传感器套管内干燥。

⑤测量雪面温度时,保持草面(雪面)传感器始终置于积雪表面上。

⑥每年春季对防雷设施进行全面检查,复测接地电阻。

⑦按业务要求定期进行检定,检定周期应不超过 2 年。

⑧当设备故障时,应及时进行维护或维修。

(4)湿敏电容湿度传感器的维护

①防止传感器的感应部分附着水、灰尘等污染物,禁止手触摸感应部分。

②定期检查传感器和线缆连接处是否松动。

③每月维护传感器的防护罩,查看滤膜是否需要更换。

④按业务要求定期进行检定,检定周期应不超过 1 年。

⑤当设备故障时,应及时进行维护或维修。

(5)硅电容式数字气压传感器的维护

①安装或更换气压传感器应在断电状态下进行。

②气压传感器应避免阳光的直接照射和风的直接吹拂。

③保持静压气孔口畅通,以便正确感应外界大气压力。

④配有静压管的气压传感器要定期查看静压管有无堵塞、进水,发现静压管有异物或破损时,应及时处理或更换。

⑤使用带干燥剂静压管的传感器,要定期检查干燥剂颜色,若潮湿变色,应及时更换。

⑥每年春季对防雷设施进行全面检查,复测接地电阻。

⑦按业务要求定期进行检定,检定周期应不超过 1 年。

⑧当设备故障时,应及时进行维护或维修。

3. 仪器安装(实习实训操作)

(1)温度、湿度传感器

认识温度、湿度传感器与温湿度分采集器及各线缆接口,按以下次序完成安装:

①将温度、湿度传感器分别接入温湿度分采集器的相应航空插头。

②将 CAN 总线的一端接入温湿度分采集器相应的航空插头处。

③将 CAN 总线的另一端接入主采集器的“BTH CAN”字样的航空插头处。

④如图 2.4.6 所示(DZZ4),安装温湿度支架,将温度、湿度传感器安装在支架上(以一字型支架为例):

a. 将圆形长竖杆插入到圆形底座；

b. 将横臂固定在圆形竖杆上；

c. 将温度传感器木质保护套固定在横臂上；

d. 将温度传感器穿入到左侧的木质保护套上；

e. 取下湿度传感器的保护套，并穿入到湿度电缆线中，连接电缆线和湿度传感器，并卡在右侧的保护套。

⑤取下湿度传感器外面的保护罩(通常为黄色)。

注：①～④顺序可调整。

(2)地温传感器(DZZ4)

①将地温传感器分别按照地温分采的标识接入地温分采。

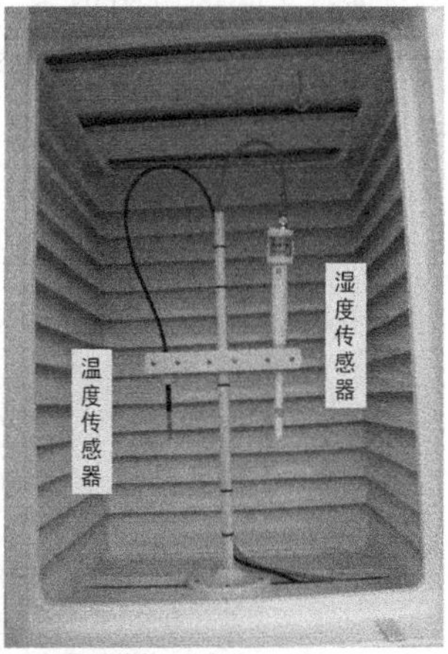

图 2.4.6　温湿度传感器一字形支架安装

②按照“红红黄黑”的颜色顺序接入地温分采相应的接插件。

③将屏蔽线接入底部的一排螺柱，并固定传感器线缆。

④将地温 CAN 总线的一端从地温分采底部的“CAN 输入”接头中穿入，接入分采中，按照对应颜色接入信号避雷器。

⑤将地温 CAN 总线的另一端接入主采集器“CAN 总线”航空插头。

注：上述安装方法仅针对 DZZ4，其余型号可参考该步骤，酌情进行。

4. 仪器信号测量

(1)气温测量

①根据待测自动气象站的不同型号，对照温湿度连接图和实物图(图 2.4.7、图 2.4.8、图 2.4.9、附录 C、附录 D)，查看温度传感器与温湿度分采集器、主采集器的连接线缆和接线方法。

②选取万用表合适量程(200 Ω 档)，准备测量温度传感器输出正确与否。

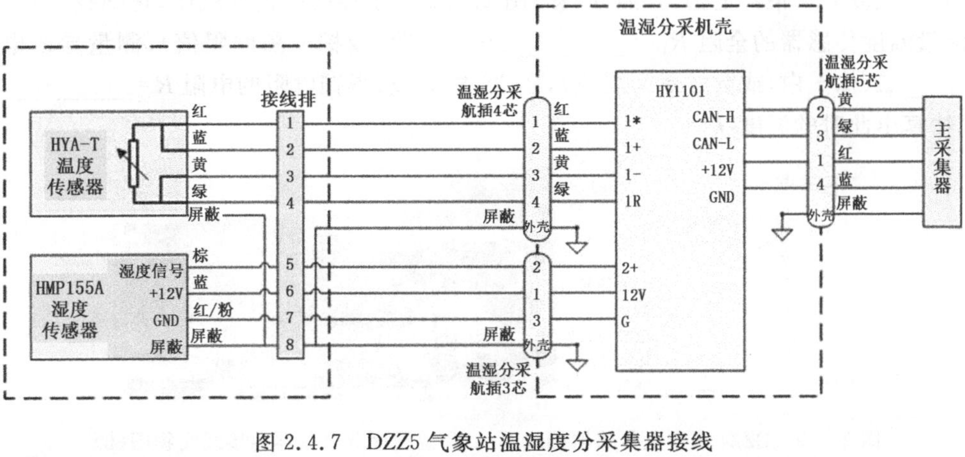

图 2.4.7　DZZ5 气象站温湿度分采集器接线

③若有温湿度接线盒，则打开接线盒，找到接线排的合适位置，依次测量铂电阻温度传感器(如 HYA-T)连线插头 1,3 脚(或 2,4 脚)直流电阻值 $R_1=$________Ω，测量 1 脚与 2 脚(或

者 3 脚与 4 脚)之间的电阻值 R_2=________ Ω ,R_1 减去 R_2,求得铂电阻的电阻 R=________ Ω。利用公式 $T \approx (R-100)/0.385$,估算出此时的温度 T=________ ℃。

参考答案:105～110;1.8～2.2;103.2～107.8;8.3～20.2。(根据室温不同而不同)

图 2.4.8 DZZ5 温湿度分采集器及接线

④结合体感温度,初步主观判断温度传感器输出是否正常:

正常□ 不正常□

⑤若接有温湿度分采集器,则将铂电阻温度传感器的插头接入分采集器相对应的"温度"插口,根据不同型号自动站分开进行如下测量:

(i)DZZ5 自动气象站

打开温湿度分采集器(HY1101)上盖,参照如图 2.4.8 所示接线颜色或线序,找到气温测量点的位置,可依据第③步测量方法,测得如下信号值:

R_1=________ Ω,R_2=________ Ω ,R=________ Ω,T=________ ℃;

(ii)DZZ4 自动气象站

打开温湿度分采集器上盖,参照如(彩)图 2.4.9 所示接线颜色或线序,正确找到测量点的位置,测量温度传感器的全阻 R_1=________ Ω(白－蓝,或棕－黑间阻值),测量导线电阻 R_2=________ Ω(棕－白,或蓝－黑间阻值),R_1 减去 R_2,求得铂电阻的电阻 R=________ Ω。利用公式估算出此时的温度 T=________ ℃。

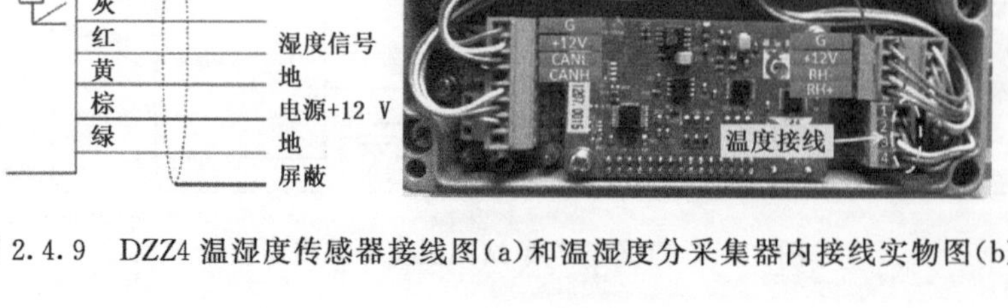

图 2.4.9 DZZ4 温湿度传感器接线图(a)和温湿度分采集器内接线实物图(b)

⑥根据上述结果,初步判断分采集器处的温度值是否正常:

正常□ 不正常□

(2)湿度测量

①若接有温湿度分采集器，将湿度传感器(如 HMP155A)与其配套线缆连接好，并将线缆一端插头插入温湿度分采集器的“湿度”插口。将 CAN 连接线缆的一端插入温湿度分采集器的“CAN”插口，另一端与主采集器“温湿分采”插口连接。

②给主采集器通电。

③利用万用表的直流电压 20 V 档，根据不同型号自动站分开进行相应测量：

(i)DZZ5 自动气象站

参照(彩)图 2.4.8，测量温湿度分采集器(HY1101)内部“湿度”连接端子的 1 脚(红线)与 3 脚(黑线)间供电电压 $U_1=$__________ V，2 脚(绿线)与 3 脚(黑线)间电压 $U_2=$__________ V。

(ii)DZZ4 自动气象站

参照如(彩)图 2.4.9 所示接线颜色或线序，测量温湿度分采集器内部“湿度”连接端子棕、绿线间电压 $U_1=$__________ V，红、黄线间电压 $U_2=$__________ V。

④根据 U_2 测量值，参照第 2.4.5 节的“湿度测量原理”，估计此时的相对湿度 $U=$__________。

⑤初步判断分采集器供电、湿度传感器输出是否正常：

正常□　　不正常□

(3)地温测量

①将主采集器交流和直流开关断开，自动站设备断电。

②将地表温、草温、5 cm 地温、10 cm 地温、15 cm 地温、20 cm 地温、40 cm 地温、80 cm 地温、160 cm 地温、320 cm 地温传感器插头插入地温分采集器对应插口(如图 2.4.10 所示为 DZZ4 配套地温分采集器接口；DZZ5 配套地温分采集接线图可参见附录 D 的图 D4)。

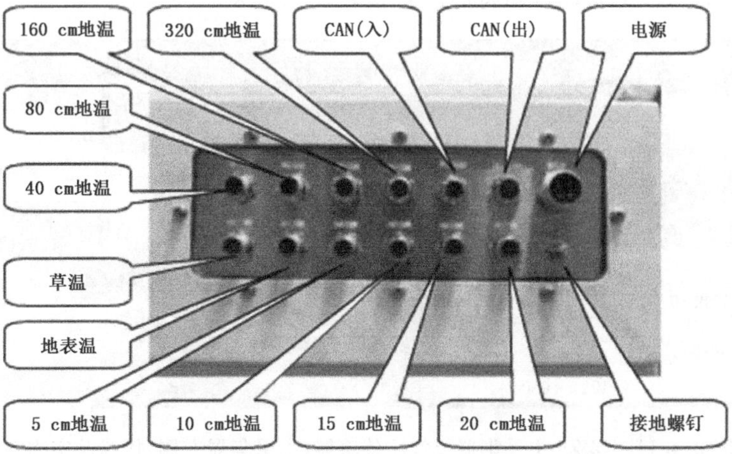

图 2.4.10 地温分采集器(DZZ4)底板接口实物图

③依次拔下传感器到分采集器的插头，测量每个插头 1，3 脚(或者 2 脚与 4 脚)电阻 R_1，测量每个插头 1 脚与 2 脚(或者 3 脚与 4 脚)之间的电阻 R_2，R_1 减去 R_2，求得铂电阻的电阻 R，利用公式 $T=(R-100)/0.385$，估算出此时的温度 T，将测量结果记录在表 2.4.1 中，并根

据测量结果初步判断各传感器好坏。

表 2.4.1　地温传感器信号测量记录

传感器类型	R_1(Ω)	R_2(Ω)	R(Ω)	温度(℃)	好/坏判断（√或×）
地表温					
草温					
5 cm 地温					
10 cm 地温					
15 cm 地温					
20 cm 地温					
40 cm 地温					
80 cm 地温					
160 cm 地温					
320 cm 地温					

④测试完毕，将各传感器到分采集器的插头插上。

⑤将数据线插头一端插入地温分采集器“CAN 入”插口，另一端插入主采集器“CAN 总线”插口。

⑥给主采集器加上直流电源供电，检查地温分采集器指示灯是否工作正常：

正常□　不正常□

(4)气压测量

①将主采集器交流和直流开关断开，自动站设备断电。

②若有静压管(如 PTB210)，则将静压管安装在主采集器的机箱上。

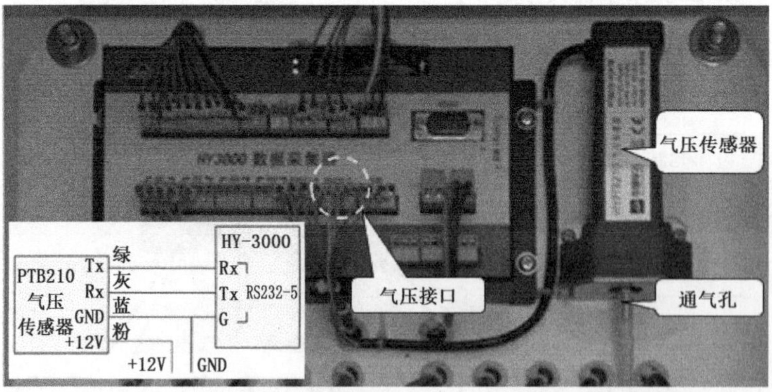

图 2.4.11　DZZ5 主采集器及气压传感器(主采集器右侧)接线及实物图

③如图 2.4.11(DZZ5)、图 2.4.12(DZZ4)所示，将气压传感器连接线安装在主采集器相应端口(根据自动站型号不同，标示为“RS232-5”“气压”等字样)。

④给主采集器通电。

⑤用万用表测量主采集器气压连接端口(从左向右依次为 1～4 脚)的 1,4 脚电压 $U=$

___________ V。

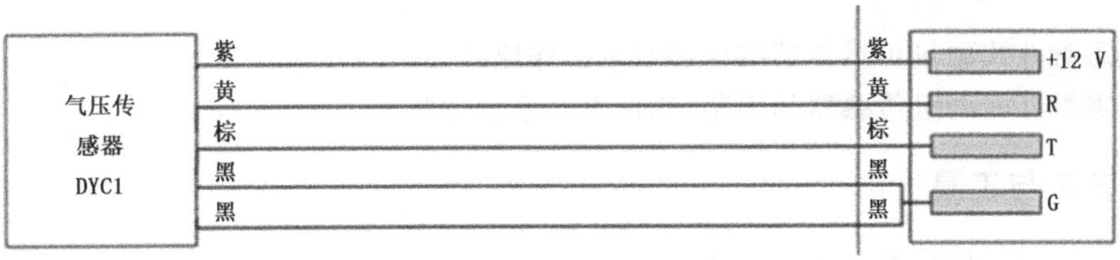

图 2.4.12　DZZ4 主采集器及气压传感器线路

⑥根据上述结果，初步判断气压传感器的供电是否正常：

正常□　不正常□

5. 仪器整理

(1)断电(先关闭交流电，再关闭直流电)，然后进行传感器等部件的拆卸及复位。

(2)万用表、工具等摆放整齐。

(3)检查工具是否完整，仪器设备是否完好。

2.4.7　注意事项

1. 测量电阻时，要在断电的条件下，注意关闭电源。

2. 安装、拆卸各类传感器时，应在断电的条件下进行。

3. 测量时，注意选择正确的(电阻、电压及最大值)档位。

4. 实际日常工作时，由于分采集器盒(温湿度、地温等)内电路一般不易损坏，所以，尽量不要首先将其打开，以免故障扩大化。在排查故障时，建议先通过测量防雷板通道(DZZ3/DZZ5/DZZ6 型号的新型气象站有防雷板)、温湿度接线盒(部分台站配有)等更易进行测试的部位；经上述判断后，若定位到温湿度分采集器可能产生故障时，才对其进行测量排查。

2.4.8　课堂小结

1. 温度(气温、地温)传感器输出为 100 Ω 左右的电阻信号；湿度传感器输出为 0～1 V 的电压信号；气压传感器采用 RS232 的方式，输出数字信号。

2. 分采集器及湿度、气压传感器的供电电压为直流 12 V 左右(与自动气象站的电源输出直流电压相关)。

2.5　翻斗式雨量传感器

2.5.1　预习内容

1. 数字万用表的使用方法。

2. 翻斗式雨量传感器的结构。

2.5.2　学时

2～4 学时。

2.5.3　目的要求

1. 熟悉翻斗式雨量传感器的结构和基本工作原理。
2. 掌握翻斗式雨量传感器的安装、测试以及维护方法。

2.5.4　设备与工具

1. 翻斗式雨量传感器和主采集器。
2. 数字万用表及配套工具若干。

2.5.5　原理与说明

翻斗式雨量传感器用于测量液体降水量、降水强度，分为单翻斗雨量传感器和双翻斗雨量传感器两类。

SL3-1 型双翻斗雨量传感器已广泛应用于新型自动气象站中，主要由承水器(直径为 20 cm)、上翻斗、汇集漏斗、节流管、计量翻斗、计数翻斗、定位螺钉和干簧管等组成(图 2.5.1)。在上翻斗和计量翻斗两侧分别有一对调节螺钉，松开螺钉上的锁紧螺帽，调节螺钉位置就能调整翻斗的翻转倾角，即能改变启动翻斗所需水量。在计数翻斗上还装有磁钢，磁钢极性与转轴垂直。汇集漏斗的出水咀镶有一节流铜管(直径约为 3 mm)。上翻斗与汇集漏斗可使不同的自然降水强度积聚成近似固定的量，通过汇集漏斗节流铜管人为地使注入计量翻斗的雨水流速均匀地流，其流量相当于 6 mm/min 的降水，既不发生雨水滞留现象，又不使注入计量翻斗的雨水强度过大。节流铜管管口高出漏斗底面约 0.5 mm，其目的是使水柱流完时残留水滴不多于 3 滴。干簧管是一个开关接点，接点封装在注有惰性气体的玻璃管内，平时常开。

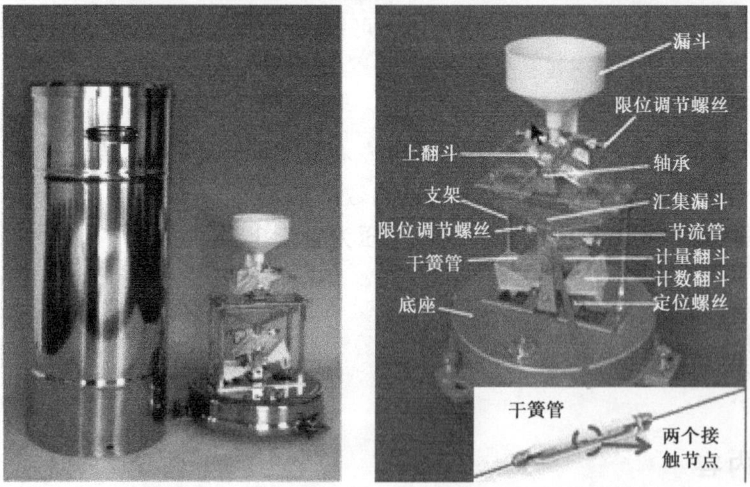

图 2.5.1　SL3-1 型双翻斗雨量传感器实物图

在降雨时，雨水由承水器汇集，通过装有小圆护网的小漏斗及其下端的引流管注入上翻斗。当雨水积到一定量时，由于水本身重力作用使上翻斗翻转，水进入汇集漏斗，再经过汇集漏斗节流铜管流入计量翻斗。当计量翻斗雨量承积到相当于 0.1 mm 降水重量时(也有 0.5 mm

翻斗)，计量翻斗就会把降水倾倒到计数翻斗，从而使计数翻斗翻转一次。计数翻斗在翻转时，与它相关的磁钢会对干簧管扫描一次。此时，封装在干簧管内的两个节点就会因磁化而瞬间闭合一次，并输出一个开关信号。这样，降水量每达到 0.1 mm 降水时，就送出一个开关信号，数据采集器就自动采集存储 0.1 mm 降水量。

2.5.6　实习实训内容与步骤

1. 仪器安装

(1)将雨量电缆穿入预埋的穿线管中，电缆带插片的一头从预埋基座穿出，另一头引到采集器处。

(2)在 3 个地脚螺钉上先分别拧上 1 个 M8 螺母，这 3 个螺母实际上起到调节雨量筒水平的作用。调节水平使雨量筒传感器不锈钢外筒口缘距离地面保持 70 cm 高度(一般雨量预埋基础高度为 20 cm)。

(3)卸下雨量传感器不锈钢外筒，用剪刀把固定翻斗用的 4 根橡皮筋剪断并拿走(仅针对全新仪器)，用螺丝刀等物轻柔的拨动各翻斗，以检查其能否灵活翻转。最理想的方法是缓慢地在承水漏斗处加适量的水，检查各层翻斗是否灵活翻转。同时，可用万用表蜂鸣器档(也可用电阻档，蜂鸣档更直观)，在两个接线柱上检查干簧管是否工作正常，计数翻斗每翻动一次，万用表应检测到一次通断过程(听到一次蜂鸣声)。

(4)将雨量传感器配套电缆(带插片的一端)从下往上从传感器底座小孔穿入，将雨量电缆打个结(避免误操作将雨量电缆拉出)。

(5)将该端(带插片的一端)电缆的红、黑线缆正确安装在翻斗雨量传感器的红、黑接线柱上，并旋紧接线柱的紧固螺母。旋紧时，用力不要太大，以免因接线柱背面的焊片跟转而损坏干簧管。若该端电缆还有屏蔽线，则将屏蔽线接入底座上的任意一个螺柱。

(6)查看计数翻斗及计量翻斗(翻转灵活)，其倾向必须一致。

(7)将雨量传感器底盘的 3 个安装孔分别套入步骤(2)中的 3 个螺丝，然后分别调节下面的 3 个螺母，使传感器底座呈水平状态(水平泡在中心圆圈内)，最后在 3 个螺钉上分别拧上 1 个 M8 螺母并旋紧(起固定作用)，不要用力过猛，避免雨量传感器变形。

(8)套上不锈钢外筒，先适度旋上外筒的 3 个紧固螺钉(不要太紧)，用水平尺调节外筒水平(垂直交叉测量水平，若不水平，则微调外筒)。待外筒已调至水平后，拧紧外筒的 3 个紧固螺钉。用接地线把雨量筒外壳与接地片连接好。

(9)将电缆另一端接入数据采集器。

(10)为确保翻斗雨量桶安装、连接无误，可对翻斗雨量进行一次测试。用直径 20 cm 雨量器的专用量杯，向雨量桶中缓缓注入 10 mm 水，可通过业务软件发送“MDATA ”命令来检查翻斗雨量的分钟测量结果，并进行累加，累加结果应当在 10 mm 左右。

注：上述安装步骤为观测场实地安装的完整步骤。在实习实训室内进行操作时，可酌情选取上述部分步骤来实施。

2. 维护和调整

(1)维护方法

①维护期间，应将信号线从传感器上拆下，避免翻斗误翻产生多余的雨量数据。

②定期检查雨量传感器的安装高度，检查传感器底盘上的水平泡，检测器口是否水平、有

无变形，发现不符合要求时及时纠正；维护中应避免碰撞承水器的器口，防止器口变形而影响测量准确性。

③定期检查承水器，清除内部进入的杂物，检查过滤网罩，防止异物堵塞进水口。

④定期检查和清除漏斗、翻斗和出水口沉积的泥沙，保证流水畅通，计量准确，可用干净的脱脂毛笔刷洗。翻斗内壁切勿用手触摸，以免沾上油污影响翻斗计量准确性。

⑤定期检查翻斗翻转的灵活性。发现有阻滞感，应检查翻斗轴向工作游隙是否正常，轴承如有微小的尘沙，可用清水进行清洗；翻斗轴如有变形或磨损，应更换轴承。切勿给轴承加油，以免粘上尘土使轴承磨损。

⑥结冰期停用翻斗雨量传感器的台站，应将承水器加盖，断开信号线；启用前接回信号线，将盖打开。

⑦每年春季对防雷设施进行全面检查，复测接地电阻。

⑧按业务要求定期进行校准，校准周期应不超过1年。

⑨当设备故障时，应及时进行维护或维修。

可按下列操作对雨量传感器做常规维护：

a. 松开地盘两侧的固定螺钉，向上取下外筒；

b. 从安装板上断开电缆线；

c. 拿出防堵罩和长过滤网，用清水将外筒、防堵罩和长过滤网冲洗干净，再按原样装好防堵罩和长过滤网；

d. 小心取出翻斗和短过滤网，用清水冲洗干净后，再按原位小心放回，注意不能用手触摸翻斗内壁；

e. 取下出水口上的防虫罩，用清水冲洗干净后装回；

f. 观察传感器底盘上的水平器中的水泡是否居中，通过调整支架底盘上的3个调整螺钉，将传感器调成水平状态；

g. 按原位接好二芯电缆，安装上外筒，拧紧固定螺钉。

(2)调整方法

新仪器(包括冬季停用后重新使用或调换新翻斗)工作1个月后的第一次大雨，应作准确度对比，即将自身排水量与采集值相比。如发现差值超过±4%时，应首先检查干簧管有无漏发或多发信号现象。如的确是由于仪器的基点位置不正确所造成时，应作基点调整(一般不轻易动基点)。

调整方法：向外或向里旋动计量翻斗的两个定位螺钉。将一个定位螺钉旋动一圈，其差值改变量为3%左右；如两个定位螺钉都往外或往里旋动一圈，其差值改变量为6%左右。

如差值$\left(\frac{\text{排水量}-\text{计数值}}{\text{排水量}}\times 100\%\right)$是−8%时，可将两个定位螺钉都往外旋动4/3圈。如差值是6%时，可将两个定位螺钉都往里旋动一圈。

为使调节位置准确，在松开定位螺帽前，需在定位螺钉上作位置记号。调节好后，需拧紧定位螺帽。

每一次降水过程将采集值与自身排水总量比较，如多次发现10 mm以上降水量的差值超过±4%，则应及时进行检查。必要时应调节基点位置。

3. 仪器信号测量

(1)将主采集器交流、直流开关断开,自动站设备断电。

(2)拆卸雨量传感器外筒。

(3)将数字万用表拨至蜂鸣档。翻动雨量传感器翻斗时(不要用手触碰翻斗内沿),测量雨量传感器的红、黑两接线柱,听万用表是否发出蜂鸣声:

是□　　否□

据此判断翻斗计数功能是否正常:

正常□　　不正常□

(4)(DZZ4 可跳过该步)在主采集器箱内的防雷板上(图 2.5.2),翻动雨量传感器翻斗,测量"雨量"对应的接口,检查线路联通是否正常:

正常□　　不正常□

(5)翻动雨量传感器翻斗,在主采集器上(图 2.5.2),测量"雨量"连接接口,检查线路联通是否正常:

正常□　　不正常□

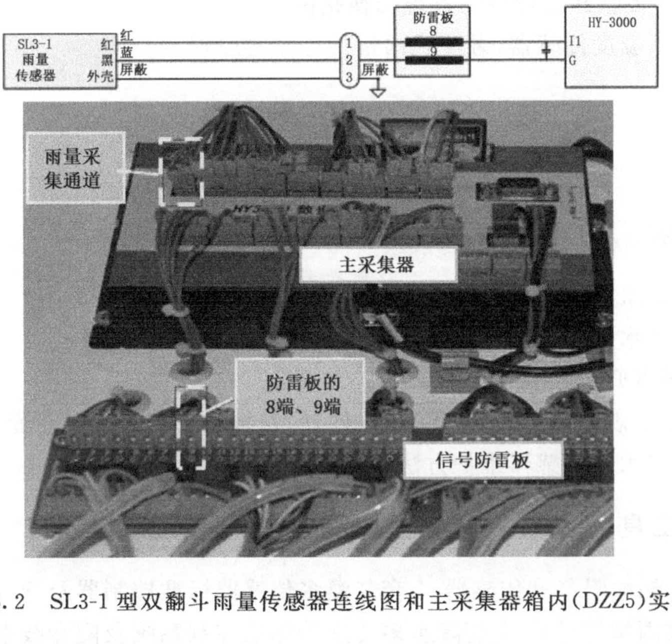

图 2.5.2　SL3-1 型双翻斗雨量传感器连线图和主采集器箱内(DZZ5)实物图

4. 仪器整理

(1)断电(先关闭交流电,再关闭直流电),然后进行传感器等部件的拆卸及复位。

(2)万用表等工具摆放整齐。

(3)检查工具是否完整,仪器设备是否完好。

2.5.7　注意事项

1. 为安全起见,在安装传感器时,应将主采集器的交流、直流开关断开,新型自动气象站设备断电。

2. 严禁往轴承孔内注油、脂或其他所谓润滑材料。

3. 严禁随意调整翻斗下方的调节螺钉。该项调整直接影响计量精度,它要求调教人员有较高的技能水平、熟练程度，还需具备相应的检测手段。

2.5.8 课堂小结

1. 雨量传感器输出为开关通断信号。

2. 电缆从雨量传感器底座小孔内穿入后，要打一个结，以避免误操作将雨量电缆拉出或损坏。

3. 雨量传感器底座、外筒均应呈水平状态。

4. 翻斗式雨量传感器只能测量液态降水量、降水强度。

2.6 气温、降水多传感器控制系统

2.6.1 预习内容

1.《气温降水多传感器融合控制系统切换指南》。

2. Pt100 铂电阻温度传感器、翻斗式雨量传感器的原理。

2.6.2 学时

3～4 学时。

2.6.3 目的要求

1. 了解气温、降水多传感器标准控制系统原理。

2. 掌握气温、降水多传感器标准控制系统安装。

3. 掌握主采集器升级方法。

4. 掌握地面综合观测业务软件(ISOS 软件)的安装和基本的参数设置。

5. 理解气温、降水多传感器维护方法。

2.6.4 设备与工具

1. 3 支 Pt100 铂电阻温度传感器、1 套气温多传感器标准控制器及配套线缆

2. 3 个翻斗式雨量传感器、1 套降水多传感器标准控制系统及配套线缆。

3. 数字万用表及配套工具若干。

2.6.5 原理与说明

1. 气温多传感器标准控制系统原理

气温多传感器标准控制系统由气温融合控制器、3 支气温传感器等组成。气温标准控制器采集 3 支气温传感器的数据，经标准化算法确定实时气温值，将实时气温值、各传感器气温采集值以及设备工作状态通过 CAN 总线发送到主采集器。气温多传感器标准控制系统硬件结构示意图如图 2.6.1 所示。

2. 降水多传感器标准控制系统原理

降水多传感器标准控制系统由降水标准控制器、3 个翻斗雨量传感器等组成。降水融合

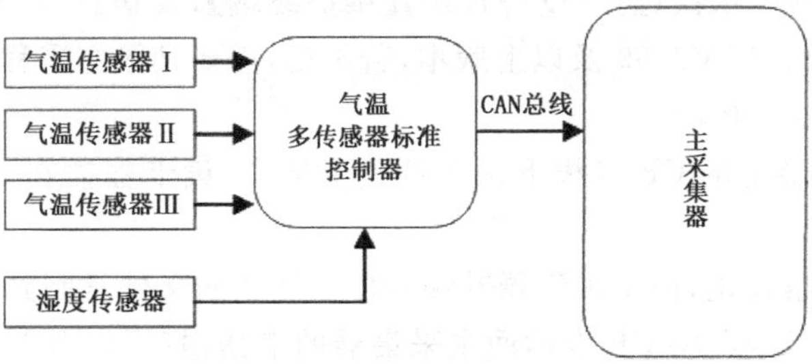

图 2.6.1　气温多传感器标准控制系统硬件结构示意图

控制器采集 3 个翻斗雨量传感器的数据，经标准化算法确定实时降水量值，将实时降水量值、各传感器降水量采集值以及设备工作状态通过 CAN 总线发送到主采集器。降水多传感器标准控制系统硬件结构示意图见图 2.6.2。

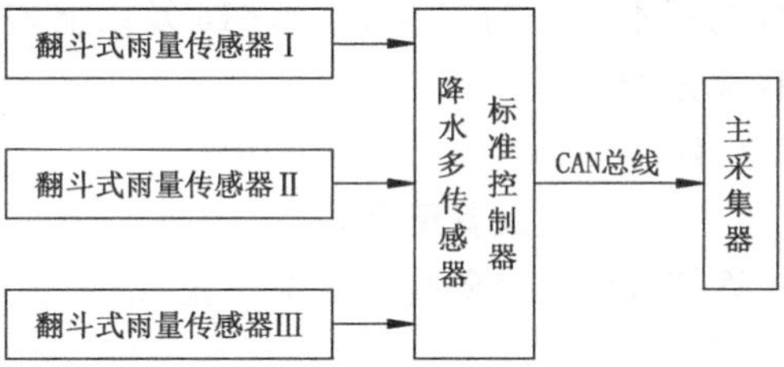

图 2.6.2　降水多传感器标准控制系统硬件结构示意图

3. 改造流程

在对气温、降水多传感器标准控制系统进行改造时，可以参考图 2.6.3 改造流程进行。

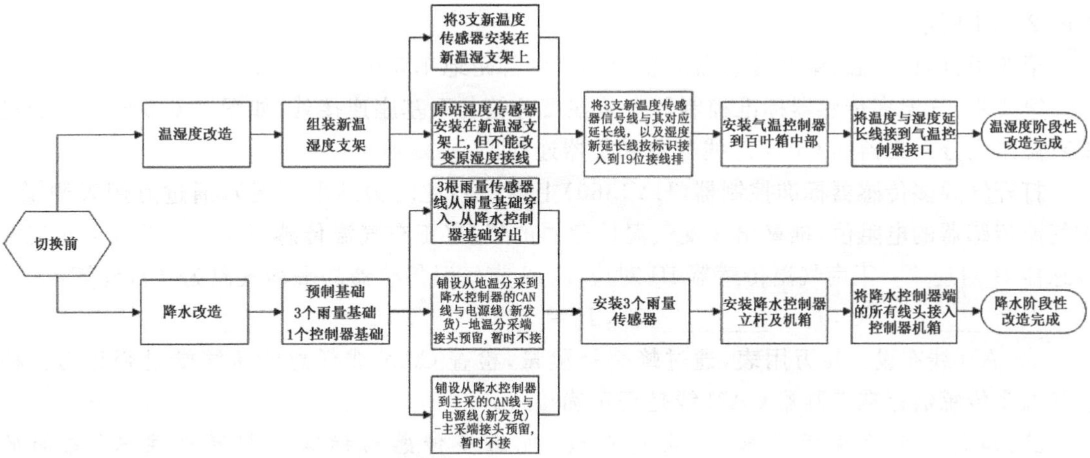

图 2.6.3　气温、降水多传感器标准控制系统改造流程

2.6.6　实习实训内容与步骤

1. 气温、降水多传感器标准控制系统安装前准备

(1)升级主采程序

打开 ISOS 业务软件，依次选择【设备管理】【维护终端】，发送指令“BASEINFO ↙”，查看下位机程序是否为 HY3002V2.69 及以上版本，若不是，需要升级主采程序。

确认主采集器已经断电。

第 1 步：把主采集器上的 CF 卡拔下插入到读卡器中，读卡器插在电脑的 USB 口，将 CF 卡视作 U 盘使用。

第 2 步：将 CF 卡格式化，把主采集器升级程序解压后的文件复制到 CF 卡的根目录中。

第 3 步：正常退出 U 盘，将 CF 卡插回主采集器的卡槽，打开电源开关，给主采集器供电。等待约 1 min 后（蜂鸣器响两声，过几秒，会再响两声，刷写完成），主采集器上 RUN 灯规律闪烁，主采集器程序完成升级。

第 4 步：用 USB 转串口调试线连接笔记本电脑串口和主采集器“终端”口，用串口调试助手发送指令“BASEINFO ↙”，此时将返回程序的版本号。如果返回的版本是厂家所要求的版本，则说明主采集器程序升级成功。

（2）查看 ISOS 业务软件的版本是否为 Ver3.0.2.615 及以上，若不是，请升级版本。

2. 气温多传感器标准控制系统安装

以 DZZ5 型自动气象站为例：

①认识气温多传感器标准控制系统及其配套设备。

②安装传感器。关闭电源，按《地面气象自动观测规范（第一版）》（中国气象局，2020）相关要求，安装传感器。

第 1 步：传感器需安装在现有百叶箱内正中位置用于安装温湿度传感器的支架上。支架均匀分布有 8 个孔。

第 2 步：3 支气温传感器需分别安装在支架上的正东、正北、正南（其中，正东为气温传感器 I，正北为气温传感器 II，正南为气温传感器 III）。1 支湿度传感器则安装在支架上的正西，如图 2.6.4 所示。

第 3 步：确保气温、湿度传感器的感应部分中部距地 1.5 m。

第 4 步：气温多传感器标准控制器安装在百叶箱与下基座连接处，如图 2.6.5 所示。通过现有温湿度分采集器的 CAN 总线与主采集器连接。

打开气温多传感器标准控制器（HY1360）上盖（注：此时为断电情况），通过万用表测量 3 支气温传感器的电阻值，推算出 3 支气温传感器的气温（正东气温传感器 I 对应 T_1，正北气温传感器 II 对应 T_2，正南气温传感器 III 对应 T_3，3 支气温传感器的平均气温为 T），计算：

T_1=________ ℃，T_2=________ ℃ ，T_3=________ ℃，T=________ ℃。

③CAN 线布设。用万用表，通过蜂鸣档测量，检查 CAN 线任意两接线端是否正常。检查气温多传感器标准控制器 CAN 线是否正确接入。

注：如新型站无温湿分采，需提前布设“气温多传感器标准控制器→主采”之间的 CAN 线。

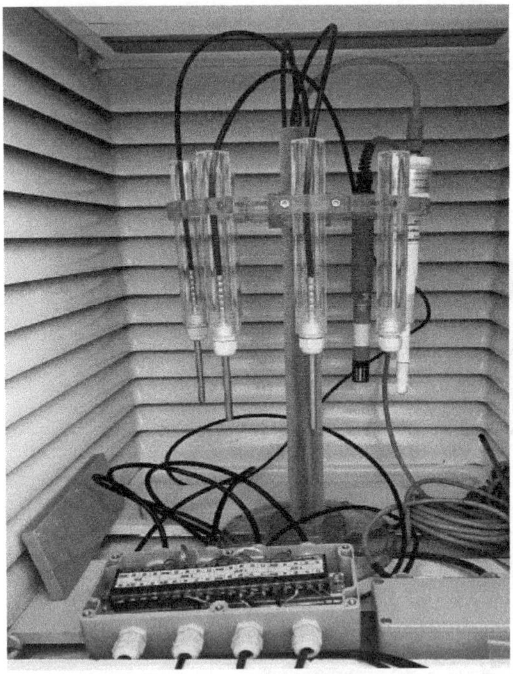

图 2.6.4　气温多传感器安装

图 2.6.5 气温多传感器标准控制器安装

3. 降水多传感器标准控制系统安装

以 DZZ5 型自动气象站为例：

①认识降水多传感器标准控制系统及其配套设备。

②检查传感器安装是否规范。

断电情况下，请用万用表，检查传感器及其线缆的好坏。同时判断 3 个传感器及线缆是否正常，填写表 2.6.1 中的内容。

表 2.6.1　3 个传感器及线缆正常与否

序号	设备	正常/异常	异常处描述
1	雨量传感器 1 及其线缆		
2	雨量传感器 2 及其线缆		
3	雨量传感器及其线缆		

请按如下步骤检查设备是否按照规范。

第 1 步：降水多传感器标准控制系统中 3 个翻斗式雨量传感器两两相距 1.5 m，成等边三角形分布，如图 2.6.6 所示。

第 2 步：翻斗式雨量传感器器口距地 70 cm，传感器底座和器口水平。

第 3 步：预置混凝土基础，与地面齐平；预埋件与接地体连接，在基础中需预留出电源线、信号线配套的管线空间。

第 4 步：降水多传感器标准控制器机箱支架牢固安装在混凝土基础上。

安装是否规范：

规范□　　不规范□

不规范处原因：____

________________________。

③CAN 线、电源线的布设。

安装前，用万用表对 CAN 线进行测试检查，正确接入降水多传感器标准控制器 CAN 线和电源线，图 2.6.7 为 HY1361 机箱内部 CAN 线、电源线接线图。

图 2.6.6　3 个雨量传感器安装位置

图 2.6.7　HY1361 机箱内部接线

4. 参数设置

(1)若升级了主采集器程序，因为主采集器程序升级之后，主采集器所有的参数都已复位，因此，需要对主采集器进行参数的设置，包括地方时差、区站号及经纬度等。设置完毕后，重启主采集器。

(2)在 ISOS 业务软件中，正确挂接设备、设置参数等。

5. 检查多传感器标准系统运行

(1)打开 ISOS 业务软件，依次选择【设备管理】【维护终端】，发送指令“DMGD↙”，若能返回正常的分钟数据，则主采集器工作正常。发送“OBSAMPLE TAIR↙”命令，获取气温控制器实时数据。发送“OBSAMPLE RAIN↙”命令，获取降水控制器实时数据。

(2)检查数据采集与 BUFR 格式文件发送情况，同时检查 ISOS 软件中是否正常接收并正确解析了所有观测数据。重点关注雨量及气温数据是否正常，如图 2.6.8 所示。

检查 ISOS 软件“...\ISOS\bin\Send\Data”目录下的数据文件，如果该目录下无积压文件，且 MDOS 业务系统显示分钟数据入库正常，则软件生成、发送 BUFR 数据正常。

(3)如气压缺测，应检查气压传感器是否开启，气压传感器工作模式是否正确。例如，升级华云主采前输入“AIRPTYPE”并回车，返回 4；升级后应输入“AIRPTYPE 4”并回车，设置采集器中气压传感器的正确工作模式。

其他传感器未返回数据时，也应在 ISOS 业务软件中检查相应设置，确认该传感器是否已开启。

行号	要素	值
18	小时累计降水量（翻斗式3，RAT3）	0
19	分钟降水量标准值	0
20	小时累计降水量标准值	0
21	分钟降水量（翻斗式，RAT5）	----
22	小时累计降水量（翻斗式，RAT5）	----
23	分钟降水量（称重式）	----
24	小时累计降水量（称重式）	----
25	气温（百叶箱中）传输值	30.6
26	气温（百叶箱中1）	30.6
27	气温（百叶箱中2）	30.6
28	气温（百叶箱中3）	30.6
29	气温（百叶箱中）标准值	30.6
30	通风防辐射罩通风速度	----
31	气温（通风防辐射罩）	----
32	湿球温度	****
33	湿敏电容湿度值	----
34	相对湿度	78
35	水汽压	34.3
36	露点温度	26.3
37	本站气压	990
38	草面温度	----
39	地表温度（铂电阻）	33.4
40	地表温度（红外）	----
41	5cm地温	31.2

图 2.6.8　分钟数据

2.6.7　日常维护

1. 气温多传感器标准控制系统

(1)定期用干布或毛刷清洁传感器,保持其清洁干燥。维护时,注意避开正点数据采集。

(2)百叶箱门打开时间不宜过长,身体部位尽量远离感应部分以免影响观测数据的准确性。切勿强烈碰撞感应部位,以免内部铂电阻被打碎,而造成永久性损坏。

(3)定期检查传感器和线缆连接处是否松动。

(4)定期检查气温多传感器标准控制器工作状态。

(5)定期维护气温传感器。

(6)当设备故障时,应及时进行维护或维修。

2. 降水多传感器标准控制系统

(1)维护期间,应将信号线从传感器上拆下,避免翻斗误翻产生错误的雨量数据。

(2)定期检查雨量传感器的安装高度,检查传感器底盘上的水平泡,检测器口是否水平、有无变形,发现不符合要求时及时纠正;维护中应避免碰撞承水器的器口,防止器口变形,而影响测量准确性。

(3)定期检查承水器,清除内部进入的杂物,检查过滤网罩,防止异物堵塞进水口。

(4)定期检查和清除漏斗、翻斗和出水口沉积的泥沙,保证流水畅通,计量准确,可用干净的脱脂毛笔刷洗。切勿用手触摸翻斗内壁,以免沾上油污,影响翻斗计量准确性。

(5)定期检查翻斗翻转的灵活性。发现有阻滞感,应检查翻斗轴向工作游隙是否正常,轴承如有微小的尘沙,可用清水进行清洗;翻斗轴如有变形或磨损,应更换轴承。切勿给轴承加油,以免粘上尘土,使轴承磨损。

(6)定期检查降水多传感器标准控制器工作状态。

(7)每年春季对防雷设施进行全面检查,复测接地电阻。

(8)当设备故障时,应及时进行维护或维修。

2.6.8 注意事项

1. 在每次操作前,注意先要确定本次操作是应在通电还是在断电的情况下进行(插拔器件时,均需断电)。若需断电,则要注意交流和直流均要断开。

2. 主采集器升级后,还需要通过"串口调试助手"等软件发送命令,以检查是否升级成功。若 ISOS 业务软件端无数据,则需要排查缺测原因。

2.6.9 课堂小结

1. 气温、降水多传感器标准控制系统主要是实现了对气温、降水数据的多重备份观测,可进一步保证这两类数据的准确性,同时避免缺测的情况发生。

2. 需要了解 ISOS 业务软件的安装和基本参数的设置方法,并了解如何通过指令来进行测试。

2.6.10 思考题

安装后,业务软件没有数据,应如何解决?

参考答案:安装后,业务软件没有数据,应从以下几方面检查:(1)电源是否正常;(2)通信是否正常;(3)线缆是否正常;(4)主采是否正常;(5)软件安装是否正常;(6)参数设置是否正确。

2.7 风向和风速测量

2.7.1 预习内容

1. 风向、风速传感器的结构及工作原理。

2. 格雷码风向对照表、异或逻辑算法、二进制与十进制的换算。

2.7.2 学时

2～4 学时。

2.7.3 目的要求

1. 熟悉风向、风速传感器的工作原理及接线。

2. 掌握风向、风速传感器的安装与基本维护操作方法。

3. 掌握不同型号自动气象站风向、风速传感器供电方式、输出信号测量点位置和测量方法。

4. 了解利用传感器输出信号来计算实时风向、风速的方法。

2.7.4 设备与工具

1. 风向、风速传感器和主采集器。

2. 数字万用表。

3. 螺丝刀、扳手、水平尺等配套工具。

2.7.5　原理与说明

1. 风速传感器工作原理

风速传感器的感应元件为风杯，新型自动气象站所用大多为三杯式风杯。当风杯转动时，带动同轴的多齿截光盘或风速磁棒盘转动(图 2.7.1)，利用光电效应或霍尔效应获得变化信号，并通过电路得到与风杯转速成正比的脉冲信号(方波，可通过示波器观察其波形)，该脉冲信号由计数器计数，经换算后就能得出实际风速值。

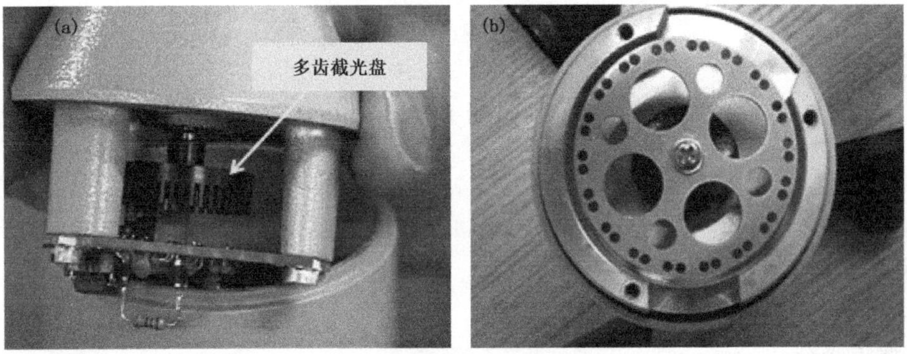

图 2.7.1　多齿截光盘(a)和风速磁棒盘(b)实物图

例如，EL15 型风速传感器(用于 DZZ5)采用光电效应测量风速，其风速与脉冲频率成一定的线性关系：$V=0.2315+0.0495F$(V 为风速，F 为脉冲频率)；ZQZ-TF 风速传感器(用于 DZZ4)采用霍尔效应测量风速，其频率随风速的增大而线性增加，满足关系式为：$V=0.1F$(V 为风速，F 为脉冲频率)。

2. 风向传感器工作原理

风向传感器的感应元件为风向标组件，格雷码盘(图 2.7.2)固定在风向标的轴上。格雷码盘是由等分的同心圆组成，由内到外分别做 $2^1,2^2,\cdots,2^n$ 等分，相邻两份做透光和不透光处理，在每一个同心圆上放置一个红外发光管，n 个发光管排列在同一个半径上。在码盘下方放置与红外光源一一对应的光电接收管，作为转换器，当光通过码盘的透明部分时，光电接收管接收到的信号为“1”，当光通过码盘的不透明部分时，光电接收管接收到的信号为“0”。当风向

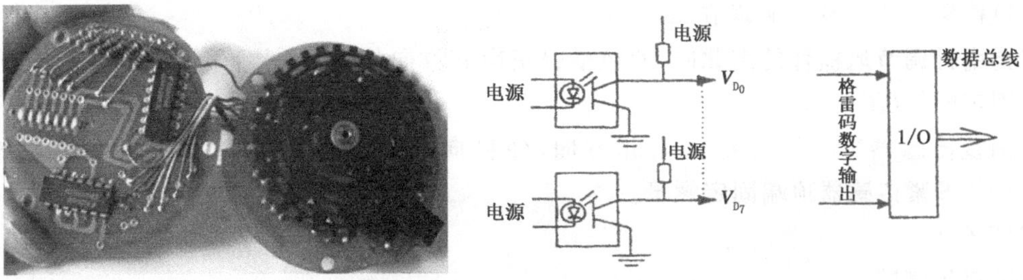

图 2.7.2　7 位格雷码盘与风向变换器实物图及其电路原理

标组件随风转动时，带动主轴和格雷码盘一同转动，不论风向标处于什么位置，都可以对应一组格雷码输出。

气象站所用的格雷码盘为7位，分辨率约为2.81°，即风向标每随风转动2.8°，风向传感器就会输出一组新的7位并行格雷码，经整形电路整形，并反相后输出。在获得风向时，可有两种方法计算风向数据：一种是直接查算法，即输出的7位格雷码可以直接通过查算格雷码风向对照表来换算为风向；第二种方法则是将格雷码进行异或处理变换成二进制码来得到方向。

其中，进行异或处理的方法为：二进制码最高位等于格雷码的最高位；二进制码次高位为二进制码最高位与格雷码次高位相异或的值，其余各位类似。例如，将风向标固定在90°方位，D6—D0的格雷码为：0110000，转换成二进制的数字信号为0100000，其换算示例见图2.7.3。

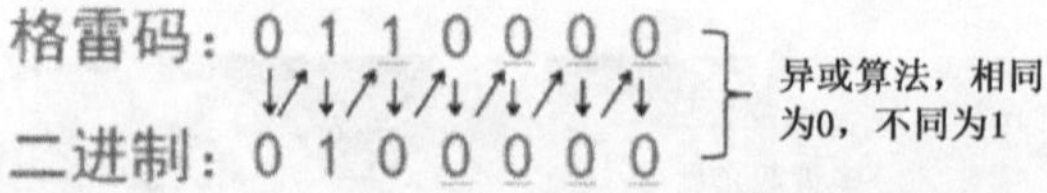

图2.7.3　格雷码换算为二进制数的方法示例

2.7.6　实习实训内容与步骤

1. 仪器安装

(1)DZZ5

①风速传感器

拧松位于风速传感器顶部的圆顶螺母，取下垫片，留下橡胶垫圈。将风杯置于传感器顶部，并将风杯中部的销钉插入位于传感器顶部的销孔内，然后垫上垫圈拧紧螺母。注意：拧紧时应手握传感器，不要握风杯。

风速传感器安装在位于风横臂一端的一根外径为48 mm、长为50 mm的短管上。因传感器由下部的插头接电，所以管子的内径为36 mm。安装时，需将插头与传感器连接，把传感器装入短管上，并用紧固螺丝将其拧紧。

②风向传感器

拧松位于风向传感器顶部的圆顶螺母，留下橡胶垫圈。将风向标置于传感器顶部，并将风向标中部的销钉插入位于传感器顶部的销孔内，然后拧紧螺母。注意：拧紧时应手握传感器，不要握风向标。

风向传感器安装在位于风横臂一端的一根外径为48 mm、长为50 mm的短管上。将插头与传感器连接，把传感器装入短管上，并用紧固螺丝拧紧。

③风横臂南北向及水平调节

用指南针调节风横臂的南北向，使风横臂正南北方向放置，用水平尺调节风横臂的水平，调好后固定螺母(图2.7.4b)。

④调整传感器“N”标志指向正北方向，使风向标指北标示线与“N”标示线对齐(图2.7.4a)，并拧紧传感器顶端固定螺母。

(2)DZZ4

①风速传感器

参照EL15型风传感器安装。

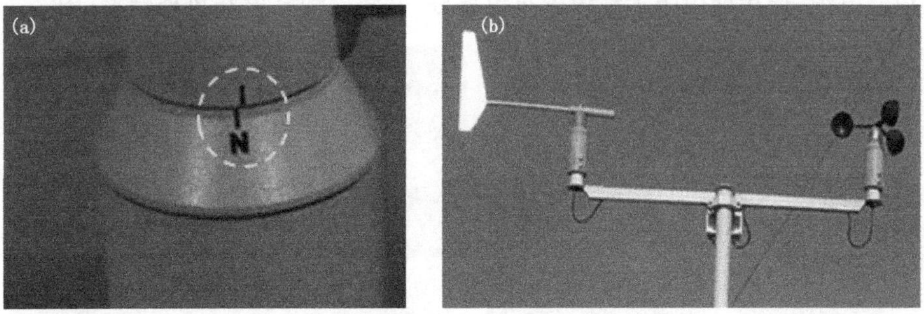

图 2.7.4 EL15 型风传感器安装实物图

②风向传感器

在安装时,参照图 2.7.5,按以下步骤进行安装:

(i)装风向标杆组件。取下防旋夹,将装有尾翼板的风向标沿风向轴套上方箭头方向插入风向轴套的孔内。

(ii)装防旋夹。使已预先固定在风向标杆上的挡圈紧靠风向轴套,装入防旋夹且紧靠风向轴套。

(iii)装平衡锤组件。装入平衡锤组件,风向标杆的最前端应紧靠平衡锤内口的最里端,调整两翼板与壳体的中心线在同一方向,且垂直于大地,锁紧全部螺钉,此时风向组件可达到左右平衡(出厂前已调至平衡位置并已锁紧挡环螺钉)。

(iv)装指北杆。位于指北线一侧的固定环螺纹孔中心线,出厂前已与指北线的中心线调在同一平面内,另一固定环螺钉已锁紧,现场安装时,只需将指北杆装入此孔,不需任何调试。

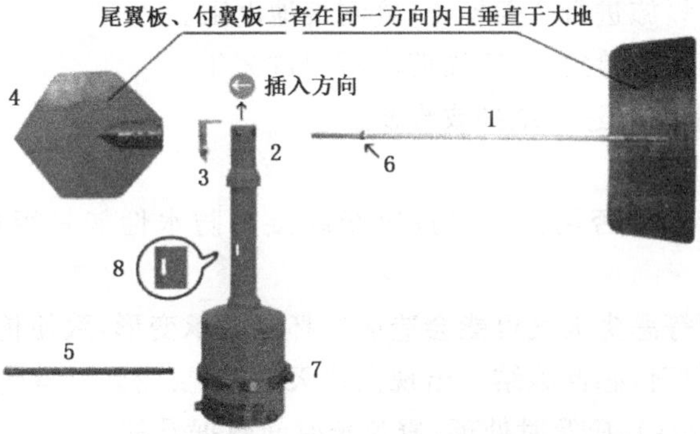

图 2.7.5 ZQZ-TF 型风向传感器实物分解

(1. 风向标杆组件;2. 风向轴套;3. 防旋夹;4. 平衡锤组件;5. 指北针;6. 挡圈(位置已调好,勿动);7. 固定环(位置已调好,勿动);8. 指北线)

③组装

将风横臂底座用 3 个 M8×16 螺丝固定在风杆顶部,再将风横臂与横臂底座用两个 M8×16 螺丝固定。

调整风横臂至水平,并使其风向安装端朝北(风速朝南),把风向传感器(指北针需固定在上面)和风速传感器的电缆分别插入插座后,再安装在风横臂上,旋转调整风向传感器使指北针、风横臂在同一直线上。

接上信号电缆,连接处用防水绝缘胶布包裹好,并将电缆扎紧在风横臂上(图 2.7.6)。

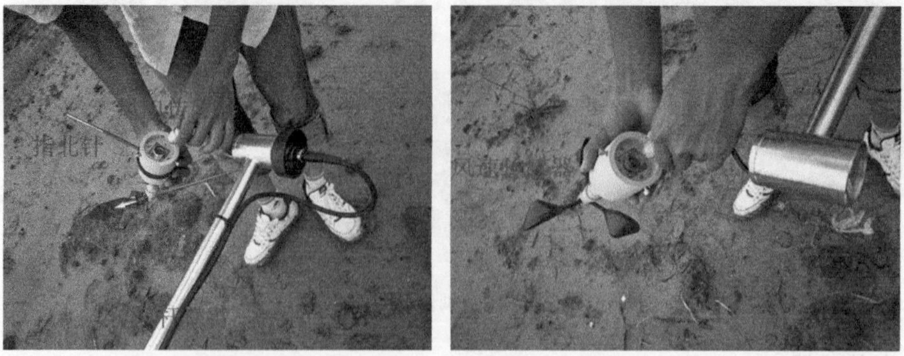

图 2.7.6　风向、风速传感器实地安装

2. 维护

(1)风向传感器维护

①定期巡查风向标转动是否灵活、平稳;风线缆接头防水性能是否良好,必要时更换防水胶布。

②台风、冰雹、冻雨等恶劣天气可能会造成风标板或轴承变形,致使传感器转动不灵活,强低温雨雪天气可能会使风向传感器冻结。出现上述天气时,要密切观察传感器工作情况,发现异常(如风向长时间在一个范围稳定不变或少变),应及时处理,避免长时间数据异常。

③每年定期维护 1 次风向传感器,检查、校准风向标指北方位,当风向传感器指北标识模糊时,可用油性记号笔重新标示。

④每年春季对防雷设施进行全面检查,复测接地电阻。

⑤按业务要求定期进行检定,检定周期应不超过 2 年。

⑥当设备故障时,应及时进行维护或维修。

(2)风速传感器维护

①定期巡查风杯转动是否灵活、平稳;风线缆接头防水性能是否良好,必要时更换防水胶布。

②台风、冰雹、冻雨等恶劣天气可能会造成风杯或轴承变形,致使传感器转动不灵活,强低温雨雪天气可能会使风杯传感器冻结。出现上述天气时,要密切观察传感器工作情况,发现异常(如风速长时间为 0 m/s),应及时处理,避免长时间数据异常。

③每年春季对防雷设施进行全面检查,复测接地电阻。

④业务要求定期进行检定,检定周期应不超过 2 年。

⑤当设备故障时,应及时进行维护或维修。

3. 仪器信号测量

(1)根据待测自动气象站的不同型号,对照相应的风传感器接线(图 2.7.7、图 2.7.8、附录 C、附录 D),查看风传感器与主采集器之间的连接线缆和接线方法。

(2)给主采集器加上直流电源供电。

(3)风速信号测量。利用万用表(直流电压档),在主采集器上找到对应的风速传感器连接点,测量如下信号:

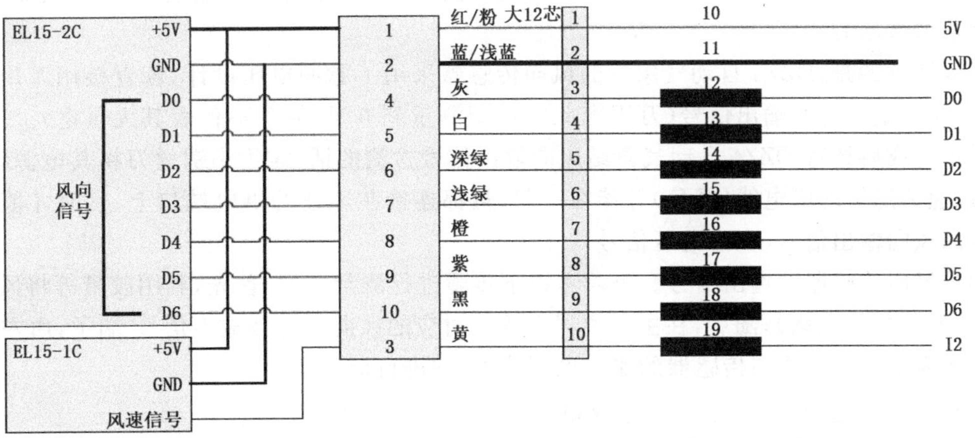

图 2.7.7　EL15 型风传感器接线(DZZ5)

风传感器的供电电压 U_1＝________ V；

风杯静止时，风速传感器输出电压 U_2＝________ V；

风杯转动时，风速传感器输出电压 U_3＝________ V。

参考答案：风杯静止时，输出电压约为 0 V 或 5 V；风杯转动时，输出电压在 2.5 V 左右。

利用示波器，观测风杯旋转时，其输出信号具有何特征？(选做)

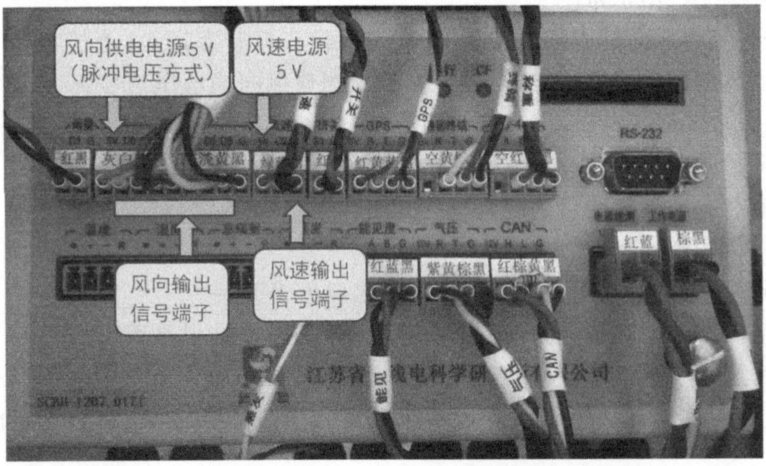

图 2.7.8　风传感器与主采集器通道连接实物图(DZZ4)

DZZ5 自动气象站参照图 2.7.7，还可在防雷板(FL-01)进行如下测量：

防雷板 10 脚对地电压 U_1＝______________ V；

风杯静止时，防雷板 19 脚对地电压 U_2＝______________ V；

风杯转动时，防雷板 19 脚对地电压 U_3＝______________ V。

(4)根据测量值，初步判断风速供电与信号输出是否正常：

正常□　不正常□

(5)风向信号测量：在自动气象站主采集器上，找到风向传感器的供电电源端子(图 2.7.7)，测量其供电电压 U_4 = ＿＿＿＿＿＿ V。

需要注意的是：DZZ4 自动气象站的风向传感器采用了脉冲电压设计，若直接用万用表测量，则无法测量到电压输出信号(万用表此时可能测量到 0 V，但并不代表其无供电)。因此，若要继续完成后续对 DZZ4 自动气象站风向输出信号检测的话，需用小螺丝刀将其电源线(灰色)与风速传感器的供电线(绿色)并接在一起，且都连接在风速的供电端口上，这时才能够获得稳定的风向输出信号(直流电压信号)。

测量风向传感器的输出信号。可参考以下步骤进行测量练习：首先，利用胶带等将风向标固定在 180°方位(正南)；随后，在主采集器上找到对应的风向传感器输出信号 端子，由左至右利用万用表依次测量风向传感器的输出电压信号，并进行记录：

V_0 = ＿＿＿＿ V，V_1 = ＿＿＿＿ V，V_2 = ＿＿＿＿ V，V_3 = ＿＿＿＿ V，

V_4 = ＿＿＿＿ V，V_5 = ＿＿＿＿ V，V_6 = ＿＿＿＿ V。

上述测量值对应的 7 位格雷码编码应为：＿＿＿＿＿＿＿＿(${D_6}\sim{D_0}$，分别由上述 ${V_6}\sim{V_0}$ 转化而来)。

参考答案：1100000(高电平(电压 5 V 左右)对应为 1，低电平(电压 1 V 以下)对应为 0)。

查阅格雷码风向对照表(附录 E)，可知此时风向值 WD = ＿＿＿＿。

(6)上述格雷码对应的 7 位二进制码为：＿＿＿＿＿＿＿＿；转化为十进制数 A = ＿＿＿＿；可计算出此时的风向值 WD′ = ＿＿＿＿(风向分辨率约为 2.81°)。

(7)根据上述输出结果，判断风向传感器在 180°方位的输出结果是否正常：

正常□　　不正常□

(8)利用胶带等将风向标固定在 270°方位(正西)。打开万用表(直流电压档)，在主采集器上找到对应的风向传感器连接点，由左至右依次测量风向输电压信号：

V_0 = ＿＿＿＿ V，V_1 = ＿＿＿＿ V，V_2 = ＿＿＿＿ V，V_3 = ＿＿＿＿ V，

V_4 = ＿＿＿＿ V，V_5 = ＿＿＿＿ V，V_6 = ＿＿＿＿ V。

上述测量值对应的 7 位格雷码编码应为：＿＿＿＿＿＿＿＿。

参考答案：1010000。

查阅格雷码风向对照表(附录 E)，可知此时风向值 WD = ＿＿＿＿。

根据上述输出结果，判断风向传感器在 270°方位的输出结果是否正常：

正常□　　不正常□

(9)附加测量(DZZ5 自动气象站)：可参照上述测量步骤和方法，在防雷板的相应通道也进行如下测量：

将风向标固定在 90°方位，测量防雷板 12～18 脚电压 $V_0\sim V_6$，依次为：

V_0 = ＿＿＿＿ V，V_1 = ＿＿＿＿ V，V_2 = ＿＿＿＿ V，V_3 = ＿＿＿＿ V，

V_4 = ＿＿＿＿ V，V_5 = ＿＿＿＿ V，V_6 = ＿＿＿＿ V。

根据电平高低，将 ${V_0}\sim{V_6}$ 转化成格雷码数字信号 ${D_6}\sim{D_0}$ 为：＿＿＿＿＿＿＿；通过查阅对照表，其对应的风向值为：＿＿＿＿；

参考答案：0110000。

该风向输出结果是否正常：

正常□　　不正常□。

4. 仪器整理

(1)断电(先关闭交流电，再关直流电)，然后进行传感器等部件的拆卸及复位；

(2)万用表、工具等摆放整齐；

(3)检查工具是否完整，仪器设备是否完好。

2.7.7 注意事项

1. 为安全起见，拆装传感器时，应将自动气象站设备断电。

2. 严禁往轴承孔内注油、脂或其他所谓润滑材料。

3. 在对 DZZ4 自动气象站风向传感器信号进行测量时，应将其电源线(灰色)和风速传感器电源线(绿色)并接在一起。用风速电源为风向提供持续的直流电。

4. 在风横臂接线盒处也有测量点，也可酌情进行测量。

2.7.8 课堂小结

1. 测量风向输出信号 $V_0 \sim V_6$ 对应着格雷码位 $D_6 \sim D_0$。

2. 万用表量程选择 20 V 直流档位。

3. 格雷码转二进制码的方法为：二进制码最高位等于格雷码的最高位；二进制码次高位为二进制码最高位与格雷码次高位相异或；其余各位类似。

4. 实际使用中，应根据风向输出故障的表现，灵活地选择测量方法来排查故障。例如，无法观测到某一方位的风向值时，应将风向标固定在该方位进行测量。

2.8 蒸发量测量

2.8.1 预习内容

1. 蒸发传感器测量原理、安装和测试方法。

2. 蒸发测量系统的维护要求与方法。

2.8.2 学时

2～4 学时。

2.8.3 目的要求

1. 熟悉蒸发传感器测量原理及接线定义，熟悉蒸发测量系统工作原理。

2. 了解蒸发传感器安装方法，掌握蒸发传感器输出信号测量方法。

3. 掌握蒸发测量系统的维护要求与方法。

2.8.4 设备与工具

1. 蒸发传感器及相关电缆。

2. 新型自动气象站的主采集器、电源箱。

3. 数字万用表和配套工具。

2.8.5　原理与说明

整套蒸发测量系统(图 2.8.1)由超声波蒸发传感器、不锈钢测量筒、蒸发皿、连通器、水圈、百叶箱等组成。百叶箱安置在蒸发桶正北方向,百叶箱内放置不锈钢测量筒,蒸发桶和不锈钢测量筒之间用铝塑管和管件等连接,组成一个连通器。蒸发桶的水位和不锈钢测量筒的水位是一致的,不锈钢测量筒上放置超声波传感器,其测量的蒸发量等同于蒸发桶上的蒸发量。

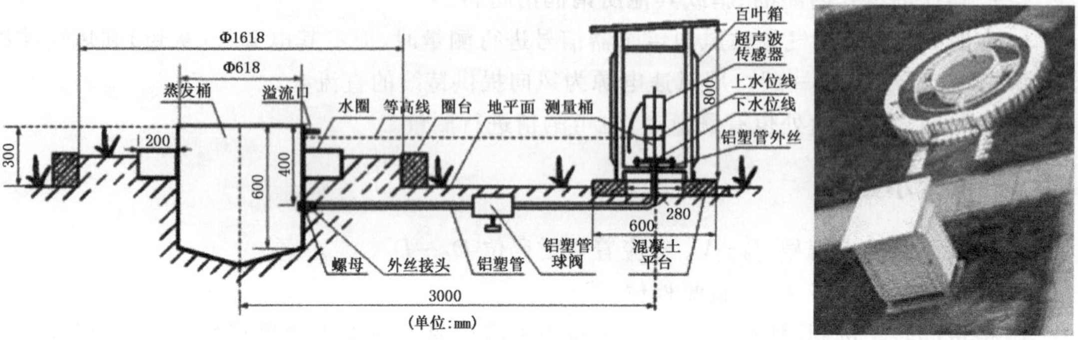

图 2.8.1　E-601B 型蒸发器安装示意图和实景图

蒸发传感器通过超声波探头对蒸发桶内水面高度变化进行检测(图 2.8.2),由公式 $H=1/2ct$ 得出,H 为超声波探头距水面的高度,c 为超声波在空气中的传播速度,t 为超声波脉冲往返水面高度 H 所经历的时间。该高度值被转换成电流信号输出,并配置温度校正部分,以保证在使用温度范围内的测量精度。前后两次测得的水位差,即为这一时段内的蒸发量。

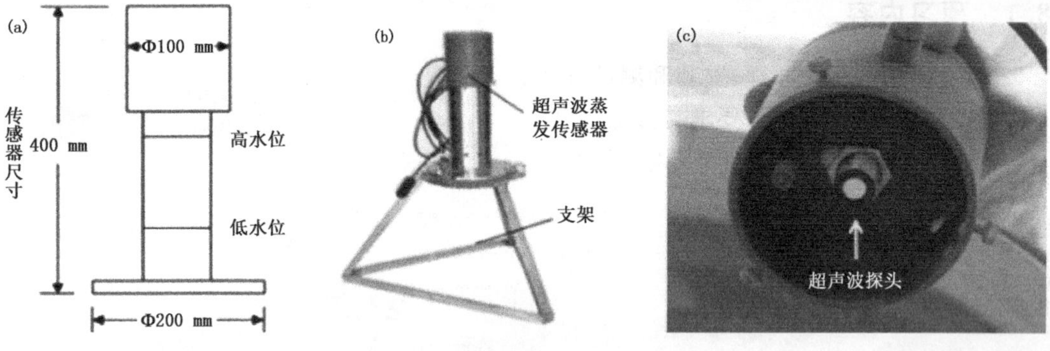

图 2.8.2　超声波蒸发量传感器结构

2.8.6　实习实训内容与步骤

1. 仪器安装

(1)埋放蒸发皿

E-601B 型蒸发皿及水圈等均按其规范进行安置(图 2.8.1),蒸发皿上边沿离地面高 300 mm;蒸发皿上沿面需用水平尺测量,以保持水平;填埋蒸发皿,周围土壤要压实填平。

(2)连接管道

在蒸发皿上边沿向下 500 mm 处,朝向正北做 Φ26 mm 孔,用 3/4" 螺母和 O 型圈固定联接管,蒸发皿上联接管外接口接 Φ25PPR 管内丝,用 Φ25PPR 管连接至百叶箱混凝土平台中心,就近百叶箱平台处安装阀门(图 2.8.3a,b)。

(3)安装连通器

将与 PPR 管熔接好的不锈钢测量筒放置在蒸发安装板上,调节测量筒高度,从而使不锈钢测量筒与蒸发皿组成一个连通器。连通管的两端铺设高度不同,测量筒端应比蒸发皿端略高一些(图 2.8.3c)。

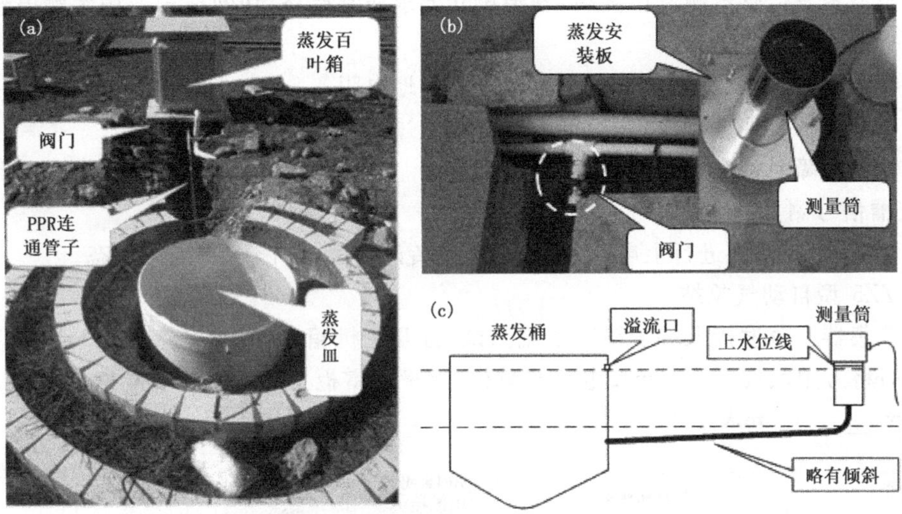

图 2.8.3 E-601B 型蒸发器实物布局(a,b)和蒸发连通器布设示意图(c)

调节 3 个不锈钢水平螺钉,使测量筒水平并且高度符合要求后,使用螺母将螺钉紧固在调节板上。调节高度时,要求不锈钢测量筒高水位刻度线和蒸发皿溢流口下沿持平,或不锈钢测量筒上水位刻度线高于蒸发皿溢流口下沿 5 mm 以内。调节方法是用长乳胶管灌入 90%的水,两端水位线应分别与高水位刻度线、溢流口下沿一致。也可使蒸发皿装满水,分别测量蒸发皿内水位和不锈钢测量筒内水位。

(4)安置百叶箱

将百叶箱放置在蒸发皿正北方向已浇铸的平台上,确认百叶箱水平后,四脚用角件和地脚螺丝固定,百叶箱门朝北方,并固定好百叶箱顶。

给蒸发皿和水圈上水后,检查各接头是否渗漏,确认不渗漏后,连接管道用土掩埋。

将超声波蒸发传感器罩在不锈钢测量筒上,并拧紧 3 只固定螺钉。

(5)连接线缆

按照接线端子上标示的线序颜色,分别将蒸发接线盒中的输入端和输出端线缆插入接线端子中,并将传感器上的电缆与连接自动站一端的蒸发电缆对接在蒸发接线盒中。盖上接线盒盖子,拧紧螺丝。将蒸发传感器与主采集器连接。

2. 维护

①蒸发传感器维护期间,应当暂停蒸发观测,维护完成后,再启动观测,防止因维护操作而

引起数据异常。维护尽量选择蒸发量小的时段。

②定期清洁通风防辐射罩。

③蒸发桶定期清洗换水，检查清理不锈钢测量筒内的异物，一般每月 1 次。

④蒸发桶内水位过低时，应及时加水，水位过高时，应及时取水，以免影响测量准确性。

⑤定期检查蒸发器的安装情况，如发现不水平、高度不符合要求等，要及时予以纠正。

⑥每年在汛期前后（冰冻期较长的地区，在开始使用前和停止使用后），应各检查 1 次蒸发器的渗漏情况；如果发现问题，应进行处理。停用后，把电缆插头拔掉，将传感器探头取出，放到室内。

⑦超声波蒸发传感器测量精度高，安装尺寸要求非常严格，切勿撞击或用手触摸超声传感器的探头。

⑧每年春季对防雷设施进行全面检查，复测接地电阻。

⑨按业务要求定期进行检定，检定周期应不超过 2 年。

⑩当设备故障时，应及时进行维护或维修。

3. 仪器信号测量

安装完成后，对系统进行上电，根据不同蒸发传感器型号，测试其工作状态。

(1)DZZ5 型自动气象站

对主采集器上蒸发接入端子线路电流测试：打开主机箱，断开主采集器（HY3000）的蒸发测量端 4R；将万用表拨至 200 mA 电流测量档，测量防雷板上的 20 与 22 端口（图 2.8.4）之间的电流 I=________ mA。

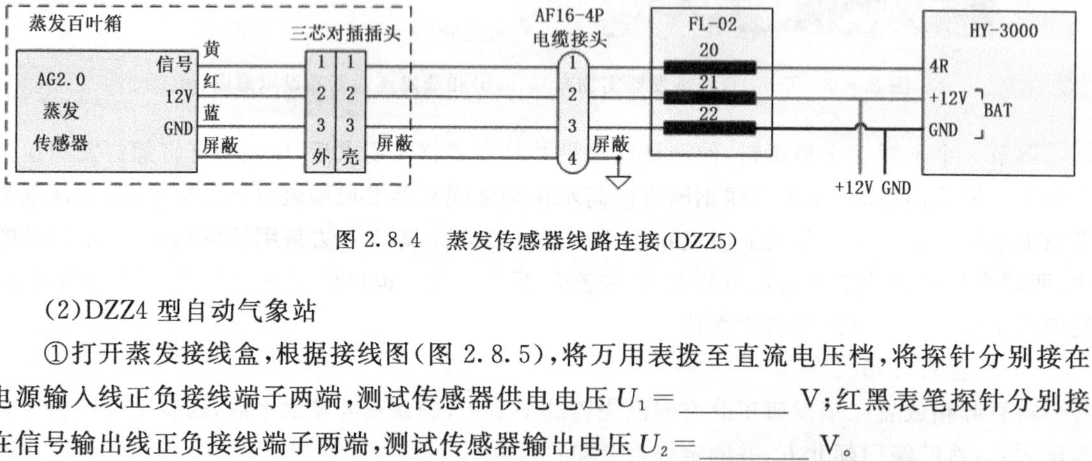

图 2.8.4　蒸发传感器线路连接(DZZ5)

(2)DZZ4 型自动气象站

①打开蒸发接线盒，根据接线图（图 2.8.5），将万用表拨至直流电压档，将探针分别接在电源输入线正负接线端子两端，测试传感器供电电压 U_1=________ V；红黑表笔探针分别接在信号输出线正负接线端子两端，测试传感器输出电压 U_2=________ V。

②对主采集器上蒸发接入端子线路电压测试。将万用表红黑表笔探针分别接在工作电源棕黑线上，测试传感器供电电压 U_3=____________；把万用表红黑表笔探针分别接在主采集器蒸发端子白蓝线上，即传感器输出线，测试输出电压 U_4=________ V。

(3)根据上述结果，判断蒸发传感器是否工作正常：

正常□　不正常□。

4. 仪器整理

(1)断电（先关闭交流电，再关直流电），然后进行传感器等部件的拆卸及复位；

(2)万用表、工具等摆放整齐；检查工具是否完整，仪器设备是否完好。

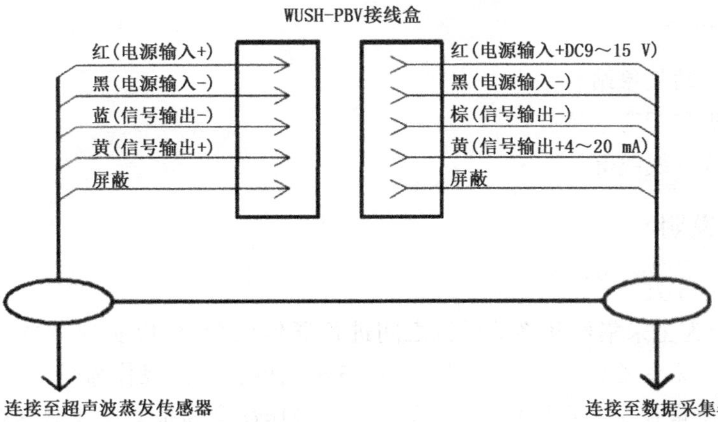

图 2.8.5　蒸发传感器线路连接(DZZ4)

2.8.7　注意事项

测量时，注意选择万用表正确的档位。

2.8.8　课堂小结

蒸发传感器正常工作状态下供电电压为 9～15 V，输出电流为 4～20 mA(水位正常的前提下，对应的水位为 100～0 mm)，但 DZZ4 自动气象站中超声波蒸发传感器输出端串联了一个阻值为 125 Ω 的电阻，因此应用万用表电压档测试输出电压值，输出电压在 0.5～2.5 V，对应输出电流为 4～20 mA，即为正常。

2.9　数据采集与调试

2.9.1　预习内容

1. 串口通信、光纤通信工作原理。
2. 《新型自动气象(气候)站功能规格书(修订版)》(气测函〔2012〕194 号)。
3. 串口调试软件的使用方法，如 SSCOM32、串口调试助手、超级终端等软件。

2.9.2　学时

2～4 学时。

2.9.3　目的要求

1. 了解新型自动气象站基本测试命令的分类和使用方法。
2. 了解如何利用串口命令，查看自动气象站的工作状态。
3. 了解利用串口调试软件如何发送串口命令，查看返回数据。
4. 了解如何利用串口调试线缆连接待测试设备和计算机。

2.9.4　设备与工具

1. 成套新型自动气象站。
2. 数字万用表和配套工具。
3. 各类串口调试线缆等。

2.9.5　原理与说明

1. 终端命令的分类

终端操作命令为主采集器和终端微机之间进行通信的命令，以实现对主采集器各种参数的传递和设置，从主采集器读取各种数据和下载各种文件。按照操作命令性质的不同，分为监控操作命令、数据质量控制参数操作命令、观测数据操作命令和报警操作命令四大类。

2. 格式一般说明

(1)各种终端命令由命令符和相应参数组成，命令符由若干英文字母组成，参数可以没有，或由 1 个或多个组成，命令符与参数、参数与参数之间用 1 个半角空格分隔。

(2)监控操作命令分一级和二级，若为二级命令时，一级与二级命令之间用半角空格分隔。

(3)在监控操作命令中，若命令符后不跟参数，则为读取数据采集器中相应参数。

(4)命令符后加“/?”可获得命令的使用格式。

(5)若在计算机超级终端中测试，在键入控制命令后，应键入回车/换行键，本格式中用“↙”表示。

(6)返回值的结束符均为回车/换行。

(7)命令非法时，返回出错提示信息“BAD COMMAND.”。

(8)本格式中返回值用“＜ ＞”给出。

(9)若无特殊说明，YYYY-MM-DD HH:MM 表示日期、时间格式。

3. 操作命令概况

本节主要介绍部分主要命令的使用(表 2.9.1、表 2.9.2)，更为详细的操作命令及说明，请查阅《新型自动气象(气候)站功能规格书(修订版)》(气测函〔2012〕194 号)。

表 2.9.1　新型自动气象站部分命令及其说明

命　令	返 回 值	命 令 说 明
ID 57494↙	＜F＞表示设置失败，＜T＞表示设置成功	设置气象观测站的区站号
ID↙	57494	读取气象观测站的区站号
DATE 2015－04－02↙	＜F＞表示设置失败，＜T＞表示设置成功	设置数据采集器日期
DATE↙	2015－04－02	读取数据采集器日期
TIME 12:34:00↙	＜F＞表示设置失败，＜T＞表示设置成功	设置数据采集器时间
TIME↙	12:34:00	读取数据采集器时间
LAT 32.14.20↙	示例：若所属气象观测站的纬度为 32°14′20″，返回值： ＜F＞表示设置失败，＜T＞表示设置成功	设置观测站纬度
LAT↙	32.14.20	读取观测站纬度
LONG 116.34.18↙	示例：若所属气象观测站的纬度为 116°34′18″，返回值： ＜F＞表示设置失败，＜T＞表示设置成功	设置观测站经度

续表

命　令	返回值	命令说明
LONG↙	116.34.18	读取观测站经度
ALT 113.6↙	返回值：<F>表示设置失败，<T>表示设置成功	设置观测站海拔高度，单位 m
ALT↙	113.6	读取观测站海拔高度，单位 m
ALTP 113.6↙	返回值：<F>表示设置失败，<T>表示设置成功	设置气压传感器海拔高度，单位 m
ALTP↙	113.6	读取气压传感器拔高度，单位 m
SENST XX 1/0		设置或读取传感器状态。XX：传感器符号，见表 2.9.2 1：表示启用；0：表示禁用
OBSAMPLE　xxx		获取各采集器实时采样数据 Xxx 为 MAIN(主采)或 EATH(地温分采)，见示例 1
SAMPLES (仅适用于 DZZ4 型号)	返回值见图 2.9.2	获取各传感器采样数据
DMGD↙	最后一次下载结束以后的分钟观测记录数据，返回值说明见示例	下载数据采集器所记录的最新分钟观测记录数据
DHGD↙	最后一次下载结束以后的小时观测记录数据，返回值说明见示例	下载数据采集器所记录的最新小时观测记录数据
STATMAIN		读取主采集器工作状态
STATTARH		读取温湿度分采集器工作状态
READDATA		读取 1 min、10 min 平均能见度/实时天气现象数据
GMSD		读取分钟雪深观测数据
DMPR		读取固态降水分钟和状态数据

表 2.9.2 SENST 命令中部分传感器标识符

序号	传感器名称	标识	序号	传感器名称	标识
1	气压	P	2	百叶箱气温	T0
3	湿敏电容	U	4	降水量(翻斗式)	RAT
5	风向	WD	6	风速	WS
7	草面温度	TG	8	地表温度	ST0
9	5 cm 地温	ST1	10	10 cm 地温	ST2
11	15 cm 地温	ST3	12	20 cm 地温	ST4
13	40 cm 地温	ST5	14	80 cm 地温	ST6
15	160 cm 地温	ST7	16	320 cm 地温	ST8

(1)示例 1

读取主采集器的实时观测数据，发送 OBSAMPLE MAIN 命令，则返回数据格式(格式说明见表 2.9.3)示意图见图 2.9.1。

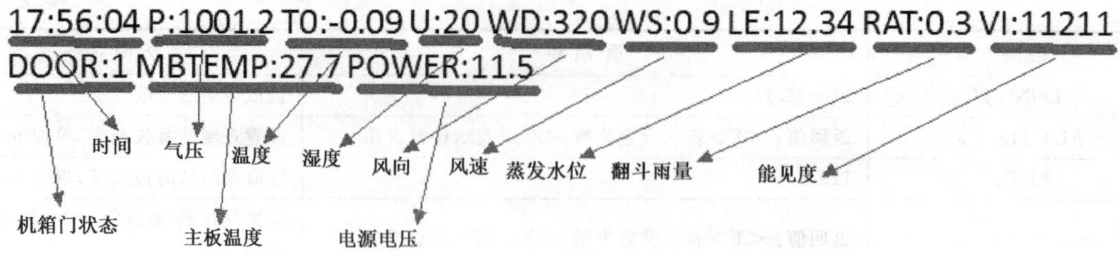

图 2.9.1　主采集器实时数据格式示意图

表 2.9.3 主采集器实时数据格式

序号	要素	格式单位	注释
1	时间	HH:MM:SS	
2	气压	P:1001.2 hPa	若传感器异常,用////表示
3	温度	T0:－0.09 ℃	若传感器异常,用////表示
4	湿度	U:20 %	若传感器异常,用////表示
5	风向	WD:320°	若传感器异常,用////表示
6	风速	WS:0.9 m/s	若传感器异常,用////表示
7	蒸发水位	LE:12.34 mm	若传感器异常,用////表示
8	翻斗雨量	RAT:0.3 mm	若传感器异常,用////表示
9	能见度	VI:11211 m	若传感器异常,用////表示
10	机箱门状态	DOOR:1　1闭合 0打开	若传感器异常,用////表示
11	主板温度	MBTEMP:27.7 ℃	若传感器异常,用////表示
12	电源电压	POWER:11.5 V	若传感器异常,用////表示

(2)示例 2

获取地温分采实时采样数据,发送命令格式:OBSAMPLE EATH,其返回数据格式如表 2.9.4 所示。

表 2.9.4　地温分采集器返回数据格式

序号	要素	格式单位	注释
1	时间	HH:MM:SS	
2	草温	TG:11.11 ℃	若传感器异常,用////表示
3	地表温	ST0:11.11 ℃	若传感器异常,用////表示
4	5 cm 地温	ST1:11.11 ℃	若传感器异常,用////表示
5	10 cm 地温	ST2:11.11 ℃	若传感器异常,用////表示
6	15 cm 地温	ST3:11.11 ℃	若传感器异常,用////表示
7	20 cm 地温	ST4:11.11 ℃	若传感器异常,用////表示
8	40 cm 地温	ST5:11.11 ℃	若传感器异常,用////表示
9	80 cm 地温	ST6:11.11 ℃	若传感器异常,用////表示
10	160 cm 地温	ST7:11.11 ℃	若传感器异常,用////表示
11	320 cm 地温	ST8:11.11 ℃	若传感器异常,用////表示

(3)示例 3

采样数据检测命令:SAMPLES(仅适用于 DZZ4 型号)。其返回值格式如图 2.9.2 所示。

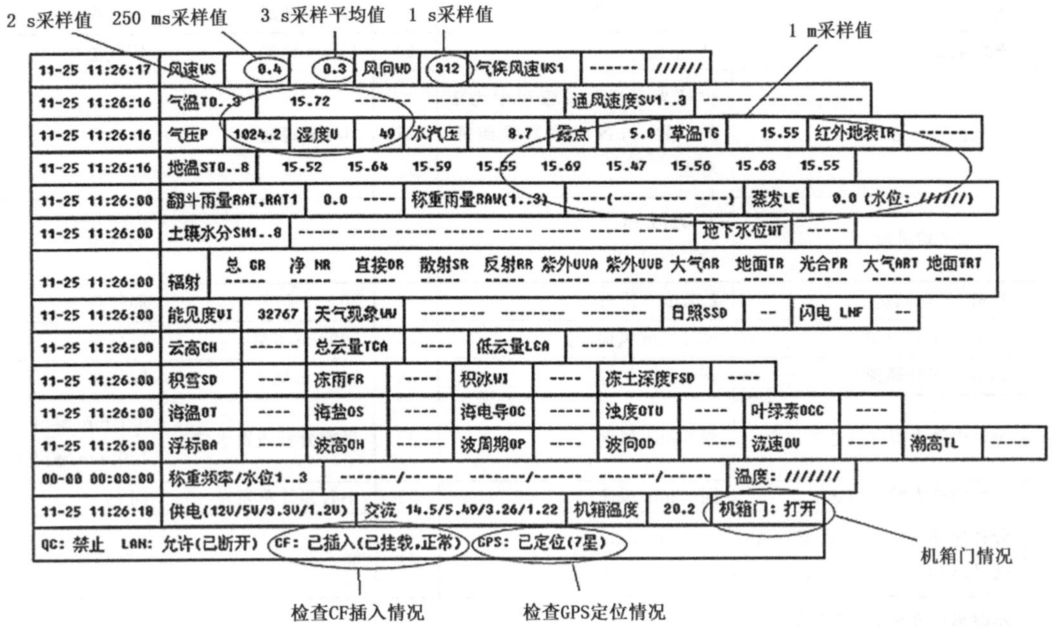

图 2.9.2 SAMPLES 指令的返回值格式

(4)示例 4

下载分钟常规观测数据命令:DMGD。

其参数按如下 3 种方式给出:

①不带参数,下载数据采集器所记录的最新分钟观测记录数据(最后一次下载结束以后的分钟观测记录数据);

②参数为:开始时间 结束时间,下载指定时间范围内的分钟观测记录数据;

③参数为:开始时间 n,下载指定时间开始的 n 条分钟观测记录数据。

开始时间、结束时间格式:YYYY-MM-DD HH:MM,分钟常规观测数据返回内容及排列顺序如图 2.9.3 所示。

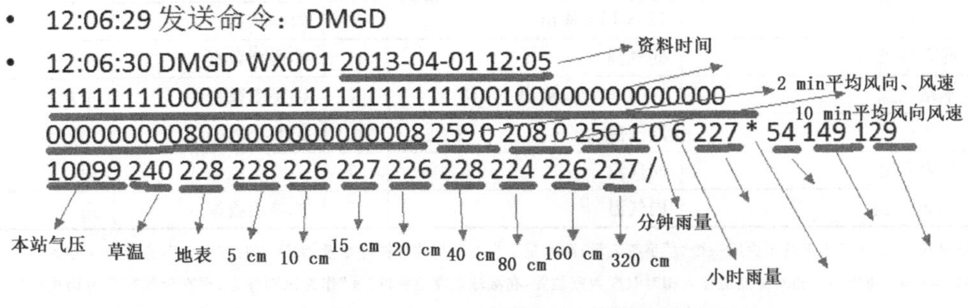

图 2.9.3 分钟常规观测数据返回内容及排列顺序

分钟常规观测数据格式见表 2.9.5。

表 2.9.5　分钟常规观测数据格式

序号	内　容	格式举例	序号	内容	格式举例
1	时间(北京时)	2006—02—28 16:43	25	10 cm 地温	同气温
2	观测数据索引	共 45 位	26	15 cm 地温	同气温
3	质量控制标志组	位长为观测数据索引中为 1 的个数,与各观测数据组相对应	27	20 cm 地温	同气温
4	2 min 平均风向	36°输出 36 123°输出 123	28	40 cm 地温	同气温
5	2 min 平均风速	2.7 m/s 输出 27	29	80 cm 地温	同气温
6	10 min 平均风向	同 2 min 风向	30	160 cm 地温	同气温
7	10 min 平均风速	同 2 min 风速	31	320 cm 地温	同气温
8	分钟内最大瞬时风速的风向	同 2 min 风向	32	当前分钟蒸发水位	0.1 mm 输出 1 1.0 mm 输出 10
9	分钟内最大瞬时风速	同 2 min 风速	33	小时累计蒸发量	同上
10	分钟降水量(翻斗式或容栅式,RAT)	0.1 mm 输出 1 1.0 mm 输出 10	34	能见度	100 m 输出 100
11	小时累计降水量(翻斗式或容栅式,RAT)	同上	35	云高	100 m 输出 100
12	分钟降水量(翻斗式或容栅式气候辅助观测,RAT1)	同上	36	总云量	2 成输出 2
13	小时累计降水量(翻斗式或容栅式气候辅助观测,RAT1)	同上	37	低云量	同总云量
14	分钟降水量(称重式)	同上	38	现在天气现象编码	每种现象 2 位
15	小时累计降水量(称重式)	同上	39	积雪深度	1 cm 输出 1
16	气温	—0.8 ℃输出—8 1.2 ℃输出 12	40	冻雨	有输出 1/无输出 0
17	湿球温度	同气温	41	电线积冰厚度	5 mm 输出 5
18	相对湿度	23%输出 23 100%输出 100	42	冻土深度	2 cm 输出 2
19	水汽压	12.3 hPa 输出 123	43	闪电频次	10 次输出 10
20	露点温度	同气温	44	扩展项数据 1	用户自定
21	本站气压	1001.3 hPa 输出 10013	45	扩展项数据 2	用户自定
22	草面温度	同气温	46	扩展项数据 3	用户自定
23	地表温度	同气温	47	扩展项数据 4	用户自定
24	5 cm 地温	同气温	48	扩展项数据 5	用户自定

注:若某记录缺测,相应各要素均至少用一个"/"字符表示;降水量是当前时刻的分钟降水量,无降水时存入"0",微量降水存入",";当使用湿敏电容测定湿度时,将求出的相对湿度值存入相对湿度数据位置,在湿球温度位置以"*"作为识别标志;现在天气现象编码按世界气象组织(World Meteorological Organization,WMO)有关自动气象站 SYNOP 天气代码表示,有多种现象时重复编码,最多 6 种。

数据记录单位：以《地面气象观测规范》(GB/T 35236—2017)规定为准(中国气象局，2003)，返回各要素值不含小数点。

(5)示例 5

读取前向散射能见度仪的能见度数据格式和格式说明分别见表 2.9.6 和表 2.9.7。

表 2.9.6　实时常规观测数据格式

完整数据	BG,800001,00,YFSV,000,20161011154700,01,10,01,AMA,000245,AMAEX,000245,AMAEXT,1545,AMAEN,000245,AMAENT,1545,AMB,001245,AMBMX,001245,AMBMXT,1546,AMBMN,000245,AMBMNT,1545,0000000000,ZE1A,1,0479,ED
起始位	BG
数据包头	800001,00(服务类型),YFSV(设备标位),000(设备 ID),20161011154700(观测时间),01(帧标识),10(观测要素变量数),01(设备状态变量数)
数据主体	AMA,000245,AMAEX,000245,AMAEXT,1545,AMAEN,000245,AMAENT,1545,AMB,001245,AMBMX,001245,AMBMXT,1546,AMBMN,000245,AMBMNT,1545,0000000000,ZE1A,1
校验码	0479
数据包尾	ED
起始标识	数据包头

表 2.9.7　实时常规观测数据格式说明

要素变量名	要素变量值	说明
AMA	000245	分钟能见度
AMAEX	000245	小时最大能见度
AMAEXT	1545	小时最大能见度时间
AMAEN	000245	小时最小能见度
AMAENT	1545	小时最小能见度时间
AMB	000245	10 min 滑动能见度
AMBMX	000245	小时 10 min 滑动最大能见度
AMBMXT	1545	小时 10 min 滑动最大能见度时间
AMBMN	000245	小时 10 min 滑动最小能见度
AMBMNT	1545	小时 10 min 滑动最小能见度时间
ZE1A	1	蓄电池电压：偏低(0)，正常(1)，停止(2)

注：最后一行 ZE1A 为状态要素变量名，1 为状态要素变量值；其他行的第一列均为观测要素变量名，第二列为观测要素变量值。

(6)示例 6

使用 DMPR 命令读取称重降水分钟数据(图 2.9.4)。

4. 串口调试方法概述

(1)直接调试：可利用业务计算机上的业务软件(ISOS)的串口终端(图 2.9.5)发送指令给数据采集器进行调试。其使用前提是计算机与自动气象站间通信良好。

(2)现场调试：在采集器系统能够运行工作的条件下，通过基本测试命令检测各采集器系统的运行状态。调试时，可利用终端计算机(一般为笔记本电脑)和相应的调试线缆(例如：图

2.9.6)，采用某款串口调试软件（SSCOM32、串口调试助手、超级终端等）进行调试。

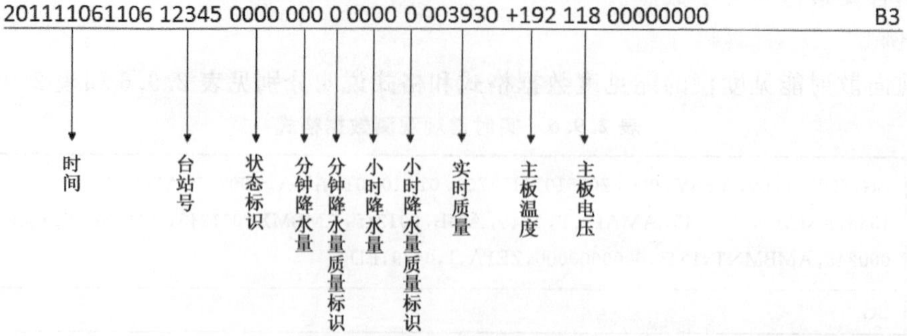

图 2.9.4　DMPR 分钟数据格式定义

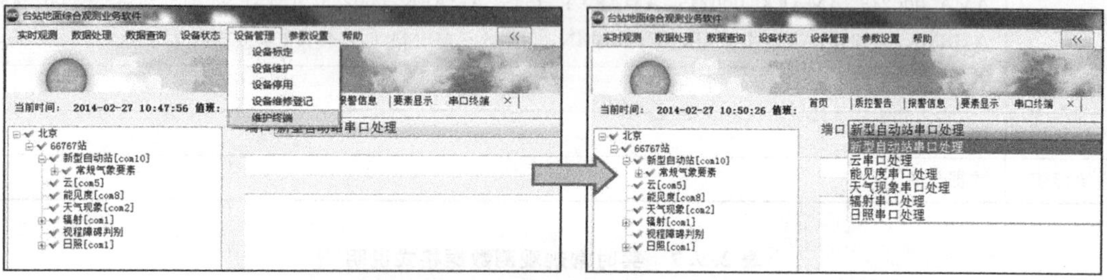

图 2.9.5　业务软件（ISOS）调试示意图

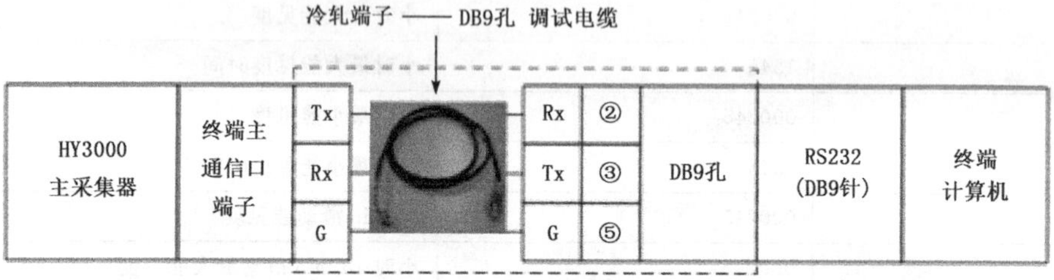

图 2.9.6　主采集器（DZZ5）与终端计算机现场调试接线

下文以 SSCOM32 为例，介绍串口调试软件的使用方法：

①下载 SSCOM32 软件后，直接双击 SSCOM32. exe 文件即可启动。

②设置参数：按图 2.9.7 中的指示参数（与自动气象站通信所需）进行设置。

通信串口号：必须是计算机上连接主采集器的那个串口。

波特率：必须与主采集器的波特率一致，常用 9600。

③打开串口。点击“打开串口”按钮，“打开串口”文字变为“关闭按钮”。

④在命令输入框中相应命令后点“发送”按钮，即可在“响应窗口”查看返回数据，以分析相关设备是否正常。

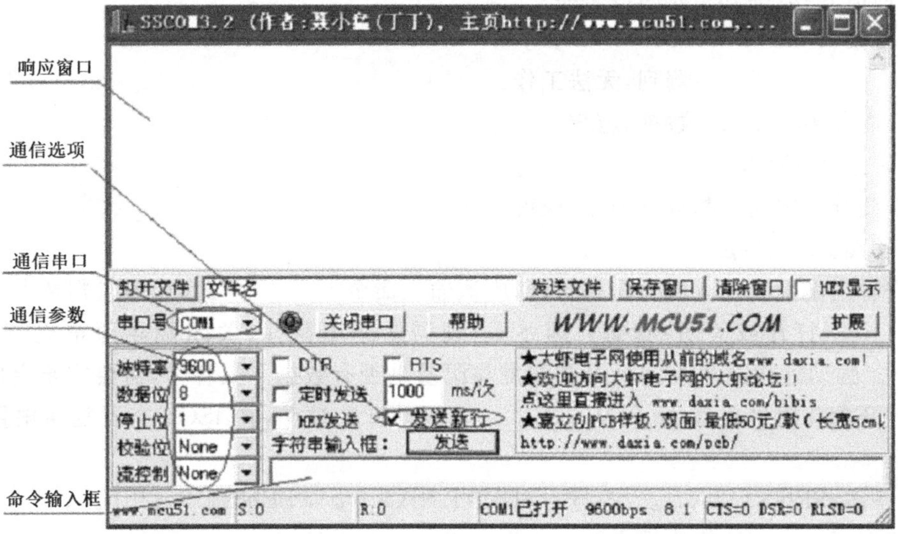

图 2.9.7　SSCOM32 软件使用窗口

2.9.6　实习实训内容与步骤

参照上文内容或相关资料，依次查阅下列各题命令，并观察和解译返回数据。

1. 采集系统参数设置

(1)设置通信参数：波特率：9600，数据位：8，停止位：1，校验位：无。应键入命令：____。

参考答案： SETCOM　9600　8　N　1↙。

(2)将主采集器时间设置为 2015 年 5 月 25 日 9 时 55 分 00 秒，应键入命令：________________；________________。

参考答案： DATE　2015－05－25↙；TIME　09:55:00↙。

2. 自动气象站终端命令应用

(1)写出可以读取主采集器电压的 3 个终端命令，并实际操作，应键入命令：________________；________________；________________。

参考答案： 3 个终端命令为：采集器电源电压(PSS)、主采集读器工作状态(STATMAIN)、采集器实时状态信息(RSTA)。

(2)读取主采集器、温湿分采集器工作状态，指出其运行状态、供电电压、供电类型和主板温度，可键入：________________；________________。

参考答案： STATMAIN↙；STATTARH↙。

(3)读取主采集器的实时观测数据，记录当前气温、湿度、风向、风速、气压、降水观测值，可键入命令：________________。

参考答案： OBSAMPLE　MAIN↙(DZZ5)。

SAMPLES↙(DZZ4)。

(4)读取传感器工作状态，并实际操作。

读取当前风向传感器工作状态，则键入命令为：________________。

若返回值为:2,则说明风向传感器:____________________。

参考答案:STATSENSOR　WD↙;

故障或未检测到,无法工作。

(5)获取各传感器采样数据,应键入命令:____________________。

参考答案:SAMPLES↙。

(6)下载分钟常规观测数据命令,应键入命令:____________________。

参考答案:DMGD↙。

(7)查看当前翻斗雨量通道是否打开,应该输入命令________,此时,可以判断出翻斗雨量处于________(打开或关闭)状态。因冬季,现需要停用翻斗,关闭翻斗雨量通道,命令为________。翻动计数翻斗,在ISOS查看翻斗雨量是否有数据。因春季,需要重新启用翻斗雨量,现需打开翻斗雨量通道,命令为________。翻动计数翻斗,在ISOS查看翻斗雨量是否有数据。

参考答案:SENST RAT↙,打开。SENST RAT 0↙, SENST RAT 1↙。

(8)请您用两种方法修改采集器日期为计算机的当前日期。

参考答案:第1种方法,通过终端命令;第2种方法,通过ISOS软件左端的项目挂接树,点击右键可将日期下载到采集器。

2.9.7　注意事项

除个别命令外,不同型号新型自动气象站的调试命令基本一致。

2.9.8　课堂小结

1. 利用自动气象站命令集,可以快速判断自动气象站各部分的工作状态是否正常,并获取相应参数,有助于快速定位自动气象站的故障位置等。

2. 利用串口调试助手、超级终端等软件,利用调试线缆、笔记本电脑等工具,可在观测场内对自动气象站主采集器和分采集器进行命令调试。

第 3 章 新型气象观测设备

3.1 综合集成硬件控制器

3.1.1 预习内容

《综合集成硬件控制器功能规格需求书》(气测函〔2014〕73 号)。

3.1.2 学时

2～4 学时。

3.1.3 目的要求

通过本课学习,使读者掌握综合集成硬件控制器的安装与调试方法(以 DZP1 型为例),理解 SMOPORTAdmin. exe 软件功能,并能够根据实际情况配置相关的信息。

3.1.4 设备与工具

1. 1 套综合集成硬件控制器(DPZ1 型)、1 套新型自动气象站。
2. 智能传感器(雪深、能见度、降水现象等)。
3. 数字万用表和配套工具。

3.1.5 原理与说明

1. 概述

综合集成硬件控制器具有 8 路可插拔 RS232/485/422 接口模块,可根据实际需求灵活设置每路接口的通信方式,用于接入各种观测设备。通过光纤将采用不同通信方式的多个设备数据进行远距离传输至计算机终端,满足观测业务发展的要求。

2. 整体结构

综合集成硬件控制器由通信控制模块、光电转换模块(光猫)、电源控制器、空气开关、交流防雷模块、机箱和立柱组成,如(彩)图 3.1.1 所示。综合集成硬件控制器的逻辑结构和硬件连线如图 3.1.2 和图 3.1.3 所示。

(1)电源部分

采用交流和直流供电方式,由电源控制器、空气开关、交流防雷模块、蓄电池等组成,为综

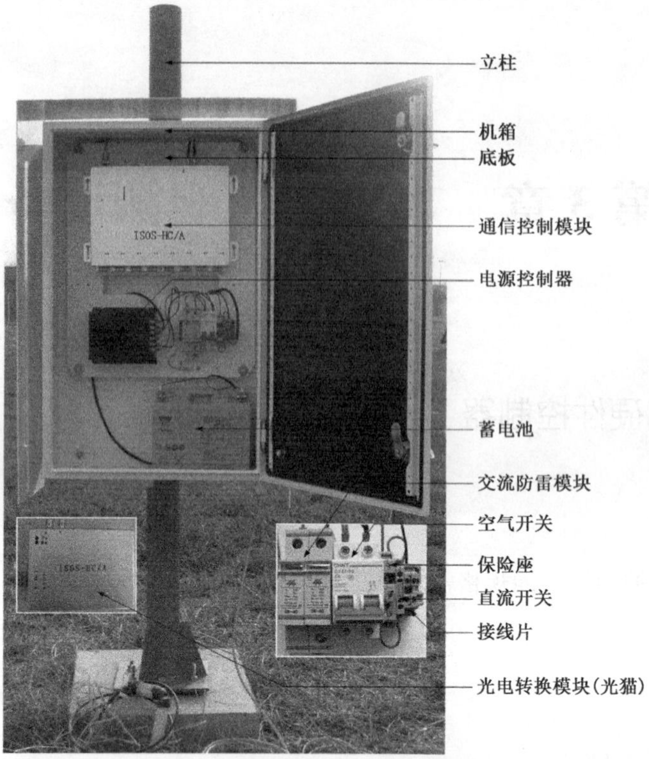

图 3.1.1 综合集成硬件控制器实物图

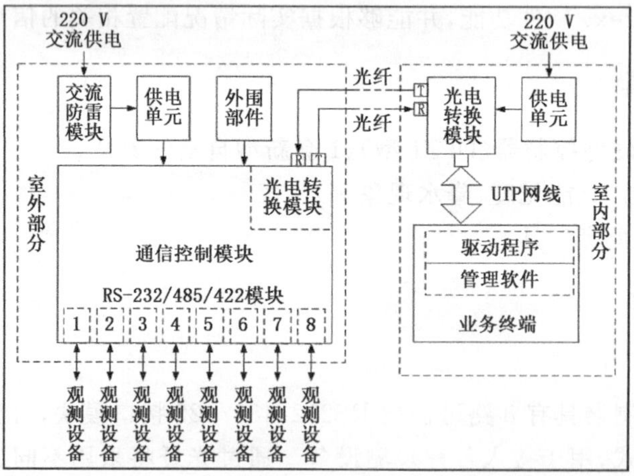

图 3.1.2 综合集成硬件控制器逻辑结构框图

合集成硬件控制器输出 12 V 直流供电((彩)图 3.1.1)。

(2)通信控制模块

具有 8 个可手动插拔的 RS232/485/422 接头,4 个 RJ45 接口(其中,1 个为 8 串口转以太网接口,3 个为以太网光纤转换接口),1 组光纤收发接口(支持 1300 nm 多模光纤),1 个 RS232 调试接口,2 个 USB 接口和 1 个 SD 卡插槽。

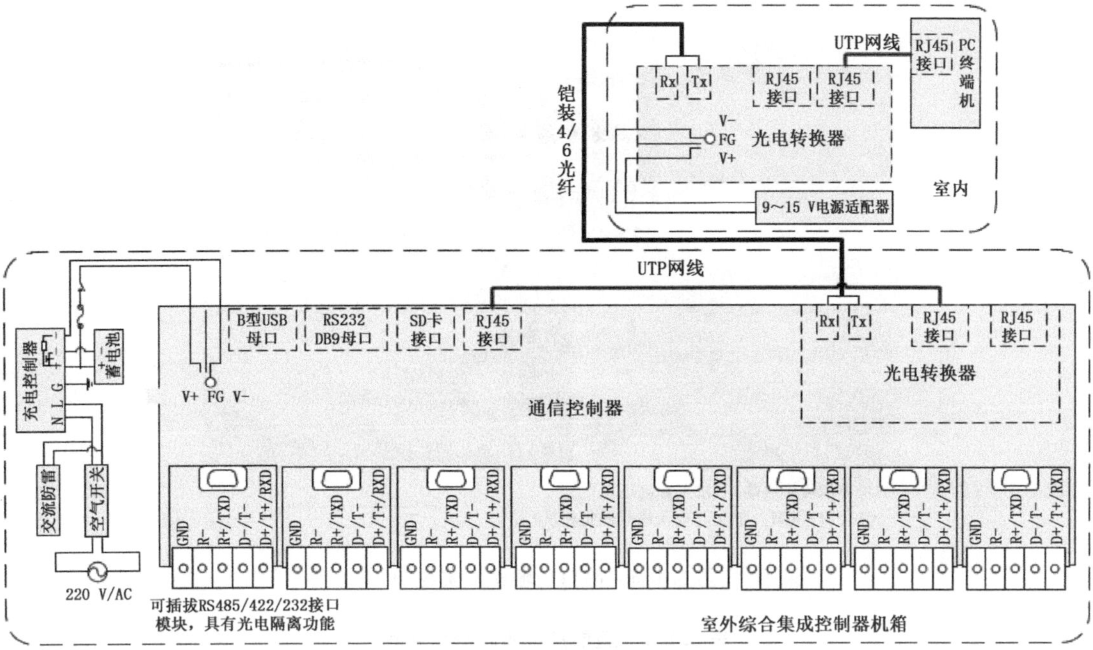

图 3.1.3　综合集成硬件控制器硬件连线图

通信控制模块供电及网络通信传输接口见图 3.1.4，其各接口的用途如表 3.1.1 所示。通信控制模块与观测设备通信接口见图 3.1.5。

①RJ45接口(以太网转光纤)　　⑤RS232 DB9母口(调试接口)
②ST光纤收发接口(1300 nm多模光纤)　　⑥USB母口(B型)(调试接口)
③RJ45接口(8串口转以太网)　　⑦USB母口(A型)(预留)
④SD卡插槽(数据存储)　　⑧3位可插拔接线端子(DC9～15 V供电接口)

图 3.1.4　通信控制模块接口

串口传输模块支持 3 种串行通信方式的动态切换，可灵活配置，并可手动拔插，同时在内部继承了串口隔离保护器，采用光电隔离，可抑制干扰和浪涌(图 3.1.5)。

根据实际使用情况灵活以 RS232/485/422 模式接入。通信控制模块面板配置有电源、光纤通信和串口通信状态等指示灯以及系统复位和恢复出厂设置按键，便于对设备工作和各通信接口的数据传输状态进行检查(图 3.1.6、表 3.1.2)。

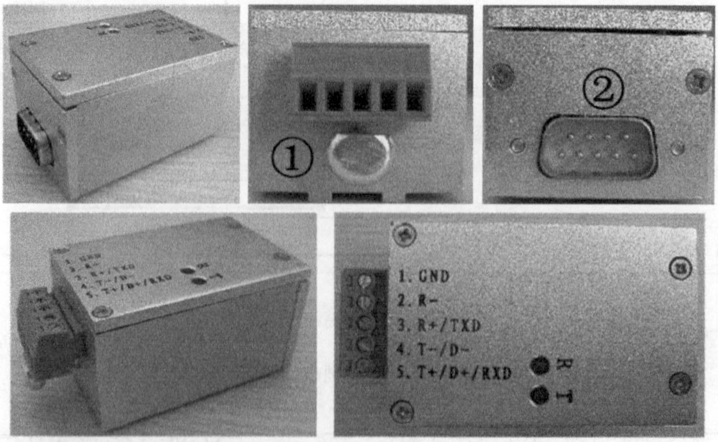

①5位可插拔接线端子(接入观测设备)
②DB9公口(引脚自定义)(接入通信控制模块)

图 3.1.5　串口传输模块实物图

表 3.1.1　通信控制模块接口用途

接口名称	接口用途
RS232/485/422/ZigBee/ST 光纤接口	采用插拔式接线端子,便于接线
RJ45 接口	进行串口通信到以太网通信的传输,以及以太网通信到光纤通信的转换
ST 光纤收发接口	进行光纤通信
USB 接口	便于设备调试

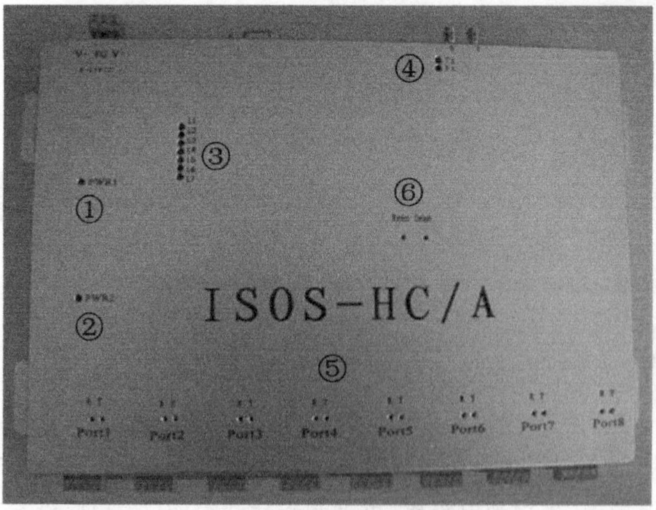

图 3.1.6　通信控制模块面板实物图

表 3.1.2 通信控制模块面板说明

序号	面板标识	功能描述
①	PWR1	电源指示灯,设备正常工作时常亮
②	PWR2	电源指示灯,设备正常工作时常亮
③	L1	设备启用正常运行后闪烁,系统启动指示灯
	L7	恢复出厂设置指示灯,恢复出厂设置成功后闪烁1次
④	Tx	光纤数据发送指示灯,通信正常时常亮
	Rx	光纤数据接收指示灯,通信正常时闪烁
⑤	R	串口数据接收指示灯,有数据传输时闪烁
	T	串口数据发送指示灯,有数据传输时闪烁
⑥	Reset	系统复位按键,长按1 s系统重启
	Default	恢复出厂设置按键,长按5 s恢复出厂设置成功

注:表中编号①～⑥如图3.1.5所示。

(3)光电转换模块(光猫)

光电转换模块(光猫)放置在室内,实现100Base-TX(RJ45)和100Base-FX(光纤信号)的转换,通过光纤与室外通信控制模块连接通信,采用DC9～15 V供电,具有3个RJ45接口和1组ST光纤收发接口。

3个RJ45接口支持10/100M、全双工、半双工自适应。光纤接口采用ST接头,支持1300 nm多模光纤,如图3.1.7所示。

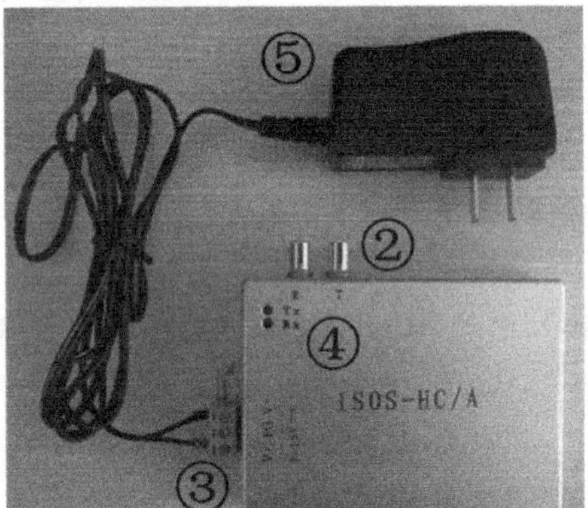

①RJ45接口(以太网转光纤)
②ST光纤收发接口(1300 nm多模光纤)
③3位可插拔接线端子(DC9～15 V供电接口)
④Tx:光纤数据发送指标灯;Rx:光纤数据接收指示灯
⑤电源适配器

图3.1.7 光电转换模块(光猫)接口

3.1.6 实习实训内容与步骤

1. 熟悉综合集成硬件控制器的电源、接口、面板指示灯。

2. 安装

(1)硬件安装

①按图3.1.8接入DPZ1型综合集成硬件控制器主机的直流电源接线端子、短网线,用光

纤连接综合集成硬件控制器主机和通信转换单元。同一根光纤，一头接 R，另一头接 T，即将两个光纤收发模块的收和发交叉。

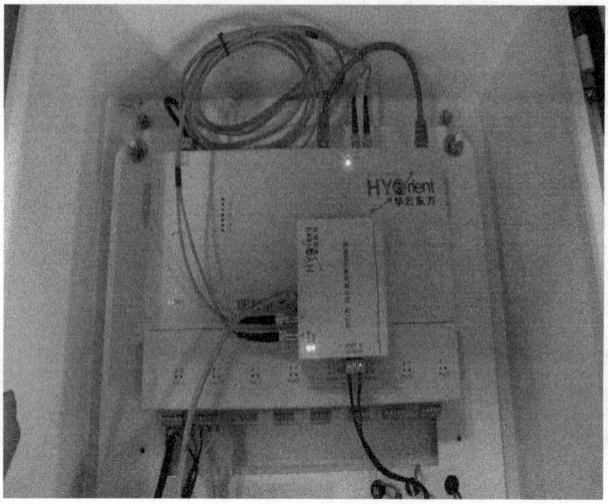

图 3.1.8　综合集成硬件控制器主机和通信转换单元连接

注：本次实习采用光纤方式传输。设备的网络接入模式有以太网直连与光纤接入两种方式。以太网直连方式是用 RJ45 网线将设备的 8 串口转为以太网接口，与计算机的网口直接连接。光纤接入方式是将设备上的 8 串口转为以太网接口，与光纤转以太网的 1 个 RJ45 接口用短网线连接，在设备的光纤收发接口接入 1300 nm 的多模光纤，光纤接入到室内后与计算机端的光电转换模块相连即可。

②用一根长网线一头接上通信转换单元网口，另一头接入计算机网口。

③将新型自动气象站或降水天气现象仪等分别接入综合集成硬件控制器 Port 口，选择 RS232/485/422 方式接入通信控制模块。将通信转换单元的供电端子接好。

注：①DZZ5 的通信为 RS232，分别接入 1：GND，3：232TXD，5：232RXD。

②接入设备主要是 RS232 与 RS485 两种接入方式，RS232 方式采用收和发交叉接入（Tx→Rx，Rx→Tx）方式，RS485 方式采用直连（A→A，B→B）方式接入。图 3.1.9 中一个 Port 口 5 条线的线序定义见表 3.1.3。

图 3.1.9　一个 Port 口接线

表 3.1.3　Port 口接线端子引脚定义

引 脚	1	2	3	4	5
定 义	GND	422RX－	422RX＋/232TXD	422TX－/485A－	422TX＋/485A＋/232RXD

④DPZ1 型综合集成硬件控制器的硬件安装完成后，经检查无误，就可以给新型自动气象站（通信控制模块和光电转换模块）等设备通电。

注：硬件安装顺序可交换，但切记通电前，需检查所有安装是否正确，特别是供电的正负极。

(2)驱动程序 SMOPORTAdmin. exe 安装

①查看计算机系统是 32 位还是 64 位，选择对应的安装程序，驱动软件如图 3.1.10 所示，按照提示安装综合硬件集成控制器驱动软件。

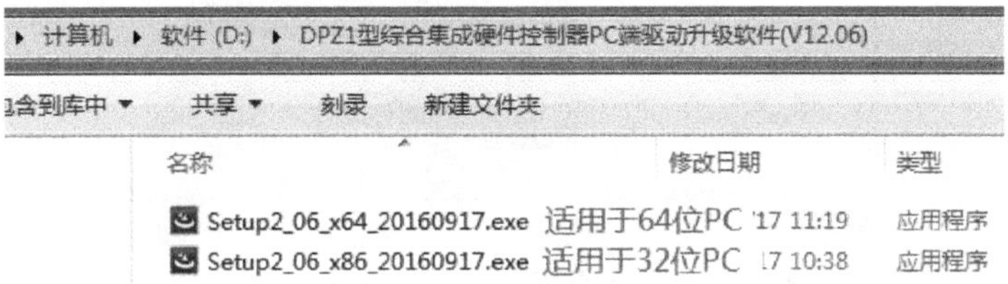

图 3.1.10　驱动安装程序

②查看是否安装成功

右键点击“我的电脑”，选择“管理”，点击“设备管理器”，在右边窗口中点击“端口（COM 和 LPT）”前的加号，即可查看计算机中的串口信息，若出现 8 个 Virtual Com Serial，则说明安装成功（图 3.1.11）。

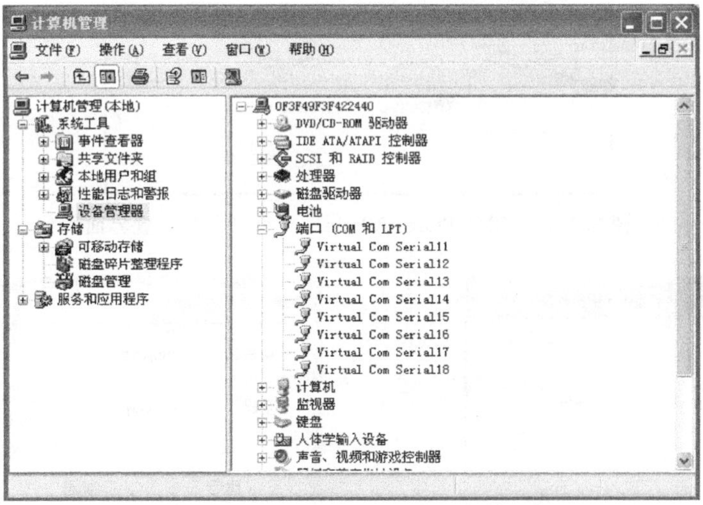

图 3.1.11　设备管理器 com 资源

3. 软件端参数设置

(1)驱动程序 SMOPORTAdmin. exe 设置

①首先，在电脑左下角的 Windows 开始菜单栏找到 SMOPORTAdmin. exe，并单击，弹出

图 3.1.12 界面。

②连接设备。如图 3.1.13 所示，点击“连接设备”，如果网络能够连通，打开软件后会出现如图 3.1.14 所示的提示框。出厂默认用户名：SMOPORT，密码：123456，如图 3.1.15 所示。

注：此时计算机 IP 应该与软件初始 IP 在一个网段内才能连通，即 192.168.1.xx 网段。

图 3.1.12　SMOPORTAdmin.exe 软件

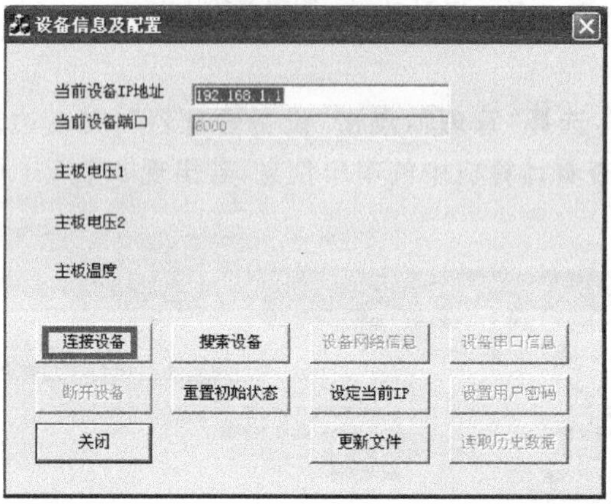

图 3.1.13　SMOPORTAdmin.exe 软件信息配置界面

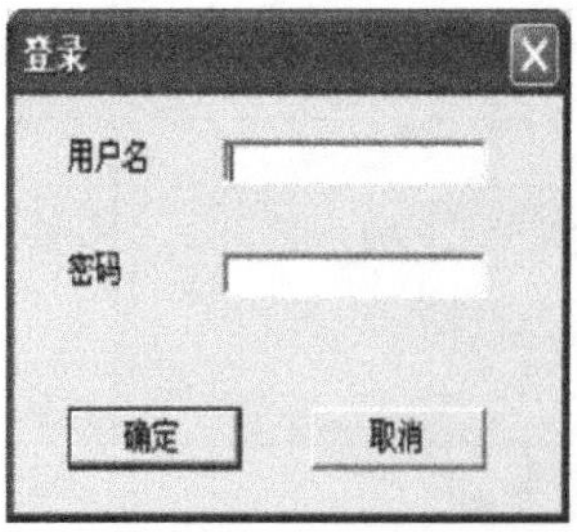

图 3.1.14　网络连通弹出提示框

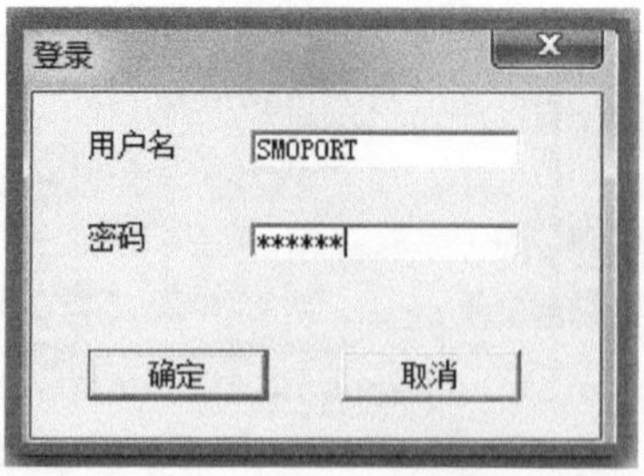

图 3.1.15　输入默认用户名和密码

如果网络不通，会出现如图 3.1.16 所示的提示框。需修改计算机 IP 与软件初始 IP 在一个网段内，即 192.168.1.xx 网段。

图 3.1.16　网络连接失败提示

③修改用户登录信息：首次连接设备输入出厂默认用户名和密码后，会弹出如图 3.1.17 所示的提示框，就可以设置新的用户名和密码。例如，设置新用户名：shixi，密码：666666，如图 3.1.18 所示。

图 3.1.17　修改用户登录信息提示框

图 3.1.18　修改用户登录信息

④更改设备网络信息：如图 3.1.19 所示，在网络连通后，单击“设备网络信息”，弹出如图 3.1.20 所示的提示框。

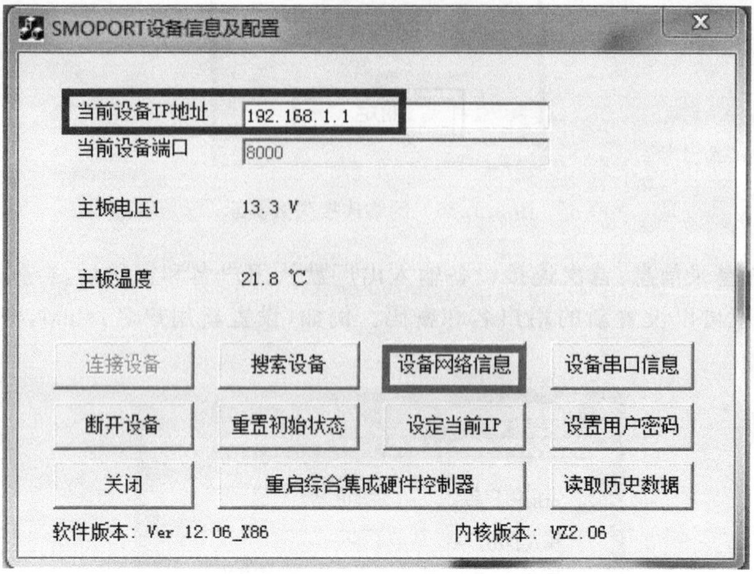

图 3.1.19　设备网络信息

例如，设置综合集成硬件控制器主机 IP：10.192.122.100，子网掩：255.255.255.0，默认网关：10.192.122.1，设置方法如下：

第 1 步：在如图 3.1.21 所示的对话框中输入相应 IP、子网掩、默认网关等值，点击“设置设备网络参数”保存。

注：①设置当前设备 IP 地址，不可以在图 3.1.20 蓝色框内修改，必须点击“设置网络信息”修改。

②综合集成硬件控制器主机 IP 与 PC 机 IP 要属于一个网段内，才能保证网络通畅。

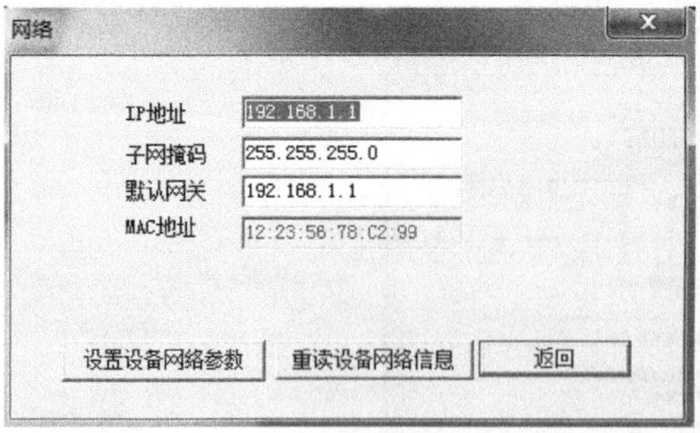

图 3.1.20　默认设备网络信息

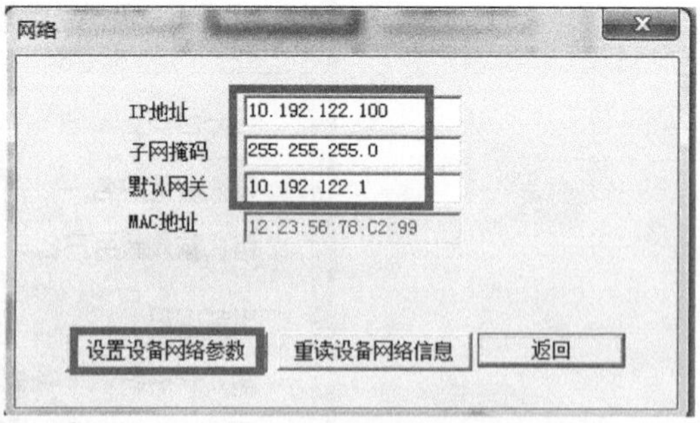

图 3.1.21　修改设备网络信息

第 2 步：对计算机的 IP 等网络信息做相应修改：设置 PC 机 IP：10.192.122.101，子网掩码：255.255.255.0，默认网关：10.192.122.1，如图 3.1.22 所示。

图 3.1.22 PC 机 IP 信息的修改

⑤查看或修改设备串口信息：如图 3.1.23 所示，点击“设备串口信息”，弹出如图 3.1.24 所示对话框，可以根据接入情况选择串口号、波特率、数据位、奇偶校验位等。本次练习中，COM12 接的是 DZZ5 自动站，工作方式为 RS232；COM14 接的是 DSG4 降水天气现象仪，工作方式也为 RS232；波特率等信息本次采用默认值，均不用修改；设备挂接的 Port 口以实际为准。

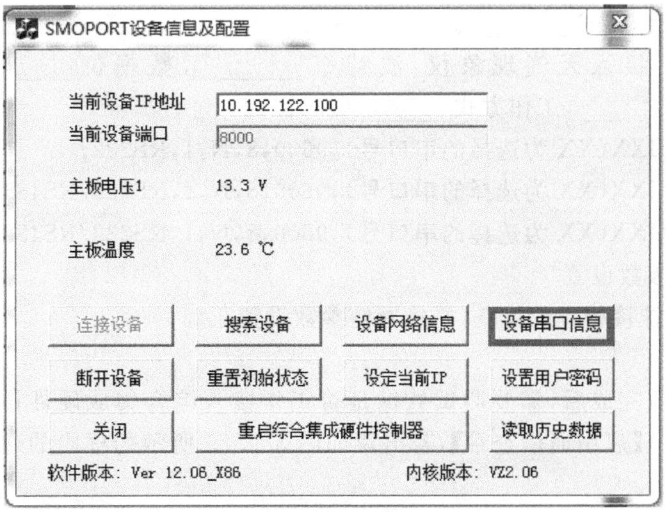

图 3.1.23 点击设备串口信息

注:①必须先点击“连接设备”按钮,输入用户名和密码后,界面上的按钮才可以全部开放。

②若是 DSG5 降水天气现象仪接入综合集成硬件控制器,则需要修改图 3.1.24 的串口信息(一般情况,DSG5 降水天气现象仪采用 485 方式,其工作方式也可以通过拨码开关和跳线帽修改),修改完后需要点击如图 3.1.24 所示的“设置当前串口”,表示保存设置信息。

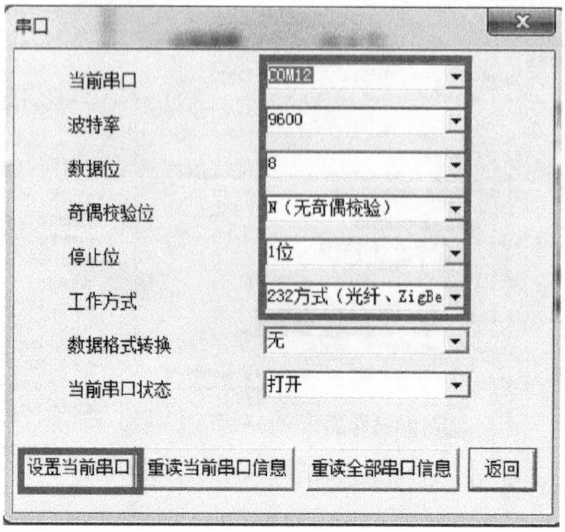

图 3.1.24 查看或修改串口信息

请将新型自动站、独立能见度仪、降水天气现象仪的通信参数信息填写正确。

注:请根据设备型号及通信方式的选择,按照实际使用情况填写通信参数。波特率一般默认为 9600,非特殊情况下不对设备波特率进行修改。

COM ________ 接入新型自动站,波特率________,数据位________,奇偶校验位________,停止位________,工作方式________。

COM ________ 接入能见度仪,波特率________,数据位________,奇偶校验位________,停止位________,工作方式________。

COM ________ 接入天气现象仪,波特率________,数据位________,奇偶校验位________,停止位________,工作方式________。

参考答案:COMXX(XX 为选择的串口号),9600,8,N,1,RS232;

COMXX(XX 为选择的串口号),9600,8,N,1,RS232/RS485(DNQ1/DNQ2);

COMXX(XX 为选择的串口号),9600,8,N,1,RS232/RS485(DSG4/DSG5)。

(2)ISOS 通信参数设置

同时,在 ISOS 挂接相应的设备,并将通信参数设置正确。

4. 测试

软硬件安装配置完成后,需要测试数据是否正常接入综合集成硬件控制器。打开 ISOS 界面的【参数设置】—【启用通信查看】,若出现如图 3.1.25 所示的框内的通信信息,表示通信正常,连接成功。

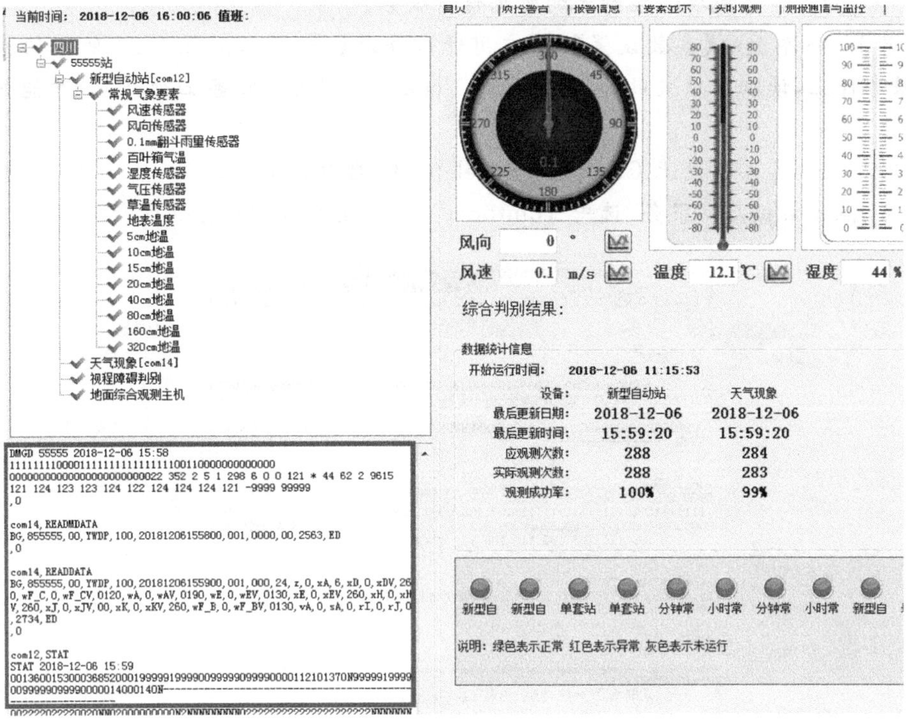

图 3.1.25　启用 ISOS 通信查看

3.1.7　注意事项

1. 为安全起见，本次实习实训前，应将综合集成硬件控制器、自动气象站设备断电。
2. 插拔各类线缆应注意相应的方式方法。
3. 注意不要踩踏、挤压、扭折光纤线缆。

3.1.8　课堂小结

综合集成硬件控制器具有以下特点：

1. 有 8 路可插拔 RS232/485/422 接口模块，用于接入各种观测设备。

2. 通过光纤将采用不同通信方式的多个设备的数据，通过远距离传输至计算机终端，这有两点好处：可避免电磁干扰，有利于信号传输；可起到光电隔离作用，避免雷电灾害沿电缆线串扰到室内，造成雷电灾害。

3. 对各接口、指示灯、按键的辨识，是进行后续操作的基础。

3.1.9　思考题

1. 计算机“nettocom”“comtonet”两个网络通信服务的状态停止，导致数据读取失败，请提出解决方法。

参考答案：

“nettocom”是由综合集成硬件控制器向主机虚拟串口的数据传送服务，“comtonet”是由主机虚拟串口向综合集成硬件控制器的数据传送服务。

①打开 ISOS 界面的【参数设置】—【启用通信查看】，出现如图 3.1.26 所示的框内的通信，表示服务停止，读取串口失败。“nettocom”“comtonet”两个服务必须开启，才能保证数据正常采集。

②同时按住计算机键盘上 Ctrl＋Alt＋Delete 键，启动任务管理器，点击服务，选中“nettocom”服务，点击右键启动服务；选中“comtonet”服务，点击右键启动服务。

图 3.1.26　启用 ISOS 通信查看

2. 忘记了 SMOPORTAdmin. exe 软件之前设置的 IP 和 PC 机的 IP，导致连接服务器失败，如图 3.1.27 所示，请提出解决方法。

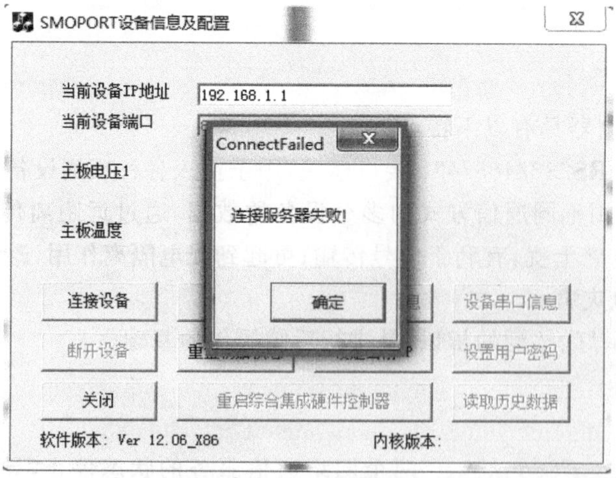

图 3.1.27　忘记通信 IP

参考答案：

如图 3.1.28 所示，通过按压面板“Default”按键，强制将通信控制模块恢复到出厂默认参数。

恢复出厂默认参数方法：

①用小头螺丝刀等尖状物插入面板 Default 孔，长按 Default 键约 5 s，直到面板 L7 指示灯闪烁 1 次。

②如图 3.1.29 所示，单击“重置初始状态”。然后修改计算机 IP 为 192.168.1.xx 网段，综合集成硬件控制器与 PC 便可以重新连通。

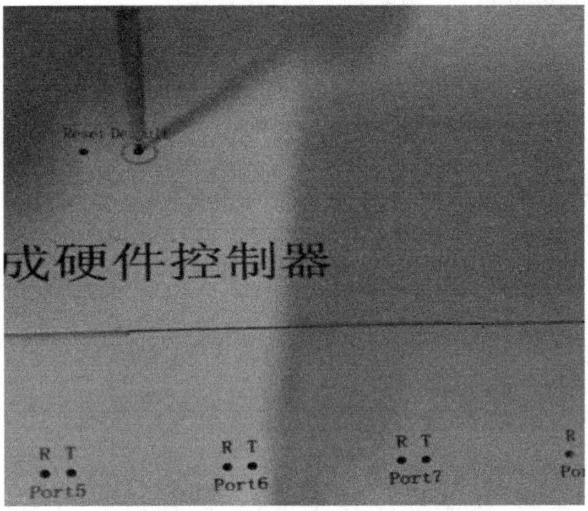

图 3.1.28　长按 Default 按键 5 s

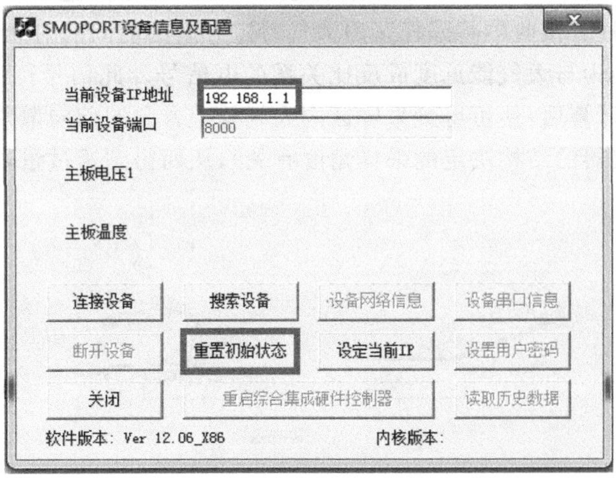

图 3.1.29　软件重置为初始状态

3.2　前向散射式能见度仪

3.2.1　预习内容

散射式能见度仪的测量原理、安装和测试方法，维护要求与方法。

3.2.2 学时

2～4学时。

3.2.3 目的要求

1. 了解散射式能见度仪的结构和基本工作原理。
2. 掌握散射式能见度仪的安装、测量以及维护方法。

3.2.4 设备与工具

1. 散射式能见度仪。
2. 自动气象站主采集器、电源箱。
3. 数字万用表和配套工具。

3.2.5 原理与说明

1. 仪器介绍

散射式能见度仪是测量散射系数，从而估算出气象光学视程(MOR)的仪器。它利用光的散射原理，在发送端发出一束红外光，经过空气中的空气分子、气溶胶粒子、雨雾滴等微粒时发生散射，接收端收到散射光后，将光强转化为电信号，通过专门的算法得出散射系数来计算 MOR。

前向散射式能见度仪(图 3.2.1)的发射器通过红外发光管产生红外光，通过镜头在大气中形成接近平行的光柱。接收器将采样区内大气特定方向的前向散射光汇集到光电传感器的接收面上，并将其转换为与大气能见度成反比关系的电信号。此信号经处理后送至控制器的数据采集板，经取样、计算后，便可得到采样区内大气特定方向的前向散射光强度值，并由此估算出总的散射量(与仪器的结构决定的采样角度有关)，从而得到透过量，进而计算得到大气能见度值。

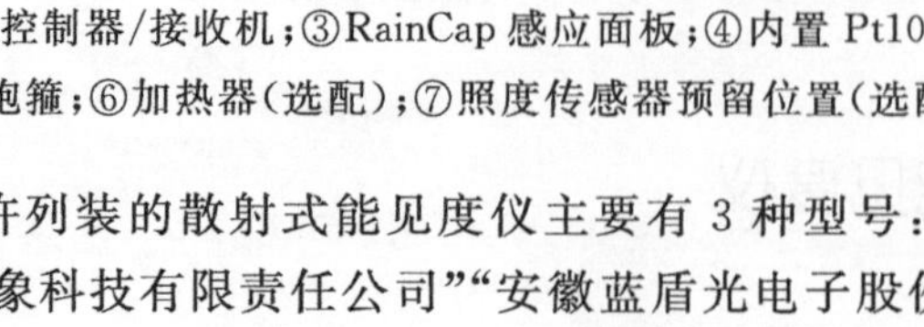

图 3.2.1 前向散射能见度仪结构示意图
(①发射机；②控制器/接收机；③RainCap 感应面板；④内置 Pt100 温度传感器；
⑤抱箍；⑥加热器(选配)；⑦照度传感器预留位置(选配))

气象观测业务中允许列装的散射式能见度仪主要有 3 种型号：DNQ1、DNQ2、DNQ3，分别为“华云升达(北京)气象科技有限责任公司”“安徽蓝盾光电子股份有限公司”“凯迈(洛阳)环测有限公司”所产。

当前向散射能见度仪安装在观测场内时，应在观测场西北角。能见度传感器发射单元与接收单元之间不应有障碍物遮挡，能见度仪接收端和发射端分别安装在南北方向，其中接收器在南侧，发射器在北侧(图 3.2.2)。

图 3.2.2　DNQ1 型(a)、DNQ2 型(b)、DNQ3 型(c)前向散射式能见度仪安装实景

安装时，应避免光学系统朝向强光源和朝向诸如雪或沙之类的反射表面，高纬度地区要加遮光罩。采样区中心高度为 2.8 m(±0.1 m)。将能见度连接线一端与能见度传感器控制器/接收机插口连接，另一端与主采集器“能见度”插口连接。

2. 日常维护

(1)维护中，操作员切忌长时间直视发射端镜头，避免损伤眼睛；巡视时，应避免用手电筒等光源直接照射能见度仪采样区域。

(2)定期巡视能见度仪，发现传感器附近(尤其是采样区)有蜘蛛网、鸟窝、灰尘、树枝、树叶等影响数据采集的杂物，应及时清理。

(3)出现大风、沙尘、降雨(雪)等影响能见度的天气后，应及时清洁。

(4)每月检查供电设施，保证供电安全。每 3 个月要对蓄电池进行充放电 1 次。

(5)每两个月定期清洁传感器透镜，可根据设备附近环境的情况，延长或缩短擦拭镜头的时间间隔，清洁时，用柔软不起毛的棉布或脱脂棉蘸无水乙醇擦拭透镜。注意不要划伤透镜表面。

(6)每年春季对防雷设施进行全面检查，复测接地电阻。

(7)按业务要求定期进行现场核查。

(8)当设备故障时，应及时进行维护或维修。

3.2.6　DNQ1 前向散射式能见度仪

1. 传感器的设备构成

DNQ1 能见度传感器的具体组成部分如图 3.2.3 所示，总体上由 7 部分构成。使用安装法兰将其固定到桅杆侧面或横臂。

(1)如图 3.2.3 所示，前向散射式能见度仪的组成结构包括如下部分：

①变送器/发射器。

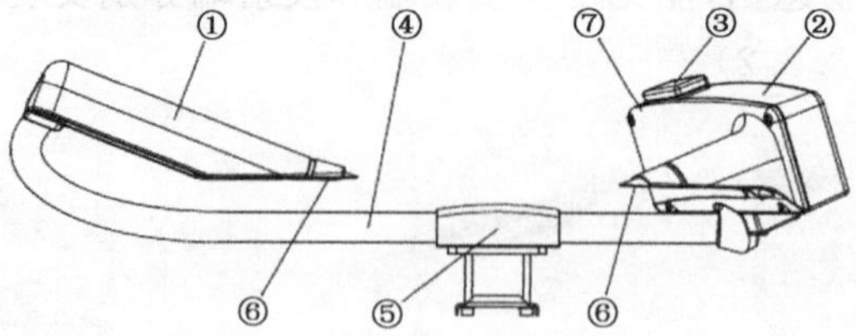

图 3.2.3　DNQ1 前向散射式能见度仪

②控制器/接收器。
③空白面板。
④管中的 Pt100 温度传感器。
⑤安装座。
⑥护罩式加热器(可选)。
⑦亮度传感器 PWL111(可选)的位置。
(2)采集器串口和总线接口如图 3.2.4 所示,其各部分说明如下:
①RS232 串行口×2:波特率、数据位、停止位、校验位可设,速率范围为 9600～115200。
②RS485 总线接口:波特率、数据位、停止位、校验位可设,速率范围为 9600～115200。
③调试串口:用于设备调试,默认为波特率:9600,校验位:NONE,数据位:8,停止位:1。

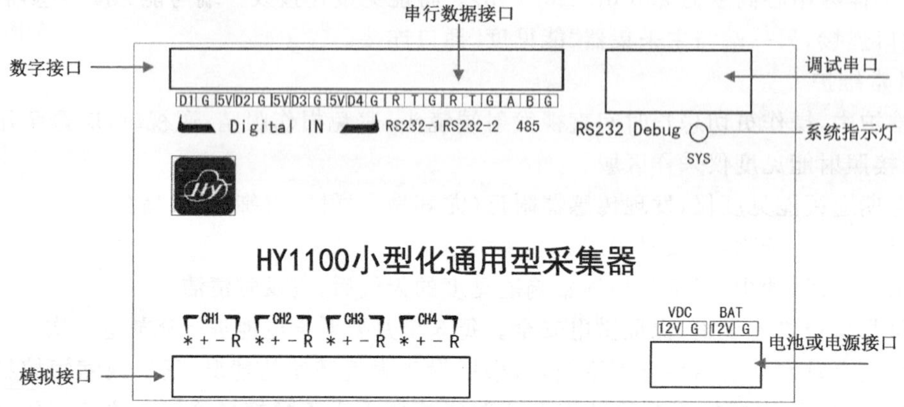

图 3.2.4　采集器接口示意图

2. 仪器安装

使用传感器支臂安装 DNQ1 时,注意横臂安装方向朝西,按图 3.2.5、图 3.2.6 所示进行操作:

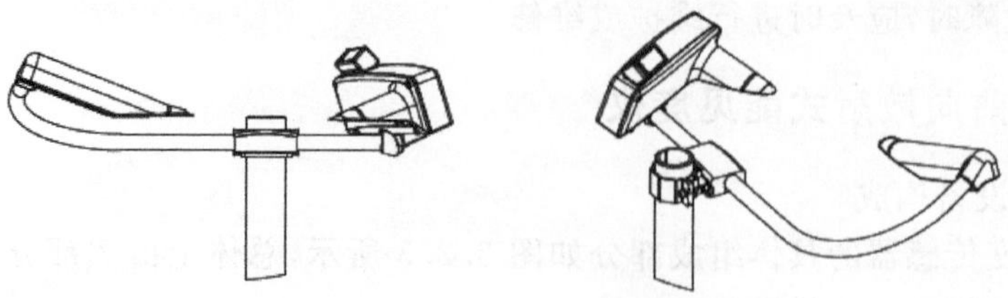

图 3.2.5　将 DNQ1 安装到支臂上

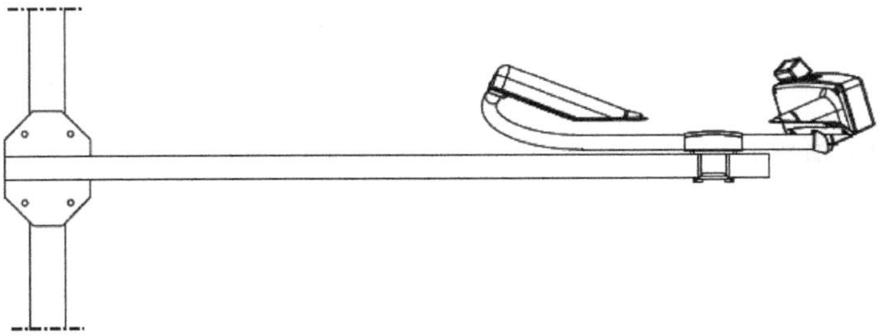

图 3.2.6　使用法兰配件将子配件安装到桅杆上

3. 仪器信号测量

(1)断开主采集器交直流供电。对照 DNQ1 型(亦称 HY-V35)前向散射式能见度仪接线(图 3.2.7)和实物,查看能见度仪与主采集器间的连接线缆和接线方法。

(2)将能见度仪连接线一端与能见度仪控制器/接收机插口连接,另一端与主采集器"能见度"插口连接。

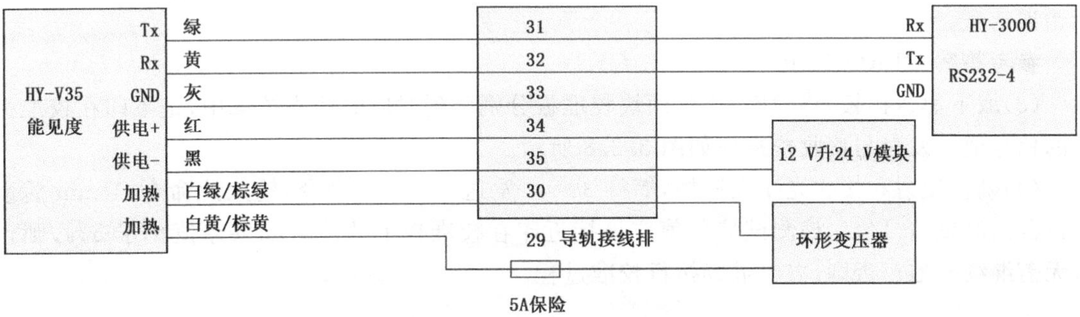

图 3.2.7　前向散射式能见度仪接线

(3)合上主采集器直流刀开关与交流空气开关,再合上能见度交流空气开关,给能见度传感器 24 V 直流供电与 24 V 交流加热供电。

(4)用万用表测量导轨接线排 34,35 脚电压 U_1=____________ V;用万用表交流档测量导轨接线排 29,30 脚电压 U_2=____________ V。

参考答案:DC24;AC24。

(5)进入观测业务软件主界面,查看并记录下当前能见度值 VI=____________。

4. 能见度仪维护操作步骤

(1)输入命令________,返回____________。证明命令被传感器接收,线路调整为命令模式。如果在 60 s 内未提供任何输入,传感器将自动关闭该线路的命令模式。

参考答案:OPEN;PWD OPENED FOR OPERATOR COMMANDS。

(2)输入____________指令,读取能见度仪运行状态。

参考答案:STA。

(3)对能见度仪进行校准检查之前,需要清洁镜头,并在清洁后,输入________指令,设置能见度仪________。

参考答案:CLEAN;清洁基准值。

发出以下命令：

```
>CLEAN
```

DNQ1 输出如下所示：

```
CLEAN REFERENCES
TRANSMITTER 12.0
RECEIVER 1402
UPDATED
>
```

(4)全部过程结束，输入 CLOSE，终止 OPEN 命令。

5. 能见度仪校准操作步骤

(1)将黑色挡板放在接收器护罩中，阻止光路进入接收器，等待 30 s。

(2)发送________命令，应看到如下响应：________________，证明指令被接受。传感器接收此命令后将检查是否存在极低的信号和噪音。如果信号或噪音超出内部检查限制，则会显示错误信息。

参考答案：ZERO；ZERO SIGNAL：OK>。

(3)取下黑色挡板，将发射、接收两块校准板分别装到对应的镜头护罩中，记下印在校准板上的信号值。发射与接收校准板如图 3.2.8 所示。

(4)确认发射和接收光路无遮挡，等待 30 s。发送________命令，输入此命令，1 min 后读取仪器的测试信号值。该测试信号值应该接近印在校准板上的值。如果差值小于 5%，则正常无需继续校准。否则，需要继续执行校准过程。

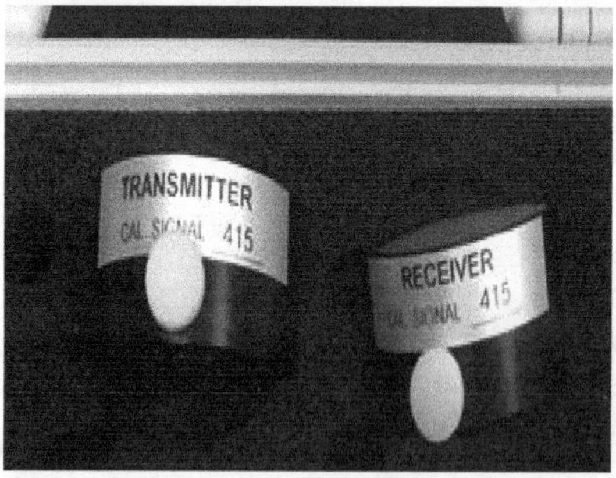

图 3.2.8　发射与接收校准板

参考答案：CHEC。

(5)差值小于 5%，则按 ESC 停止________命令，然后输入________命令。

参考答案：CHEC；CLOSE。

6. 读取数据返回值

(1)使用 READDATA 命令读取：

1 min 平均能见度________________。

10 min 平均能见度________________。

(2)若用 READDATA 命令返回的数据如下：BG，811111，00，YFSV，000，20161113161800，01，10，01，AMA，002541，AMAEX，002765，AMAEXT，1613，AMAEN，002472，AMAENT，1614，AMB，002577，AMBMX，002581，AMBMXT，1617，AMBMN，002577，AMBMNT，1618，0000000000，ZE1A，0，ZE4A，3，ZE7A，2，ZEB，1，ZEE，1，0511，ED

请说明 ZE1A(蓄电池电压)，0 代表“________________”；

ZE4A(接收器加热)，3 代表“________________”；

ZE7A(发射器通风)，2 代表“________________”；

ZEB(自检测状态)，1 代表“________________”；

ZEE(窗口污染)，1 代表“________________”。

参考答案：蓄电池电压，0 代表偏低；接收器加热，3 代表停止；发射器通风，2 代表偏高；自检测状态，1 代表未通过；窗口污染，1 代表轻微。

3.2.7　DNQ2 前向散射式能见度仪

1. 设备组成

设备由传感器、采集器和其他外围设备(如电源、无线通信部件)等部分组成(图 3.2.9)。传感器部分包括发射器、接收器和控制处理器等。采集器内含接口单元、中央处理单元、存储单元和显示单元(选配)等，安装在室内外均可。

图 3.2.9　DNQ2 前向散射式能见度仪的设备组成

2. 仪器安装

能见度仪传感器横臂发运前已由公司组装成整件，安装时只要将其与立杆连接，然后将控制机柜挂上杆件即可(图 3.2.10)。设备按照中国气象局《前向散射能见度仪出场测试验收大纲》进行验收，校准合格后出厂。在现场完成安装后，去掉透镜保护膜，直接通电即可运行，一般无需调试。

3. 串口调试

(1)运行串口调试软件,根据图 3.2.11 所示进行串口参数进行设置。

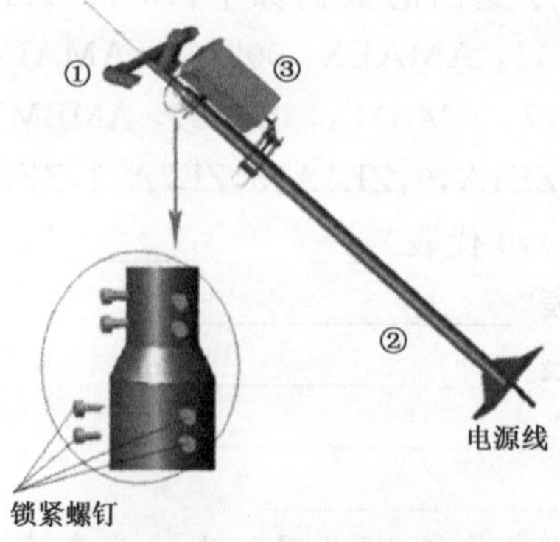

图 3.2.10　DNQ2 前向散射式能见度仪的设备安装

(①横臂,②立杆,③控制机柜)

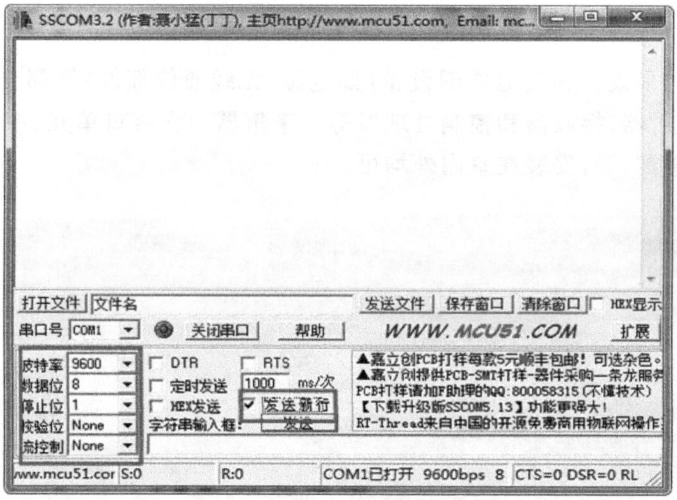

图 3.2.11　串口参数设置

波特率:9600 bps;数据位:8;停止位:1;奇偶校验:无。

(2)将能见度仪通电。

(3)可以从软件上看到能见度上电的信息,等待 1 min 收到分钟数据包,如图 3.2.12 所示。

注:设备刚通电时,能见度为 50000 m 或 30000 m 的初始值(该型号仪器有 50 km 和 30 km 量程两种),等待几分钟,设备将输出稳定可靠的能见度数据。

(4)数据格式解析:＃01807015□A0□190704□16:20:00□01308□01354□0□20□032□11.5↙。

注:□表示空格;↙表示换行,其数据格式解释如表 3.2.1 所示。

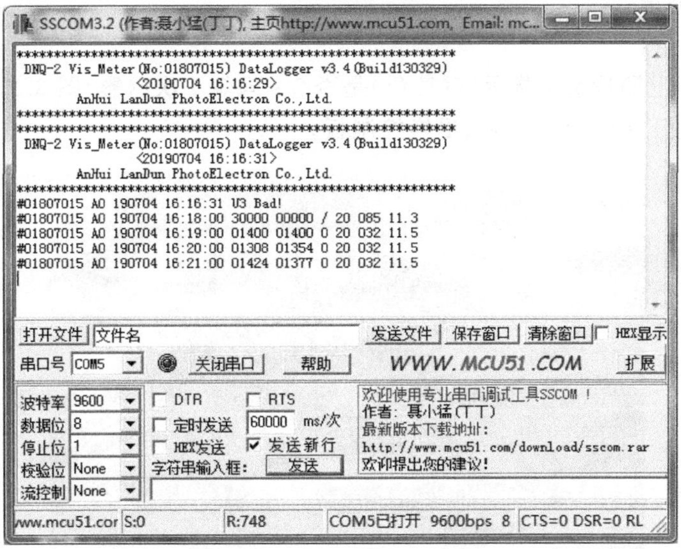

图 3.2.12　能见度数据

表 3.2.1　能见度数据格式解析

1807015	190704	16:20:00	01308	01354
设备编号	日期	时间	1 min 能见度(单位:m)	10 min 能见度(单位:m)

4. 故障检查

(1)供电故障

①检查立杆上不锈钢机柜内是否有市电接入。

②检查立杆上不锈钢机柜内空气开关是否打开。

③检查立杆上不锈钢机柜内线性电源+12 V 是否正常输出。

④检查控制处理器和采集器上电源指示灯是否点亮(图 3.2.13)。

⑤检查所有电缆连接情况。

⑥检查所有电缆接头是否都已正确连接并插牢。

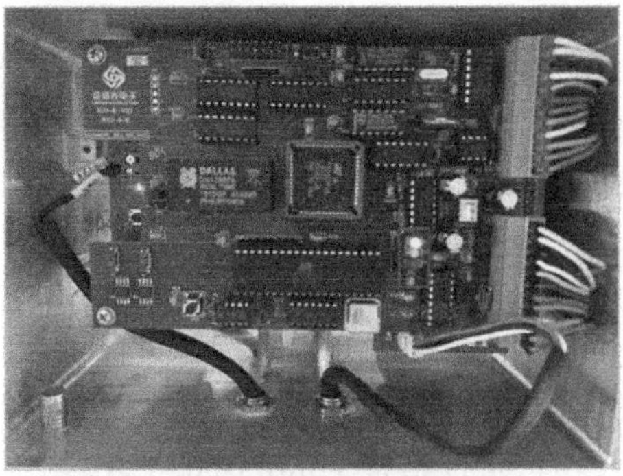

图 3.2.13　电源指示灯

(2)传感器不测量

①控制板不测量：

a. 检查控制板上测量状态指示灯(黄色)是否 5 s 闪烁 1 次((彩)图 3.2.14)。

处理方案：复位、更换 PSD 芯片、更换控制板。

图 3.2.14 状态指示灯

b. 检查控制板是否有数据输出。

处理方案：复位、更换 PSD 芯片、更换控制板、返厂。

②采集板不测量：

a. 检查采集板上 DR2 状态指示灯是否 1 min 闪烁 1 次。

处理方案：复位、检查控制板上是否装有跳线帽、更换采集板。

b. 检查采集板是否有数据输出。

处理方案：复位、更换采集板。

(3)能见度值总是太高

①透镜可能被过度污染，比如有灰尘或凝水。

②光路被干扰，横臂朝向不理想。

③发射器或接收器供电故障。

(4)能见度值总是太低

①检查镜片附近是否有树枝、蜘蛛网或其他类似物体使取样量受到干扰。

②供电故障。

(5)本地无串口数据输出

①采集器板不采集：

a. 检查采集器板上 DT1 状态指示灯是否 1 min 闪烁 1 次。

b. 检查采集器板上 DR2 状态指示灯是否 1 min 闪烁 1 次。

c. 检查采集器板上 D3 状态指示灯是否 1 min 闪烁 1 次。

d. 检查采集器板上 D1 状态指示灯是否 1 min 闪烁 1 次。

②串口转 USB 线故障：

a. 重装串口转 USB 线驱动。

b. 正确选择电脑上的串口号。

③电脑串口设置不对：

检查电脑串口设置。

5. 能见度数据查看方法

(1)采集板数据查看

a. 将串口调试线插在能见度仪采集板上，如彩图 3.2.15 所示。

图 3.2.15　数据线插在采集板

b. 串口调试线的另一端与 USB 转串口线连接，插到电脑的 USB 接口上。

c. 运行串口调试软件，设置为波特率：9600，数据位：8，校验位：NONE，停止位：1。

d. 等待 1 min 收到分钟数据包，如图 3.2.16 所示。

图 3.2.16　能见度采集板数据

(2)控制板数据查看

a. 将串口调试线插在能见度控制板上，如图 3.2.17 所示。

b. 串口调试线的另一端与 USB 转串口线连接，插到电脑的 USB 接口上。

图 3.2.17　数据线插在控制板

c. 运行串口调试软件，设置为波特率：4800，数据位：8，校验位：NONE，停止位：1。

d. 等待 1 min 收到分钟数据包，如图 3.2.18 所示。

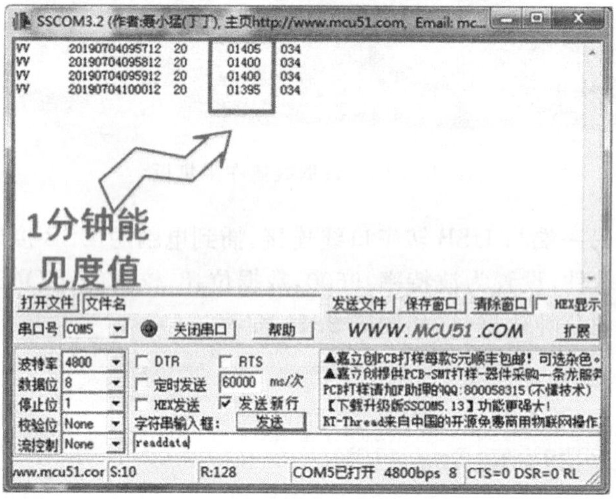

图 3.2.18　能见度控制板数据

(3)能见度仪校时

a. 将串口调试线插在能见度仪采集板上(图 3.2.19)。

b. 运行串口调试软件，设置为波特率：9600，数据位：8，校验位：NONE，停止位：1。

c. 发送校时命令。

d. 采集板回复：@01807015□SJ□OK，校时完成。

3.2.8　注意事项

1. 本节仅以 DNQ1、DNQ2 为例进行了操作。在测量不同型号能见度仪时，应根据不同生产厂家的相关说明书进行测量。

2. 在北半球安装能见度仪时应注意：发射器在北，接收器在南。

3. 将能见度仪与主采集器连接前，应将主采集器交直流供电断开。

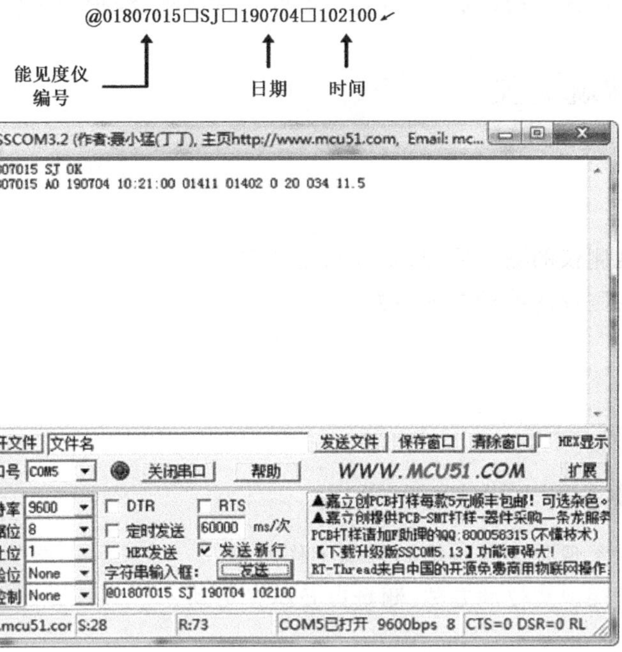

图 3.2.19　能见度仪校时

4. 仪器整理

(1)断电(先关闭交流电,再关直流电),然后进行传感器等部件的拆卸及复位。

(2)万用表、工具等摆放整齐。

(3)检查工具是否完整,仪器设备是否完好。

5. 能见度仪在安装时,发射器与接收器之间不能有障碍物阻挡。

6. 日常维护

(1)每日日出后和日落前巡视设备,发现透镜窗口(尤其是采样区)有蜘蛛网、鸟窝、灰尘、树枝、树叶等影响数据采集的杂物,应及时清理(可在基座、支架管内放置硫黄,预防蜘蛛)。对于配有太阳能供电系统的站点,应及时清除太阳能板上的灰尘、积雪等。

(2)对于具有无线传输数据功能的能见度仪,每月应定期检查 SIM 卡上的费用,提前充值。

(3)每月检查供电设施,保证供电安全。对于配有太阳能供电系统的站点,每 3 个月对蓄电池进行一次充放电。

(4)每年春季对防雷设施进行全面检查,复测接地电阻。

(5)每两个月对无人值守的能见度站进行现场检查维护。

(6)一般每两个月定期清洁传感器透镜,可根据设备附近环境的情况,延长或缩短擦拭镜头的时间间隔(遇沙尘、降雪等影响能见度天气现象时,应及时清洁)。

3.2.9　课堂小结

1. 散射式能见度仪分为 DNQ1、DNQ2、DNQ3 等不同型号,其探测原理相同,但其外形差异相对较大。

2. 在我国,散射式能见度仪采样区中心的安装高度为 2.8 m,这是与国外不同的。

3. 在能见度仪投入运行以后，应按要求做好日常巡视、维护和现场校准等工作。

3.3　自动雪深观测仪

3.3.1　预习内容

1. 自动雪深观测仪的测量原理、安装和测试方法。
2. 自动雪深观测仪的维护要求与方法。

3.3.2　学时

2～4 学时。

3.3.3　目的要求

1. 了解自动雪深观测仪的结构和基本工作原理。
2. 掌握自动雪深观测仪的安装、测量以及维护方法。

3.3.4　设备与工具

1. 激光或超声波雪深观测仪。
2. 综合集成硬件服务器及电源。
3. 数字万用表和配套工具。

3.3.5　原理与说明

自动雪深观测仪基于测距原理设计。测距传感器是利用发射的波束(光波、声波或电磁波)遇到障碍物反射回来的特性进行测量，国内气象部门使用的雪深观测仪所采用的测距原理为超声波测距或激光测距。

自动雪深观测仪外观如图 3.3.1 所示，由超声波/激光传感器支架、测雪板和底座构成。

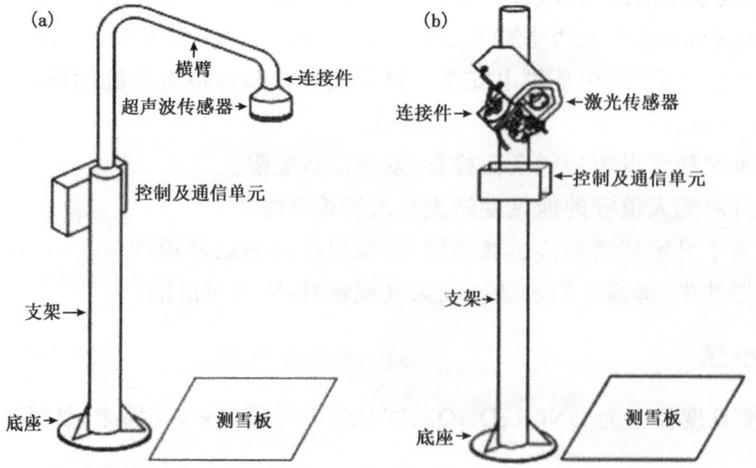

图 3.3.1　超声波(a)和激光(b)自动雪深观测仪外观示意图

超声波雪深传感器由一个超声波激发电路、机械波发生器和一个超声波接收电路组成，实现电信号到超声波能量的转换，同时可接收超声波在目标物上的反射回波，并转换成电信号。采用时差法可计算出传感器到目标的距离，由于超声波受周围环境影响较大，所以必须通过温度补偿、数字滤波等技术提高测量准确性，使达毫米级(图 3.3.2a)。

激光雪深传感器由高稳定的激光发射器、接收器和前置控制器组成，采用相位法测距，用无线电波段的频率，对激光束进行幅度调制，并测定调制光往返测线一次所产生的相位延迟，再根据调制光的波长，换算此相位延迟所代表的距离，即用间接方法测定出光经往返测线所需的时间(图 3.3.2b)。

传感器测距探头应朝向西方，测量路径上无任何遮挡。

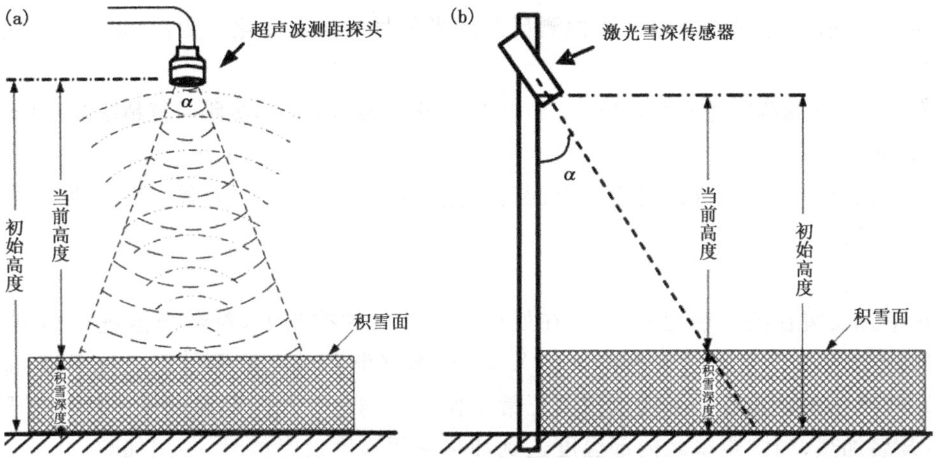

图 3.3.2　超声波(a)和激光(b)测距探头工作原理

气象观测业务中允许列装的雪深观测仪的型号有两种型号：DSS1 型，由江苏省无线电科学研究所有限公司生产；DSJ1 型，由华云升达(北京)气象科技有限责任公司生产。

3.3.6　DSS1 型雪深观测仪操作

1. 仪器结构

激光雪深传感器基于激光测距原理设计，由硬件和处理软件组成。其硬件可分成测雪单元、处理控制单元、结构件和附件 4 个主要部分。激光雪深传感器既可以与终端微机连接构成雪深测量系统，也可以作为雪深智能传感器接入新型自动站中。雪深传感器组成结构如图 3.3.3 所示。

(1)测雪单元

测雪单元是激光雪深传感器的关键组成部分，其核心是一个精密激光测距单元，并配有遮光筒、加热单元等重要辅助部分。

(2)激光测距单元

激光测距单元由高稳定的激光发射器、接收器、前置控制器组成，采用相位法测距，用无线电波段的频率，对激光束进行调制，并测定调制光往返测线一次所产生的相位延迟，再根据调制光的波长，换算此相位延迟所代表的距离，即用间接方法测定出光经往返测线所需的时间，

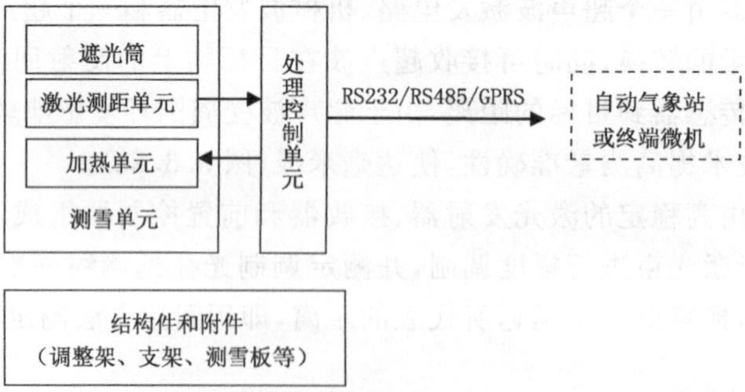

图 3.3.3　组成结构

得到距离值。同时，激光测距单元还检测反射激光信号的强度变化。距离、信号强度等数据送至处理单元进行处理。

激光测距单元的测距范围为 0.2～20 m，测距分辨力为 0.1 mm，测距重复精度为±1 mm。

(3)遮光筒

遮光筒在测雪单元的数据稳定性方面起着重要作用，它一方面为激光束提供通路，另一方面减少杂散光进入激光接收器。

(4)加热单元

加热单元安装在测距单元的内部，在处理控制单元的控制下，对激光器进行加热，使其工作温度保持在－10 ℃以上。因为在－10 ℃以下，激光测距单元的测量性能将下降，加热单元可以保证激光测距单元在全温度范围内正常工作。当测距单元内部温度低于加热打开温度设定值时，开启加热；当测距单元内部温度达到加热关闭温度设定值时，关闭加热。

当处理控制单元测得环境温度高于设定值(如 40 ℃)时，将自动关闭半导体激光器，停止雪深观测工作，从而延长其使用寿命。

(5)处理控制单元

处理控制单元是激光雪深传感器的核心，它由中央处理器、时钟电路、数据存储器、RS232驱动器等部分构成。其主要功能是采样测距单元输出的距离值，通过特定的算法计算得到每分钟的雪深值，并实现质量控制、记录存储、数据通信和传输。处理控制单元还根据检测到的温度值，对加热单元进行控制，使激光器的工作温度保持在－10 ℃以上。处理控制单元对外提供RS232 接口，通过规定的命令和格式将雪深数据和状态信息输出。处理控制单元结构见图 3.3.4。

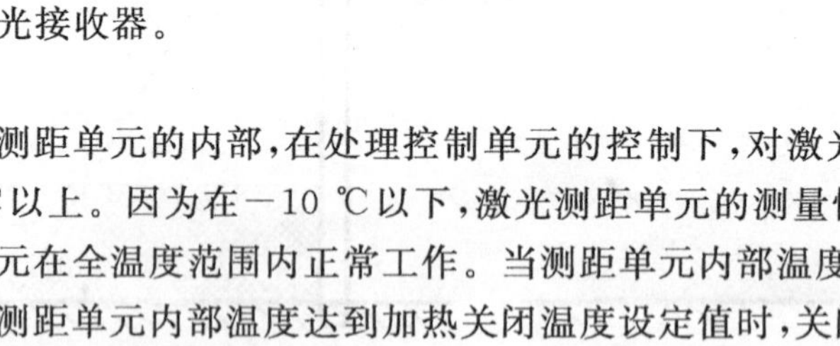

图 3.3.4　处理控制单元结构

(6)结构件

结构件包括外壳、安装板等。外壳的作用是保护测雪单元和处理控制单元；安装板的作用是固定并调节传感器安装角度。

(7)附件

附件包含有调整架、支架、测雪板等。

2. 仪器安装

应将传感器倾斜安装,垂直倾斜角度应在 10°～45°。

移动测雪板位置,使红色激光测雪点对准测雪板的中心测雪区域,沿测雪板四周在地面划上标记,按测雪板尺寸挖 10 mm 的坑深,将坑内地面平整、夯实,固定测雪板于坑内,注意测雪板应与地面齐平。

根据接线图,将各电缆线接到规定的端子上;将相关的电源电缆、通信电缆穿进对应的防水接头;将电缆的屏蔽层接到屏蔽接地端子上。

3. 现场调试与配置

DSS1 型雪深观测仪的处理控制单元有一个运行指示灯,正常工作情况下 1 s 亮、1 s 暗。如果该指示灯不亮、常亮或闪烁异常,则表明处理控制单元有故障,需要进行检查。

(1)断开传感器交直流供电

对照雪深传感器接线(图 3.3.5、表 3.3.1)和实物,查看测雪单元与控制单元间的连接线缆和接线方法。

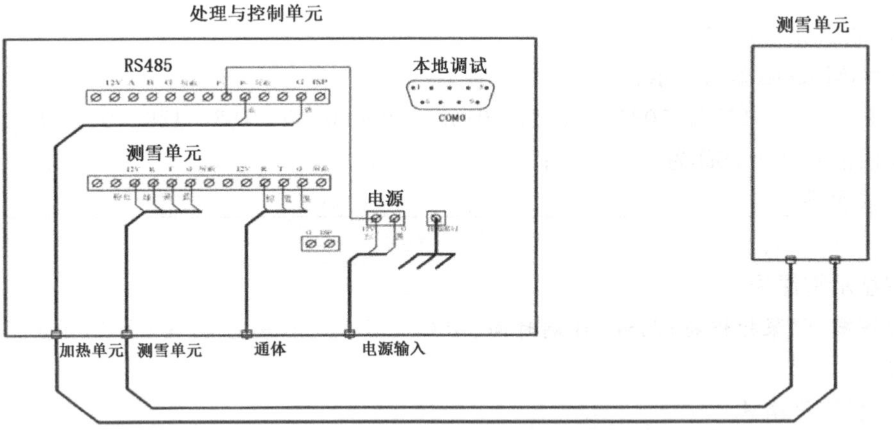

图 3.3.5　DSS1 型雪深传感器接线

(2)通信方式

DSS1 型雪深观测仪的通信基于主从方式设计,自动响应操作终端发送的命令。在安装和维护时,可以在现场通过终端输入命令(表 3.3.2)与传感器进行交互。激光雪深传感器与业务软件的通信采用 RS232 方式。

参数设置可以利用串口工具软件来进行,串口默认设置为“9600,N,8,1”。

表 3.3.1　测雪单元信号线定义

防水插头引脚编号	线色	信 号 类 型
G	粉红	VCC
J	灰	DGND
A	绿	TX
B	黄	RX

续表

防水插头引脚编号	线色	信号类型
E	棕	Custom1
F	白	Custom2
L	蓝	GND
D	红	Iout

表 3.3.2 常用雪深观测仪设备维护命令

命令格式	命令含义
SETCOM	通过命令方式设置传感器的通信参数,包括:波特率、数据位、停止位、奇偶校验
DATE	当命令后不带参数时,表示返回传感器的日期,带参数时表示设置传感器的日期
TIME	当命令后不带参数时,表示返回传感器的时间,带参数时表示设置传感器的时间
ID	当命令后不带参数时,表示返回传感器的区站号,带参数时表示设置传感器的区站号
GMSD	下载分钟雪深观测数据
DATETIME	读取/设置时间命令

(3)读取雪深分钟数据

发送“GMSD 回车”,显示:

SD 99999 201212131031 01554 01555 00000 0 188 129 001555

则返回值含义中,SD 为________;

后续依次是________、____________、________,____________、________、________、____________、________;

当前显示雪深为________。

参考答案:雪深标识符;站号、日期时间、初始高度,当前高度,雪深;雪深质量标识、温度、电压;雪深为 0。

(4)数据记录格式

由传感器向终端电脑或数据采集器输出的每条分钟数据记录的数据总长度为 60 个字节,存储格式为 ASCII 码,由表 3.3.3 所列内容组成,各项目之间用空格分隔,每个项目采用定长方式,长度不足高位补 0。

表 3.3.3 分钟数据记录格式

序号	项目	字节数	说 明
1	雪深数据识别符	2	SD
2	标识	5	表示仪器和台站编号,可命令设置
3	时间	12	数据采样的时间(年、月、日、时、分),格式示例:201009081610
4	初始高度	5	单位:mm,传感器安装后距离基准面的垂直高度
5	当前高度	5	单位:mm,传感器距离被测面的垂直高度
6	雪深	5	单位:mm,积雪垂直深度
7	雪深质量标识	1	按数据质量标识规定表示

续表

序号	项目	字节数	说　明
8	数据处理单元工作温度	4	单位：℃，带 1 位小数，扩大 10 倍； 第 1 位为符号位，后 3 位为数据位
9	数据处理单元工作电压	3	单位：V，带 1 位小数，扩大 10 倍
10	附加项	6	扩展预留
11	回车换行	2	

4. 采样和算法

处理控制单元每分钟从测雪单元读取 10 个距离采样值，经过质量控制方法后，得到当前分钟距离值，然后根据初始距离值和当前分钟距离值，计算得到雪深值。对于每个距离采样值，需要连续读取多次距离值，并进行分析，取与上次距离采样值最接近的一个测量结果作为当前距离采样值。

5. 安装角度和高度

需设置雪深传感器的安装角度和高度，安装高度即传感器探头与基准面之间的距离（单位为 cm），依次完成下列操作：

· 清理基准面；

· 用 LDM41 SF1 命令设置安装角余弦为 1；

· 用 LDM41 OF0 命令设置基准距离为 0；

· 用 LDM41 DT 命令启动测量，读取雪深值 x_1。假定为：2.595 m；

· 在激光光点上放上标准高度块，高度为 c。假定为：0.88 m；

· 再用 LDM41 DT 命令读取距离值 x_2。假定为：1.592 m；

· 计算激光传感器安装角余弦值（$c/|x_1 - x_2|$）。此例为：0.88/(2.595 − 1.592) ≈0.87737；

· 用 LDM41 SF−0.87737 命令设置安装角负余弦值；

· 用 LDM41 DT 命令测量，并设置基准距离。此例得到其值为−2.277 m；

· 用 LDM41 OF2.277 命令设置测雪基准零位；

· 启动激光雪深观测。

3.3.7　DSJ1 型雪深观测仪操作

1. 仪器结构

DSJ1 型超声波雪深观测仪由硬件和软件组成，其硬件可分成超声波传感器、数据采集器、供电控制单元和外围组件 4 个主要部分。结构特点是既可以与微机终端连接组成雪深测量系统，也可以作为雪深智能传感器挂接在其他采集系统上；其软件可分成采集软件和业务软件两种。

其设备组成结构如图 3.3.6 所示。

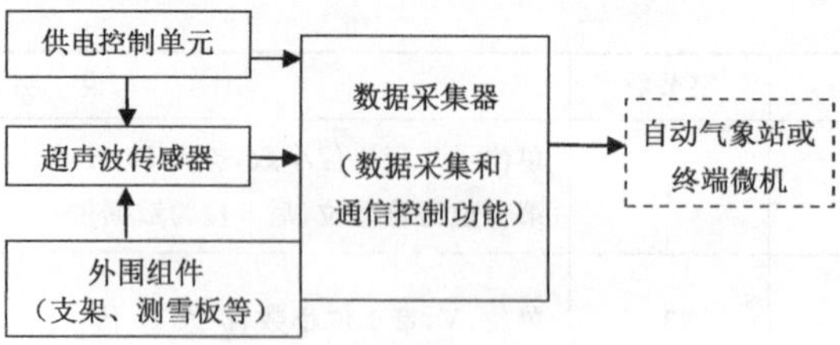

图 3.3.6　DSJ1 型雪深传感器组成结构

2. 仪器安装

DSJ1 型超声波雪深观测仪的安装如图 3.3.7 所示，其主要包括以下几部分：

(1)光束面

超声波探头安装须保持水平，测量波束角(α)为 22°～30°。安装超声波传感器时，探头发出光束的表面应该垂直目标物表面。要求测量波束内空中无障碍物，在 30°以外的物体，将不会被光束检测到。

(2)安装高度与朝向

雪深传感器的安装支架应牢固安装在观测场内混凝土基础上。测距探头距地面垂直高度一般选择(150±3)cm，在北方雪深较深的个别地区，可以根据实际情况进行调整至(200±5)cm。

(3)安装温度传感器

将铂电阻温度传感器(HY-T)置于温度防辐射罩中，并通过传感器横臂固定在支架上。温度传感器感应部分应置于防辐射罩中部偏上部位，距地高度在 1.5 m 左右。

(4)基准面

雪深测量的基准面为地面(硬化裸地)，基准面的大小应以安装支架向西 0.6 m 的点为中心(位于超声波测距探头的正下方)，边长为 0.9 m 的正方形，基准面区域内的地面应为处理平整的裸地，且与观测场地面齐平。

图 3.3.7　DSJ1 型雪深传感器安装实物图

(5)参考点

由于超声波传感器需要设置一个参考值，理论上，参考值是通过超声换能器格栅前端来设置。但是从格栅前端开始测量很难，只有使用传感器的塑料外壳边缘处作一个参考，见图3.3.8。如果使用这个边缘作为参考点的话，只需在测量值里面增加8 mm。

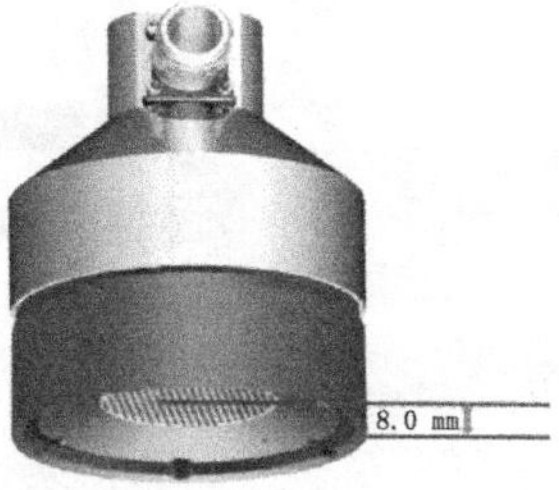

图 3.3.8　传感器外壳边缘到防尘罩的距离

(6)线路连接

根据接线图(图3.3.9)，将各线缆依次接到对应的端子上。传感器探头到采集器之间的电缆需在支架上固定牢靠。信号电缆应架设在电缆沟内，连接到综合集成硬件控制器上(或计算机上)。

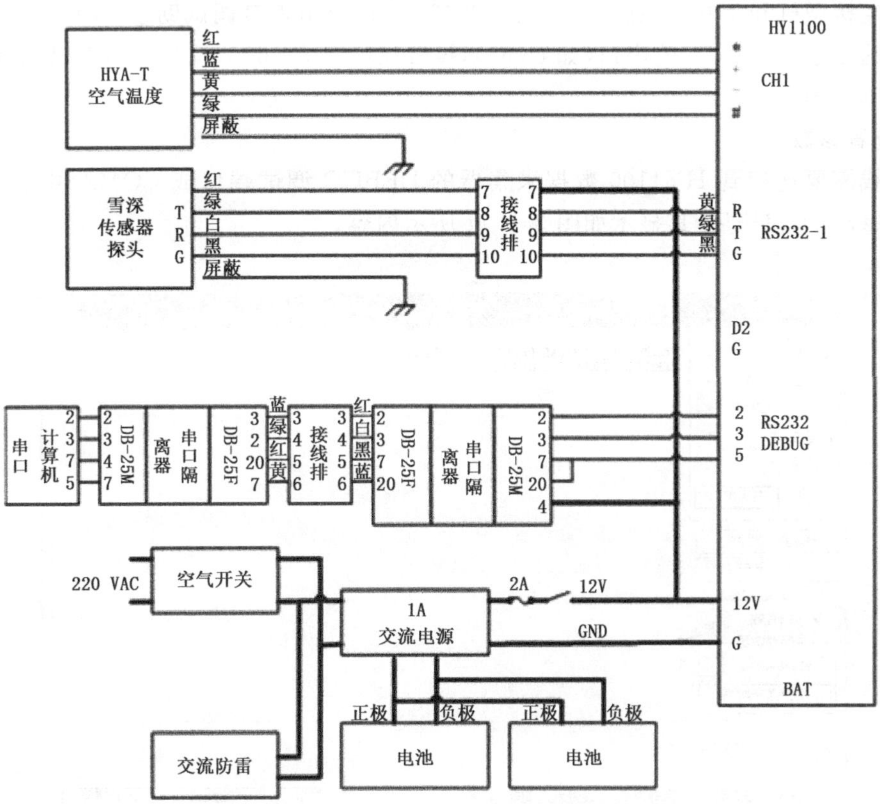

图 3.3.9　DSJ1型雪深传感器接线

数据采集器实物如图3.3.10所示，其中“DEBUG”为RS232调试端口；“RS232-1”是连接雪深传感器的串口(绿-R、白-T、红-12 V、黑-地)，“RS232-2”是可以输出的串行端口，还有一个“RS485”串行端口。“CH1”应该接入测温电阻(＊、＋是同端，—、R是同端)。如果不接测温电阻，就不能计算，也不会输出雪深数值。“VDC”“BAT”则是接入电源端口，用于外接输入电源供电，通常是接“BAT”端口。

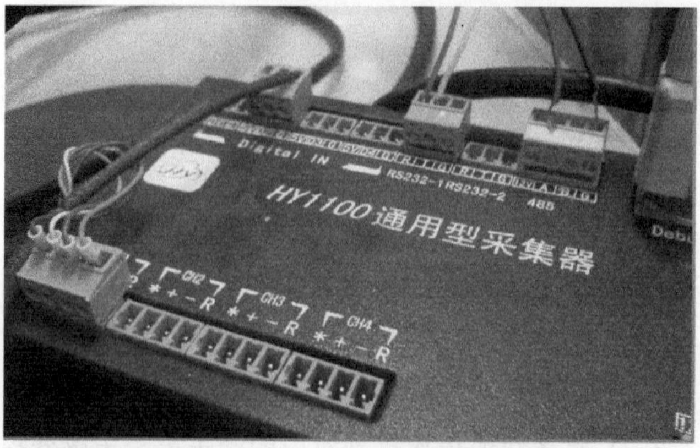

图 3.3.10　采集器实物

3. 现场调试与配置

通过连接微机和 1100 数据采集器的 RS232 端口，使用串口调试助手，在微机终端查看设置采集器的参数，选择相应的串口（如 com1），设置波特率为 9600，校验位为无，数据位为 8，停止位为 1，建立连接。

(1)查看参数

串口线需要连接到 HY1100 数据采集器的 DEBUG 调试端口或 COM2 端口，给设备上电，等待系统启动完毕后，其显示如图 3.3.11 所示内容。

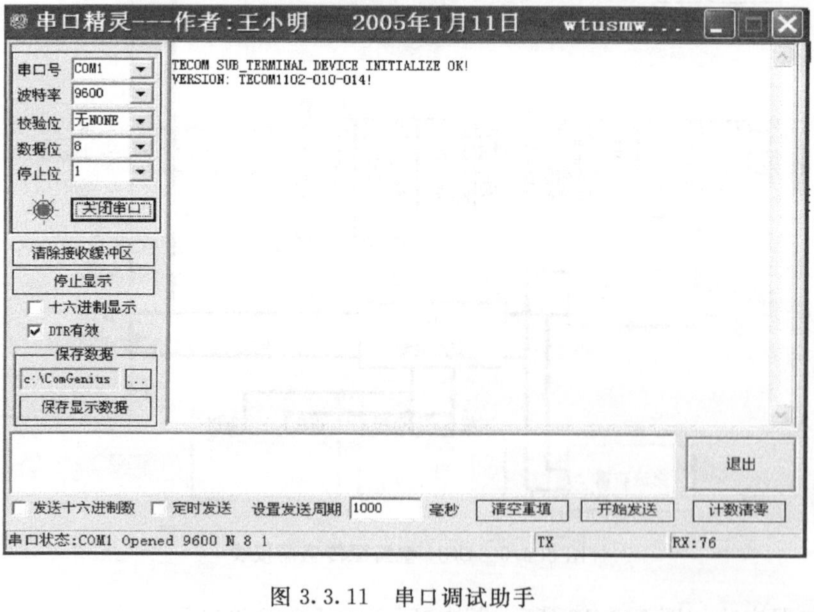

图 3.3.11　串口调试助手

输入 DATETIME 命令，系统会返回日期、时间(图 3.3.12)。

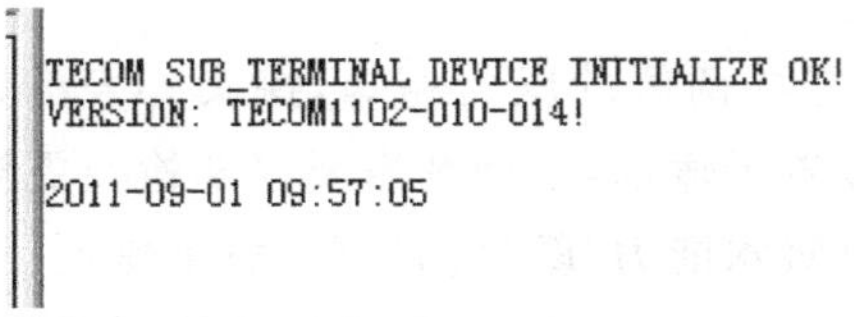

图 3.3.12　返回日期、时间

(2)设置雪深基准位置参数

安装完成后，探头的高度和地面基准已确定，必须进行雪深初始基准的设置，否则设备无法正确地输出雪深高度。

用“SETSDBASE”命令设置雪深基准位置。例如，发送“SETSDBASE!”，返回“SnowDepth Value Uart0＝0 Uart1＝1555 Uart2＝0 Uart3＝0”，则说明雪深传感器是接在串口 1 上，现在的高度是 1555 mm。如果以后有降雪，计算雪深时就以初始高度为基准。

(3)联调

①将经电缆沟(管)来的数据采集器的输出信号电缆接到计算机终端 RS232 接口上。

②在计算机终端运行雪深观测业务软件。

③计算机终端和数据采集器通电后，测雪板上面无积雪的时候，雪深基准设置。

完毕以后，显示：SnowDepthValue Uart0＝0 Uart1＝1554 Uart2＝0 Uart3＝0。

4. 仪器的校准

DSJ1 型雪深观测仪在启用前需要检查设备的工作状态，确保设备符合性能指标要求。

(1)调试。确认超声波探头安装水平、基准面水平、测量路径无遮挡，获得基准面高度。

(2)使用校准模块模拟 5 cm、10 cm、20 cm、30 cm、40 cm、50 cm 高度的积雪深度，用观测仪分别测量这 6 个高度，每个高度重复进行 3 次测量，发送“GMSD”命令进行检查，测量结果应当在 1 mm 允许误差范围内。

由于校准模块的顶板是一块直径 30 cm、厚 1 cm 的金属板，所以把顶板和 5 cm 的立柱连接起来后，它的高度是 6 cm，模拟组合校准时的总厚度应该多加 1 cm。如发“GMSD ”命令，则返回：____________________________，其中，当前高度为________ mm(误差 1 mm 是允许的)。

参考答案：见图 3.3.13。

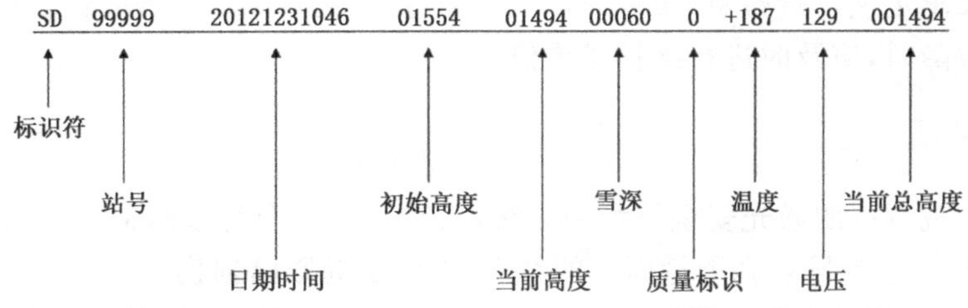

图 3.3.13　发送“GMSD”命令后的返回值解释示例

注：返回值中雪深高度应为 60 mm，其他项返回值根据情况会有出入属正常。

(3)超声波传感器的温度传感器应按照技术要求，定期检定。

(4)若发现观测仪或部件故障，应及时维修或更换。

5. 超声波传感器的维护

该超声波雪深传感器探头需要两侧的压力相等，探头外壳的通风孔是用来平衡压力的。为防止湿气冷凝，在探头内部放置干燥剂，干燥剂需要定期检查更换。使用的干燥剂是指示性二氧化硅凝胶，如果它仍然具有吸水能力，颜色仍为蓝色；干燥剂一旦饱和，颜色会从蓝变为粉红色。如果该观测仪安装在较潮湿的环境中，应频繁地更换干燥剂。如图 3.3.14 所示的更换干燥剂。

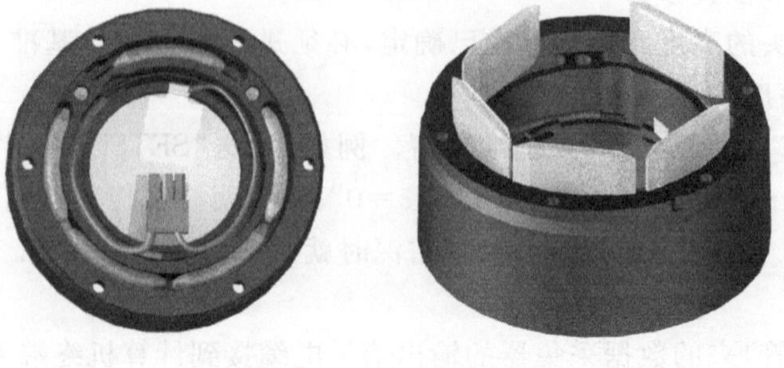

图 3.3.14 更换干燥剂

3.3.8 日常维护

值班人员应严格按照《地面气象自动观测规范》等相关规范、规定要求，按时巡视、检查和维护设备、场地及电源供电情况等，并进行以下维护：

1. 入冬前，应检查雪深仪供电、防雷接地、数据线连接等情况。平整好雪深观测地段，清除杂草，标定基准面，校准测距探头的高度。采用超声波式雪深仪时，要校准测距探头水平。

2. 雪深仪工作期间，定期检查设备外观、运行情况，保持基准面平整，禁止任何物体进入观测区域。定期检查超声波测距探头干燥剂，若失效，应及时更换；定期检查并保持激光测距探头的清洁。

3. 雪深仪长时间不用时，断开电源线和数据线；清洁激光测距探头，加防护罩，定期给蓄电池充放电。

4. 每月检查供电设施，保证供电安全。

5. 每年春季对防雷设施进行全面检查，复测接地电阻。

6. 按业务要求定期进行检定，检定周期应不超过 1 年。

7. 当设备故障时，应及时进行维护或维修。

3.3.9 注意事项

1. 激光雪深观测仪的激光安全等级为 2 级，长时间直视会对眼睛造成伤害。在传感器工作时，也不应长时间直视发射到测量面上的红点，以免引起眼睛损伤。

2. 仪器运行时，不要走近传感器探头下面半径 1 m 的范围，以免影响测量数据。

3. 实习过程中注意用电安全。

3.3.10 课堂小结

1. 雪深观测仪可分为超声波雪深观测仪、激光雪深观测仪两类。

2. 雪深观测仪投入运行以后，应按要求做好日常维护和现场校准等工作。

3.4　降水现象仪

3.4.1　预习内容

《降水现象仪功能规格书（试行版）》（气测函〔2013〕194 号）。

3.4.2　学时

2～4 学时。

3.4.3　目的要求

1. 了解降水现象仪（激光雨滴谱仪）所测量天气现象的种类及其工作原理。
2. 确认实习实训所用设备的型号。
3. 了解降水现象仪（激光雨滴谱仪）的安装、测量以及维护方法。

3.4.4　设备与工具

1. 1 套降水现象仪（激光雨滴谱仪）和配套工具。
2. 数字万用表和配套工具。

3.4.5　原理与说明

雨滴谱又称雨滴尺度分布，是指单位体积内各种大小雨滴的数量随其直径的分布。粒子在云中形成雨滴并下降到地面，经过了凝结合并、碰撞破碎、上升气流及蒸发等作用的影响，雨滴谱则是上述作用结果的表现。雨滴谱的谱型和有关特征量可以反映降水的微物理特征，进而分析得到降雨特征。

降水现象仪（激光雨滴谱仪）可利用消光测量原理和激光技术对降水进行观测，通过下降的降水粒子对激光带的遮挡来计算和测量降水粒子尺寸和下降速度（图 3.4.1）。

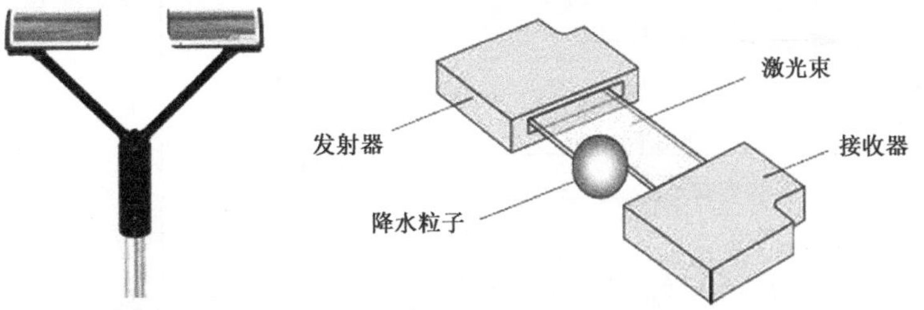

图 3.4.1　激光雨滴谱仪工作原理

该仪器的核心是一个光学传感器，主要由激光发射端、激光接收端及相应的电路等组成。其测量原理是：开机运行状态下，激光发射端产生一束水平平直的激光，接收端接收激光，并把它转化成电信号。当测量区域内没有降水粒子通过时，激光接收端输出的电压是连续的固定值。如果测量区域内有降水粒子通过,因其在通过激光光束的采样空间时,会遮挡一部分激光光束。消光作用将使激光光束的强度减弱,激光接收端输出的电压降低,形成电压波谷,这时可以根据电压偏离固定值的幅度,计算出降水粒子的直径,而根据遮挡住激光光束的时间,可计算出降水粒子的降落速度。

上述两个关键量(粒子的直径、下降速度)可以推导出以下参数:降水类型、降水粒子数密度、降水强度和累积降水量等。表 3.4.1 给出了业务台站所用降水现象仪(激光雨滴谱仪)型号。

表 3.4.1 业务台站所用降水现象仪(激光雨滴谱仪)型号

装备名称	型号	生产单位
降水现象仪(激光雨滴谱仪)	DSG1	江苏省无线电科学研究所有限公司
	DSG2	安徽蓝盾光电子股份有限公司
	DSG3	中环天仪(天津)气象仪器有限公司
	DSG4	北京华创维想科技开发有限责任公司
	DSG5	华云升达(北京)气象科技有限责任公司

3.4.6 仪器结构和安装

1. 仪器组成结构

降水现象仪主要由传感器、数据采集单元、供电控制单元和附件等部分组成,其外观示意如图 3.4.2 所示,组成结构如图 3.4.3 所示。

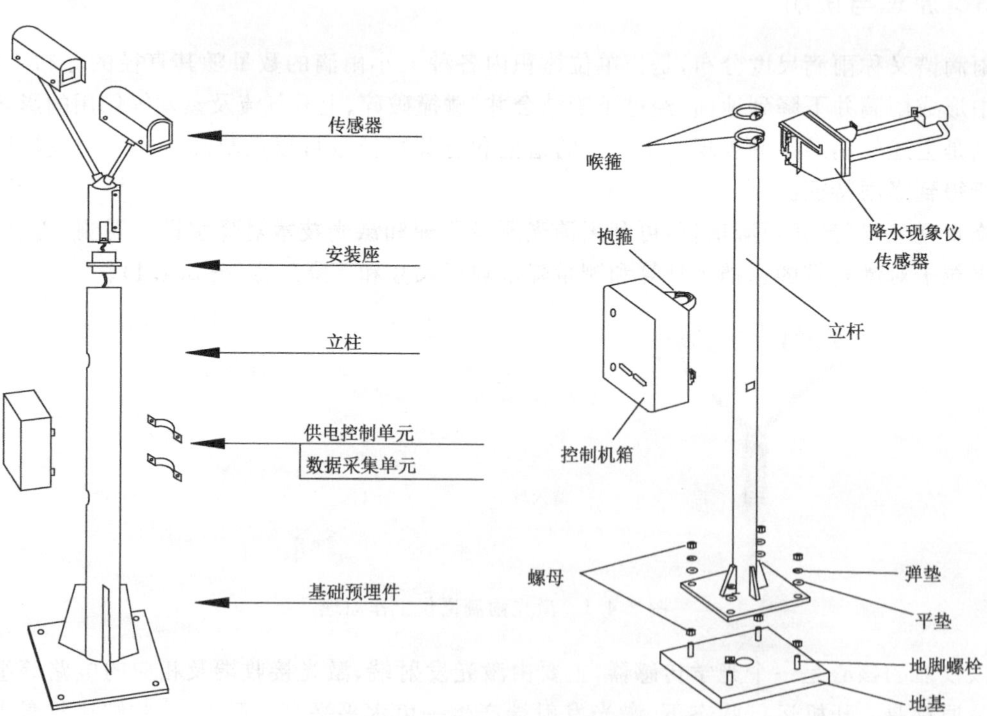

图 3.4.2 降水现象仪外观示意图

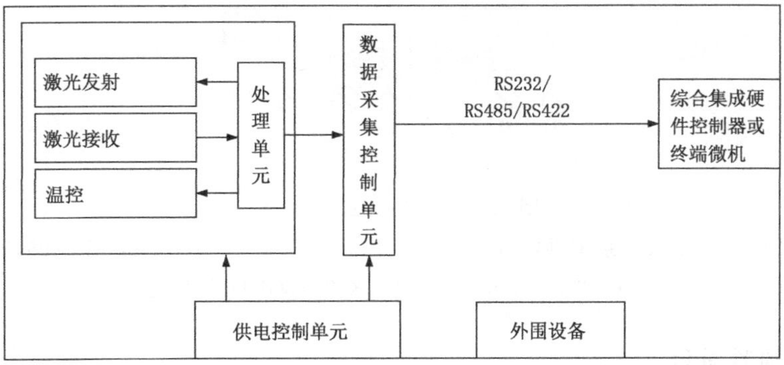

图 3.4.3 降水现象仪组成结构图

2. 仪器安装方法

(1)降水现象仪应安装在没有干扰光学测量的遮挡物和反射表面影响的地方，远离产生热量及妨碍降水采集的设施，避免闪烁光源、树荫及污染源的影响。

(2)预置混凝土基础，高出地面 3～5 cm，外露面平整光洁。

(3)预埋件与接地体连接，基础中预留电源、信号管线。

(4)立柱牢固安装在混凝土基础上，传感器安装在立柱上，传感器南北向安装，接收端在南侧，发射端在北侧。

(5)支架(横臂)应水平，采样区域中心距地高度 200 cm。

3.4.7 DSG5 型降水现象仪

1. 电缆选择

数据传输电缆：RS485 信号输出采用建议的数据传输电缆，具备以下特征：

· 双芯绞合电缆；

· 通过 RS485 接口的传送使用长度最大值为 300 m；

· 电缆的横截面积大于或等于 0.5 cm^2。

供电电缆：如果使用的电源不低于 12 V 时，建议供电电缆的最大电阻小于 0.8 Ω，当电流为 1.6 A 时，其最大压降为 1.3 V。电缆的长度取决于其横截面积的大小。

2. 部件连接

传感器各部件在出厂前已经组装好，不需要现场进行安装。现场更换或维护时，各个部件的连接参照以下操作程序来进行。

(1)将连接外部设备的电缆从下向上穿出支架管。

(2)除去附有激光警告标签的传感器一头的底盖，为达此目的，请使用公司提供的内六角扳手拧掉底盖上的两枚六角螺钉。

(3)使连接电缆从下穿过 HY-P1000 的电缆紧固套，然后穿过 HY-P1000 内部到达打开的传感器头部。

(4)将电缆接到 HY-P1000 的 7 位接线端子中，各接线位的定义如图 3.4.4 所示。

(5)将接线端子接入传感器头部。

(6)用两个内六角螺钉固定传感器头底盖。

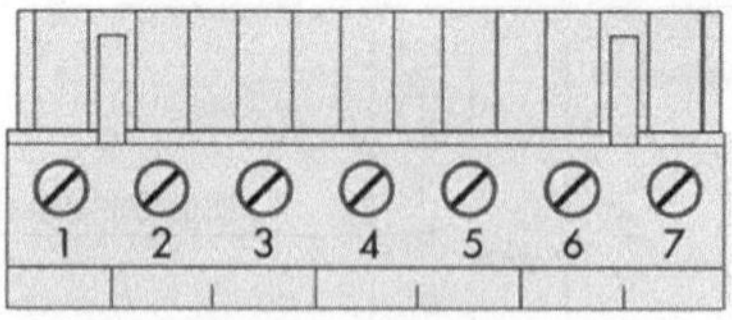

图 3.4.4　HY-P1000 接线

(1—GND,电源地;2—系统供电,11～36 V 直流;3—RS485, A(−);4—RS485,B(+);
5—RS232,RX;6—RS232,TX;7—SGND,信号地)

(7)拧紧电缆紧固套。

(8)将屏蔽套与相应的电源连接。

3. 通信方式

HY-P1000 的通信方式可通过接收端底部的拨码开关设置为 RS232 或者 RS485 方式。通信方式设置为 RS232。

打开传感器接收端底盖(未贴激光标签),将拨码开关 1,2,3 拨到 OFF;4,5,6 拨到 ON,如图 3.4.5 所示。

通信方式设置为 RS485。

将拨码开关 1,2,3 拨到 ON;4,5,6 拨到 OFF,如图 3.4.6 所示。

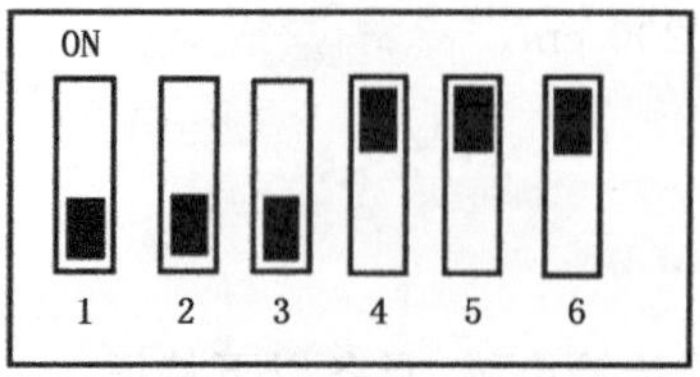

图 3.4.5　RS232 拨码开关示意图

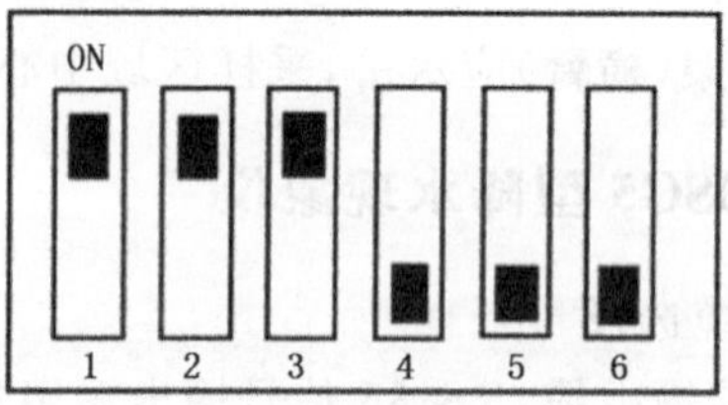

图 3.4.6　RS485 拨码开关示意图

4. 系统供电

HY-P1000 的供电电源主要由开关电源、蓄电池组成,采用交流供电方式,由 AC 220 V 通过 AC/DC 电源为蓄电池充电,蓄电池在设备外部断电时自动提供续航,标配电池可维持正常工作为 24 h。

出于对蓄电池的保护,让蓄电池处于满充状态,充电器设计上总是给蓄电池进行浮充。在蓄电池和开关电源连线之间放置一个二极管,利用二极管正向导通的特点,使蓄电池电压保持在 13 V 左右。图 3.4.7 为电源及信号线连接示意图。

5. 设备调试

(1)自检命令

设备安装完成后,启动计算机中串口调试助手,选择对应连接的 COM 口,设置参数为:19200,8,N,1,对传感器进行检测。

输入自检命令________________。

根据返回值,填写设备电压______________V、激光发射传感器电压______________V、激光接收传感器电压________________V、传感器温度________℃、环境温度________℃、激

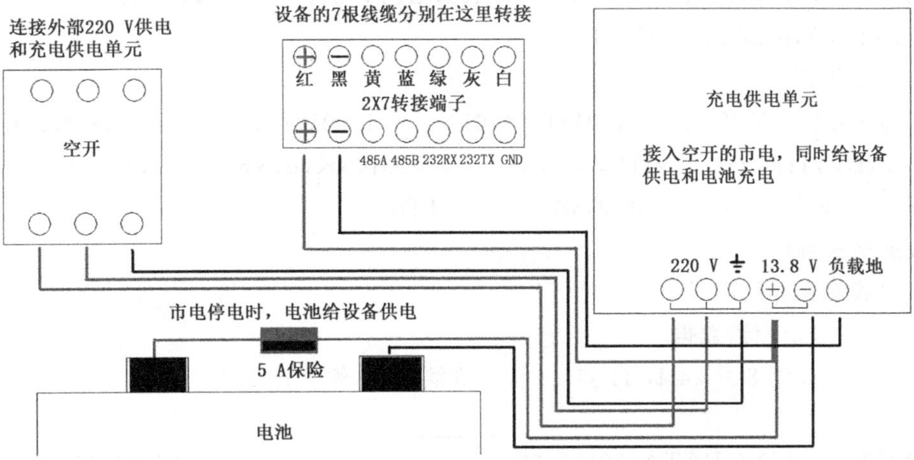

图 3.4.7　电源及信号线连接示意图

光功率数值________W。

参考答案：AUTOCHECK；设备连接正常情况下返回信息如下：T,2016-07-07,15:04:48；

Device Information And Number：

HUAYUN-YWDP：0000-00-00；0000000000（生产日期及设备编号）；

Software Version：V1.0（软件版本）；

Flash Device Normal（设备存储状态）；

RS-232：19200,8,N,1（通信方式和波特率）；

Device Voltage：13.3,Normal（设备电压）；

Detector Voltage：5.1,Normal（激光接收传感器电压）；

Emitter Voltage：6.4,Normal（激光发射传感器电压）；

Device Temperature：026（传感器温度）；

Reference Temperature：025（环境温度）；

Laser Power：4965,Normal（激光功率数值）；

Heating Current：0.10A（设备加热电流）。

(2)握手命令

检查传输方式，在命令框键入________________。

返回值为________，此时为______________（主动/被动）发送方式。

参考答案：SETCOMWAY；1 为主动发送方式，0 为被动读取方式。

(3)数据读取命令

设备连接正常情况下，读取实时数据需键入________________，根据返回值信息，判断此时________（有/无）天气现象，判断设备运行状态。

参考答案：READDATA。

返回值信息举例：

a. 无降水类现象

BG,853698,00,YWTR,001,20181104160900,001,000,17,z,0,xD,0,xDV,119,xE,0, xEV,119,xH,0,xHV,051,xJ,0,xJV,01,xK,0,xKV,064,wF_B,0,wF_BV,0250,wF_C,0,wF_CV,0200,vA,0,sA,0,0026,ED。

b. 有降水类现象

BG,853698,00,YWTR,001,20181104161400,001,001,17,ANA,08,0,z,0,xD,0,xDV,119,xE,0,xEV,119,xH,0,xHV,051,xJ,0,xJV,01,xK,0,xKV,064,wF_B,0,wF_BV,0250,wF_C,0,wF_CV,0210,vA,0,sA,0,0516,ED。

c. 数据格式解析

数据格式解释详见附录 F 中的表 F1。

(4)历史读取雨滴谱数据

例:下载 2015 年 8 月 24 日 11 点 25 分的观测记录,键入命令为

____。

参考答案:DOWNMDATA,2015－08－24,11:25:00,2015－08－24,11:25:59↙。

返回值:＜F＞↙表示读取数据失败;正确返回:历史数据,每条数据末尾附回车换行。＜N＞↙表示该时段无数据。数据帧格式返回如下:

<table>
<tr><td colspan="9">起始标识</td></tr>
<tr><td colspan="9">BG</td></tr>
<tr><td colspan="9">数据包头</td></tr>
<tr><td>区站号</td><td>服务类型</td><td colspan="2">设备标识位</td><td>设备 ID</td><td>观测时间</td><td>帧标识</td><td>观测要素变量数</td><td>设备状态变量数</td></tr>
<tr><td>6 位字符</td><td>2 位数字</td><td colspan="2">YWDP</td><td>3 位数字</td><td>14 位数字</td><td>3 位数字</td><td>4 位数字</td><td>00</td></tr>
<tr><td colspan="9">数据主体</td></tr>
<tr><td colspan="5">观测数据和质量控制</td><td colspan="4">状态信息</td></tr>
<tr><td>观测要素变量名 1</td><td>观测要素变量值 1</td><td>观测要素变量名 m</td><td>观测要素变量值 m</td><td>质量控制位</td><td>状态变量名 1</td><td>状态变量值 1</td><td>状态变量名 n</td><td>状态变量值 n</td></tr>
<tr><td colspan="9">校验码</td></tr>
<tr><td colspan="9">4 位数字</td></tr>
<tr><td colspan="9">结束标识</td></tr>
<tr><td colspan="9">ED</td></tr>
</table>

注:1. 设备 ID 分两种,100 代表输出为 32 级粒子大小与 32 级粒子速度的雨滴谱仪,200 代表输出为 22 级粒子大小与 20 级粒子速度的雨滴谱仪。2. 设备状态变量数和状态信息不在此表显示,默认 00。

3.4.8　日常维护

1. 维护时应关闭传感器,如不能关闭,需戴上保护镜,勿直视激光器,以免损伤眼睛。

2. 定期检查降水现象仪,发现采样区有蜘蛛网、鸟窝、灰尘、树枝、树叶等影响数据采集的杂物,应及时清理。

3. 每月检查供电设施,保证供电安全。

4. 每3个月定期清洁激光发射和接收装置，用柔软不起毛的棉布或脱脂棉蘸无水乙醇擦拭窗口玻璃，注意不要划伤玻璃表面，如果窗口加热功能良好，其表面将很快变干，勿用其他物品清洁。根据设备附近环境的情况，延长或缩短维护的时间间隔，遇沙尘、降雨(雪)等影响观测时，应及时清洁。

5. 每年春季对防雷设施进行全面检查，复测接地电阻。

6. 按业务要求定期进行现场核查。

3.4.9 现场核查

1. 核查前准备

(1)用目测的方法，对降水现象仪的外观进行检查。表面完好，标牌和标记完整、清晰，机械结构应完整且无变形。

(2)将现场核查标准装置放入降水现象仪收发光路中间，确保降水现象仪的激光束处在降水粒子模拟单元透光孔的中心位置(即：激光束处在标尺塞的有效区域内)，并连接好通信线和电源线。

(3)当降水现象仪的激光束不在透光孔的中心位置时，通过调节测试装置进行高度调节，使激光束处在透光孔的中心位置，以获得准确的测量。

(4)必须保证测试转盘的洁净，然后再进行测试。如果测试转盘表面划伤，请及时更换。

2. 现场核查步骤

应在晴朗天气，能见度大于10 km，空气温度为10～30 ℃，风速小于等于5 m/s，相对湿度小于等于80%的环境条件下进行现场核查。

降水粒子直径核查点为：4.3 mm、9.5 mm、21 mm；降水粒子速度核查点为：2 m/s、7 m/s、12 m/s。

在每一个降水粒子直径测试点，通过电机控制转盘，分别以降水粒子速度核查点确定的速度进行试验，记录被测雨滴谱降水现象仪输出的降水粒子直径输出通道号、降水粒子速度输出通道号和输出的降水现象。

3. 核查结果

降水粒子直径稳定性测量误差计算见公式(3.4.1)。

$$\Delta D = D' - D \tag{3.4.1}$$

式中：ΔD为降水粒子直径输出通道稳定性误差；D'为被测降水现象仪本次测试输出的通道号；D为被测降水现象仪第一次测试输出的通道号。

降水粒子速度稳定性测量误差计算见公式(3.4.2)。

$$\Delta V = V' - V \tag{3.4.2}$$

式中：ΔV为降水粒子直径输出通道稳定性误差；V'为被测降水现象仪本次测试输出的通道号；V为被测降水现象仪第一次测试输出的通道号。

若$|\Delta D| \leqslant 2$且$|\Delta V| \leqslant 2$，即被核查降水现象仪本次降水现象输出，与第一次核查的输出结果一致，则判定被核查降水现象仪合格，否则应维修或送国家气象计量站进行校准。

4. 核查周期

第一次使用45 d后，90 d内现场核查一次；之后每年现场核查一次；每次维修仪器之后都应做现场核查。

降水现象仪现场核查标准装置的校准周期应不超过 2 年。

3.4.10　注意事项

1. 勿用锋利物体触碰传感器镜头及接收装置。
2. 勿私自打开仪器密封区,勿擅自更换仪器模块。
3. 如遇设备断电,再次上电时,严禁频繁开关。
4. 注意保护眼睛!勿直接用眼睛直视激光器,或使用光学设备进行观察。

3.4.11　课堂小结

1. 本节实习内容中关于时间、日期、经纬度的设定方式与其他传感器一致,不做赘述。

2. 未经培训的人员不得对系统各部分进行任何操作。在上电状态下,不得进行任何的传感器或系统组件的更换工作。在某些情况下,即使系统断电,仍会有残余电压存在,为了避免损害设备,请在断电后一段时间后,再对设备进行操作。

3.5　称重式降水传感器

3.5.1　预习内容

1. 称重式降水传感器的测量原理、安装和测试方法。
2. 称重式降水传感器的维护要求与方法。

3.5.2　学时

2～4 学时。

3.5.3　目的要求

1. 了解称重式降水传感器的结构和基本工作原理。
2. 掌握称重式降水传感器的安装、测量以及维护方法。

3.5.4　设备与工具

1. 称重式降水传感器(DSC1/DSC2 型)。
2. 主采集器。
3. 数字万用表和配套工具。

3.5.5　原理与说明

称重式降水传感器实现了固态、液态和混合型降水的自动化观测,能够克服气象台站固态降水人工观测造成的时效性差、观测频次低等弊端。称重式降水传感器是利用一个测重装置测量储水器连同其中积存降水的总重量,再根据去除储水器重量后的降水重量来换算成观测的降水量。因此,其原理是通过对重量变化的快速响应来测量降水量的。

称重式降水传感器由硬件和处理软件组成。其硬件可分成称重单元、处理单元和外围组件，既可以输出开关信号替换或模拟翻斗雨量传感器接入现有的各种自动气象站中，也可以作为智能传感器直接挂接在新型自动气象站上(图 3.5.1)。

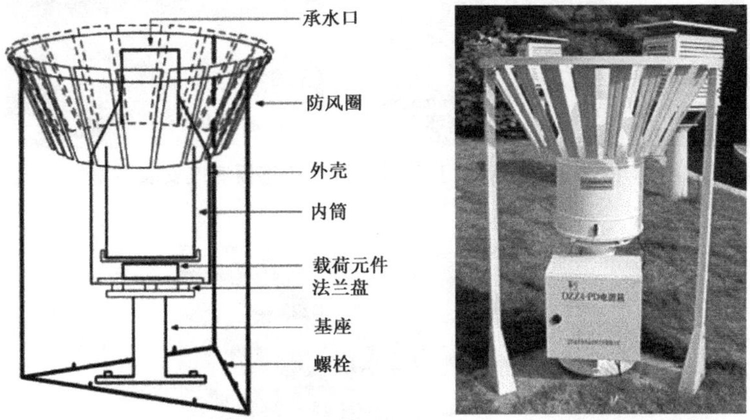

图 3.5.1　称重式降水传感器结构和实物图(DSC1)

按照工作原理不同，称重式降水传感器可分为两种：一种是基于电阻应变技术(测压力)，敏感梁在外力作用下产生弹性变形，使粘贴在它表面的电阻应变片也随同产生变形，在电阻应变片变形后，它的阻值将发生变化，再经相应的测量电路把这一电阻变化转换为电信号，进而得到重量，如 DSC1 型称重式降水传感器(与 DZZ4 配套)；另一种是基于振弦技术(测拉力)，以弦丝为弹性部件，根据其重量与振动频率的对应关系，通过相应的测量电路得到重量，如 DSC2 型称重式降水传感器(与 DZZ5 配套)。表 3.5.1 给出了业务台站所用称重式降水传感器型号。

表 3.5.1　业务台站所用称重式降水传感器型号

装备名称	型 号	生 产 单 位
称重式降水传感器	DSC1	江苏省无线电科学研究所有限公司
	DSC2	华云升达(北京)气象科技有限责任公司
	DSC3	天津华云天仪特种气象探测技术有限公司

降水传感器安装在观测场内混凝土基础上，基座的接地线就近接入观测场地网。承水口保持水平，根据冬季地面积雪情况，承水口距地面高度一般选择(120±3)cm，在北方积雪较厚的个别地区可以选择(150±3)cm。防风圈应高于承水口约 2 cm。防风圈开口应朝北。

3.5.6　DSC1 型称重式降水传感器操作

1. 底座安装

(1)将 3 颗固定调平螺栓分别从底座下部拧入底座，螺栓上端面与底座表面平齐即可，然后用 1 颗螺帽将其与底座并紧(图 3.5.2)。

(2)再在 3 个螺杆上分别拧入 1 颗螺帽，然后将底座放到基座上，底座上的 3 个固定调平螺栓穿入基座上的 3 个安装孔内，调节底座水平后，用螺栓固定。

2. 称重单元安装

(1)将称重单元固定在 4 个支柱上，安装前请参照图 3.5.3 所示，称重单元上有接插件的

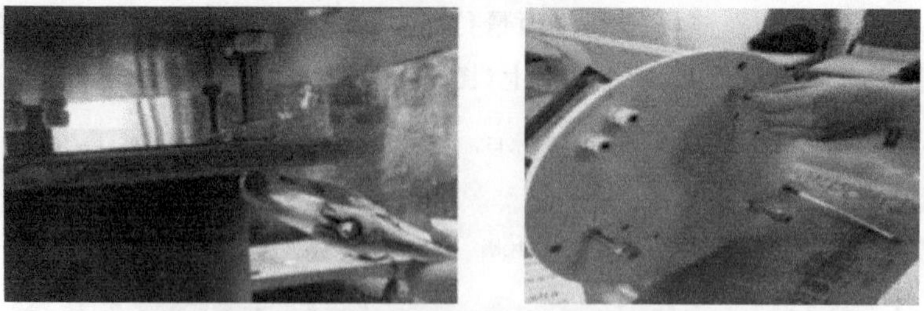

图 3.5.2　DSC1 型称重式降水传感器底座安装

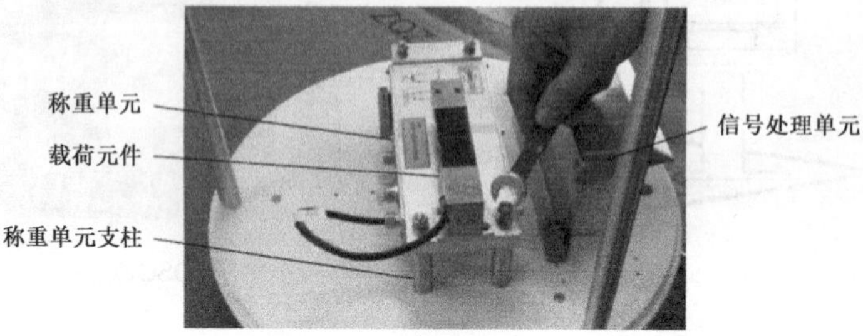

图 3.5.3　DSC1 型称重式降水传感器称重单元安装 1

一面应朝外。

(2)载荷元件是一个压力敏感元件，虽然有一定的抗冲击能力，但是为更好地保护敏感元件，在传感器安装、维护过程中，必须使用“L”型支撑杆作保护！将“L”型支撑杆放入载荷元件和电子单元之间(图 3.5.4)。

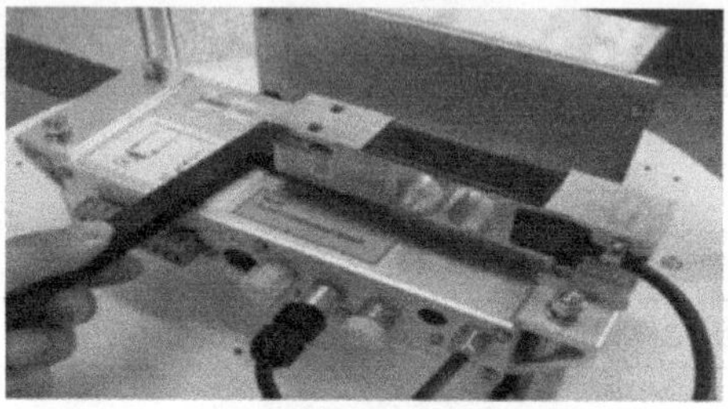

图 3.5.4　DSC1 型称重式降水传感器称重单元安装 2

3. 托盘安装

将托盘固定到称重单元上，并检查水平。若发现不水平，需通过底盘水平调节螺钉来调节水平。

在托盘上安装 3 个限位器，用于将盛水桶保持在中央位置，注意先不要拧紧螺钉，须待放好盛水桶后才能拧紧(图 3.5.5)。

当在基本完成传感器安装和维护工作，需要正式通电调试前，一定不能移开“L”型支撑杆，否则可能对载荷元件造成冲击和损害！请严格按照后面安装或维护步骤进行操作！

将盛水桶放到托盘上，确保稳定不晃动，拧紧螺钉(图 3.5.6)。

4. 信号线连接

将随仪器所配的 RS232 转接线的 M12 圆形插头插入称重单元 RS232 接口，注意防误插

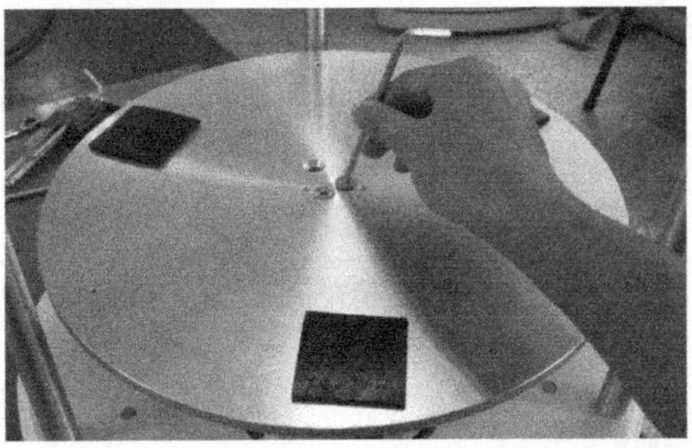

图 3.5.5　DSC1 型称重式降水传感器托盘安装 1

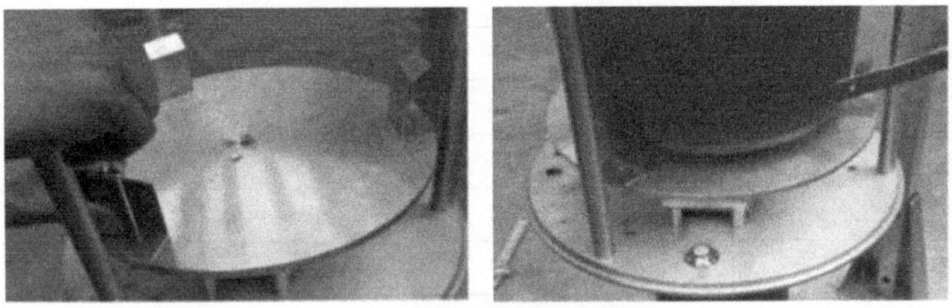

图 3.5.6　DSC1 型称重式降水传感器托盘安装 2

位朝上,并拧紧。

RS232 转接线的另一端穿过信号处理单元的护线圈,接到信号处理单元的“称重单元”端子排上(图 3.5.7)。“称重单元”端子排列顺序如表 3.5.2 所示。

图 3.5.7　DSC1 型称重式降水传感器信号线连接

表 3.5.2　“称重单元”端子排列顺序

“称重单元”端子符号	导线颜色	含　义
12 V	红	12 V 电源输出
R	棕	RS232　RXD
T	黄	RS232　TXD
G	黑	电源地和信号地
⏚	屏蔽层	屏蔽接地

5. 添加防冻液和防蒸发油

防冻液添加量参考防冻液配比(表 3.5.3)。抑制蒸发油应采用航空液压油,加入量应能完全覆盖液面。

表 3.5.3 防冻液添加量配比(内筒为 400 mm 降水量的容积)

历年平均最低气温 (℃)	乙烯乙二醇添加量 (L)	甲醇添加量 (L)
⩾0	0.0	0.0
−5	0.7	0.9
−10	1.1	1.7
−15	1.6	2.2
−20	1.8	2.7
−25	2.1	3.1
−30	2.4	3.5
⩽−35	2.6	3.8

注:甲醇是易燃、有毒、刺激性气味的危险品,乙烯乙二醇和航空液压油也为化学制剂,必须严格按其安全注意事项,规范使用和保存。

6. 参数设置与现场测试

(1)上电运行

接通传感器电源,传感器即开始运行。观察信号处理单元的运行指示灯是否开始闪烁,1 s亮,1 s暗:__________。(√或×)

注:如果运行指示灯不正常,应检查信号处理单元上的电源电压,应当为 DC12 V±20%。

(2)参数设置

①通信参数设置

波特率:________;数据位:________;

停止位:________;校验位:________。

参考答案:9600;8;1;N。

②台站号、日期、时间设置(传感器测试命令可参考附录 G,下同)

台站号 12345,输入命令________;

日期 2019 年 10 月 8 日,输入命令________;

时间下午 04:05:34,输入命令__________。

参考答案:ID 12345;DATE 2019-10-08;TIME 16:05:34。

③设置采样值的质量控制参数

设置值为:采样值下限 0,上限 40,允许变化速率 40,输入命令__________________。

参考答案:QCPS WP 0 40 40。

④设置分钟降水量的质量控制参数

设置值为:瞬时值下限 0,瞬时值上限 10,瞬时值可疑变化速率 7,瞬时值错误变化速率 10,瞬时值小时内最小应该变化速率 0,输入命令__________________________。

参考答案:QCPM WP 0 10 7 10 0。

⑤设置识别溢出报警的质量阈值

设置溢出的质量阈值为 19000 g（约相当于 500 mm 降水累积量），输入命令__________。

参考答案：MASSOVER 19000。

⑥设置识别排水的每分钟质量下降阈值

设置值为：识别排水的每分钟质量下降阈值 314.16 g（约相当于 10 mm 降水量），输入命令____________________。

参考答案：MASSDRAIN 314.16。

⑦加水测试

为确保称重降水传感器安装、连接无误，设置好参数后，在正式观测前，需对传感器进行加水测试。接通传感器电源，2 min 后开始加水测试。

使用 20 cm 直径雨量器专用量杯，将 10 mm 水缓缓倒入雨量桶（历时约 2 min）。

用 DMPR 命令收取测试期间的数据，最后一条数据的时间可能会有 2 min 的延迟。对读取的分钟降水量进行累加，结果应在（10±0.2）mm。

(3)罩上外壳

在经过必须的调试工作，确认传感器工作正常后，应罩上外壳，然后将 3 个弹簧搭扣对准底座凹槽后扣紧（图 3.5.8）。

图 3.5.8　DSC1 型称重式降水传感器弹簧搭扣

3.5.7　DSC2 型称重式降水传感器操作

1. 传感器安装

(1)放置测量机架，带上 3 个螺栓及胶垫，但不要拧紧（图 3.5.9）。

图 3.5.9　DSC2 型称重式降水传感器安装 1

(2)在 3 个螺杆上分别拧入 1 颗螺帽，然后将底座放到基座上。底座上的 3 个固定调平螺栓穿入基座上的 3 个安装孔内，调节底座水平后，用螺栓固定（图 3.5.10）。

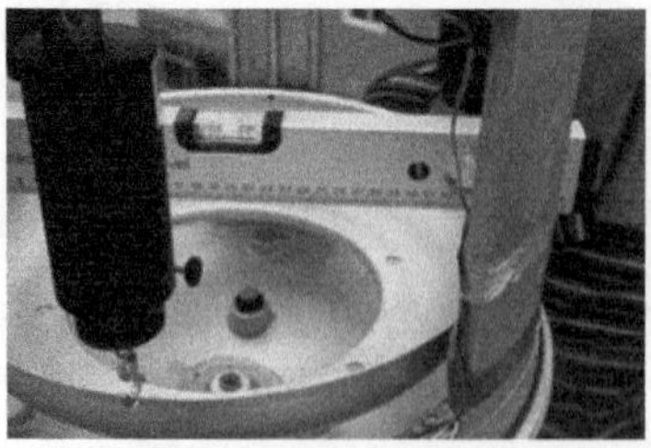

图 3.5.10 DSC2 型称重式降水传感器安装 2

(3)取出 3 个传感器，拧下黑色滚花螺母，从机架上的 3 个方口穿过，再拧上滚花螺母(图 3.5.11a)。

(4)将传感器信号线接到防雷器接线盒的接线端子上，红色接“6”端子，蓝色接“4”端子(图 3.5.11b)。

(5)安装线缆锁头，引进电缆线，接线到防雷器接线盒的接线端子上，正端(+)接“5”端子，负端(−)接“3”端子，屏蔽线接“1”端子(图 3.5.11b)。确保接线正确。

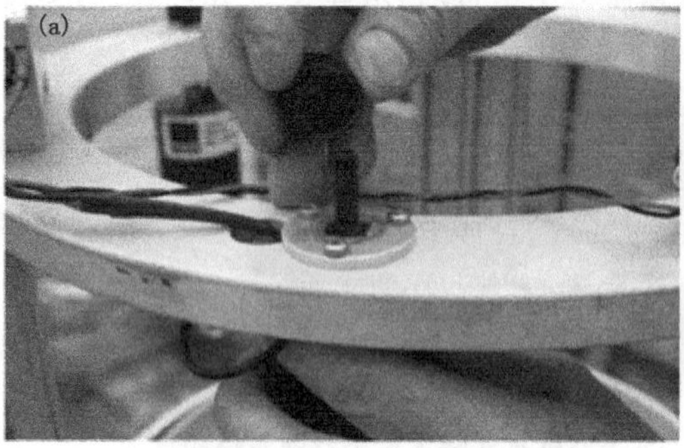

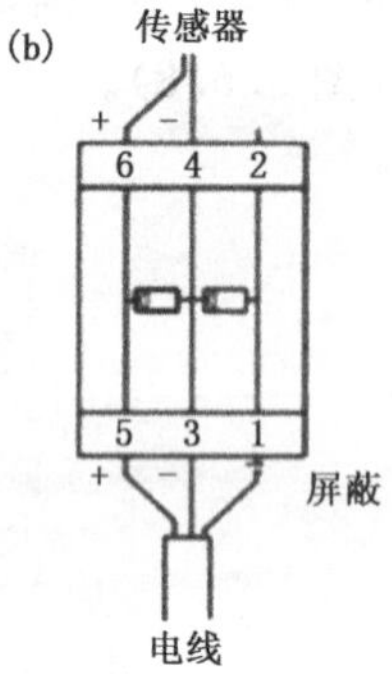

图 3.5.11 DSC2 型称重式降水传感器安装 3

(6)把 3 个传感器的挂钩挂在托盘对应的 3 个孔上，固定引线，避免电缆线和盛水桶或者是锥形外壳接触，可以用胶带固定线缆。

(7)放置接水桶，把桶的标记(桶上面的黑点)对准正东(或西)的传感器(图 3.5.12)。

注：同时保证集水桶在多次取出再放回时原来的位置不变。

图 3.5.12 DSC2 型称重式降水传感器安装 4

(8)交叉放置水平尺在水桶上缘上，调整 3 个传感器上的黑色滚花螺母使其水平(图 3.5.13)。使 3 个悬挂部件承受尽可能相同的负荷。

注：也可以在放桶之前，先调整挂好的托盘水平。

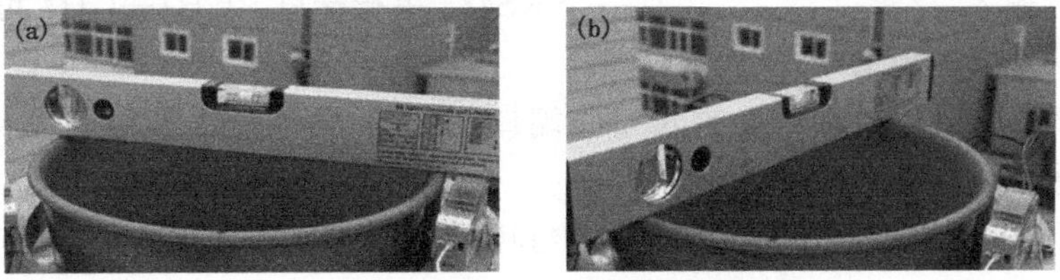

图 3.5.13　DSC2 型称重式降水传感器安装 5

(9)取下传感器上的胶带，松开上面的紧固螺丝(逆时针旋转 4 圈以上)，再用胶带缠上紧固(图 3.5.14)。

注：如果需要运输时，应拧紧黑色螺钉，将传感器内的振动金属线固定住，以免运输过程中因震动而损坏振动金属线。

图 3.5.14　DSC2 型称重式降水传感器安装 6

(10)锁紧线缆锁头，引线到变换器，变换器的 A 端接信号＋，B 端接信号－，C 端接 12 V 供电，B 端接电源地，V 端是信号输出，把它们连接到采集器的相应位置上。

(11)盖上锥形外罩，注意卡子的位置，将卡子扣入槽内。

2. 添加防冻液和防蒸发油

同第 3.5.6 节 DSC1 型称重式降水传感器添加防冻液和防蒸发油的方法相一致。

3. 参数设置

采集器如图 3.5.15 所示，D1，G 为输出脉冲端口；D2，G 为输入频率信号口 1；D3，G 为输

图 3.5.15　DSC2 称重降水观测仪采集器实物图

入频率信号口 2;D4、G 为输入频率信号口 3;DEBUG 为 RS232 调试端口;RS232-1,RS232-2 是另外两个串行输入/出端口,此外,还有一个 RS485 串行端口。CH1—CH4 可以接入测温电阻。VDC、BAT 接入电源端口。

通过连接微机和数据处理单元的 RS232 端口,使用串口调试助手,在微机终端查看、设置处理单元的参数。

(1)查看参数(图 3.5.16)。串口需要连接到数据处理单元,计算机通电,等待系统启动完毕后,显示:

TECOM SUB_TERMINAL DEVICE INITIALIZE OK!

VERSION：TECOM1102－010－014!

表明系统已经启动完成。

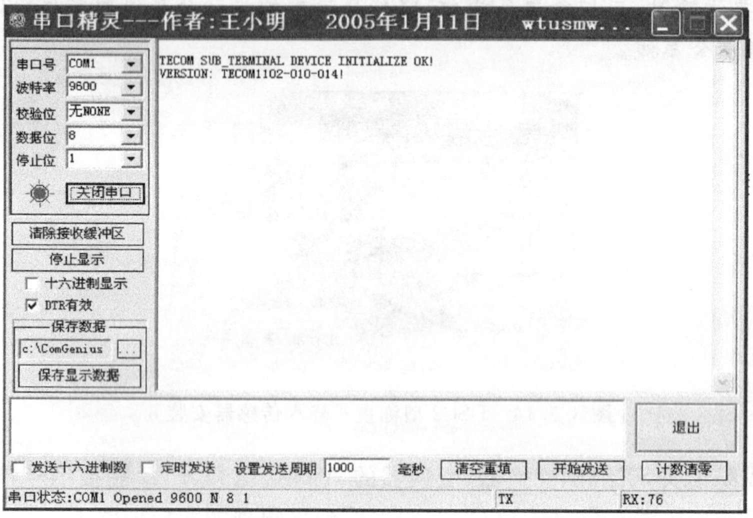

图 3.5.16　DSC2 型称重式降水传感器参数设置 1

此时,可参考附录 G 中的指令,对传感器进行测试。输入 DATETIME 命令,系统会返回日期、时间(图 3.5.17)。

```
TECOM SUB_TERMINAL DEVICE INITIALIZE OK!
VERSION: TECOM1102-010-014!

2011-09-01 09:57:05
```

图 3.5.17　DSC2 型称重式降水传感器参数设置 2

然后输入 GETRAINCAL! 命令,系统会返回设置的 F0、A、B、V、Pmin、Pmax 参数值(图 3.5.18)。

```
2011-09-01 09:57:05
Rain Config0: F0=1120.9000244 A=0.0180622 B=0.0000091 V=0.0049999
Pmin=0.0049999 Pmax=0.5
Rain Config1: F0=1130.8000488 A=0.0182454 B=0.0000091 V=0.0049999
Pmin=0.0049999 Pmax=0.0499999
Rain Config2: F0=1145.0999755 A=0.0184873 B=0.0000091 V=0.0049999
Pmin=0.0049999 Pmax=0.0499999
```

图 3.5.18　DSC2 型称重式降水传感器参数设置 3

(2)设置参数。用“SETRAINCAL”设置以上参数命令。如果参数不正确，或者系数 f0(空桶频率，一般为 1000 Hz)。由于现场安装，已经改变，需要重新设置 f0，设置如下：SETRAINCAL＋频率通道 1＋各个参数(用空格分割)＋！(结束符)。例如，“SETRAINCAL0 1044.2 0.0165411 0.00000914413 0.01 0.01 0.05!”，仅设置频率通道 1 完毕，系统的返回值仍是显示 3 个通道的，需要再次设置频率通道 2，3，然后查看参数是否正确即可(图 3.5.19)。

```
TECOM SUB_TERMINAL DEVICE INITIALIZE OK!
VERSION: TECOM1102-010-014!

2011-09-01 09:57:05
Rain Config0: F0=1120.9000244 A=0.0180622 B=0.0000091 V=0.0049999
Pmin=0.0049999 Pmax=0.5
Rain Config1: F0=1130.8000488 A=0.0182454 B=0.0000091 V=0.0049999
Pmin=0.0049999 Pmax=0.0499999
Rain Config2: F0=1145.0999755 A=0.0184873 B=0.0000091 V=0.0049999
Pmin=0.0049999 Pmax=0.0499999

Rain Config0: F0=1120.9000244 A=0.0180621 B=0.0000091 V=0.0049999
Pmin=0.0049999 Pmax=0.5
Rain Config1: F0=1130.8000488 A=0.0182454 B=0.0000091 V=0.0049999
Pmin=0.0049999 Pmax=0.0499999
Rain Config2: F0=1145.0999755 A=0.0184873 B=0.0000091 V=0.0049999
Pmin=0.0049999 Pmax=0.0499999
```

图 3.5.19　DSC2 型称重式降水传感器参数设置 4

(3)重新计算参数。如果测量出 f0′与原 f0 差别较大(大于 10)，则需用新测得的 f0′，计算 A′，B 值不需要重新计算。计算公式是：$A' = A + 2B(f0' - f0)$

(4)设置桶的口径。如果需要设置，则发送：SETMJ 1.57!，设置成功，返回：Bucket MianJi：S＝1.57；设置失败，返回：SETMJERROR!。

4. 现场测试

DSC2 传感器总体运行稳定，需要维护量和故障率均较斗雨量计要小，同时由于不存在翻斗雨量计的堵塞问题，降水时的有效数据获取率要高于翻斗雨量计。

DSC2 传感器出现的故障主要分为单根振弦故障和集水桶溢出两类，这两类的故障大部分是业务人员维护时操作不当或者维护不及时而导致。

在无便携式计算机的情况下，也可通过万用表进行判断，使用有频率测量功能的万用表，测量采集器 D2、D3、D4 的频率，分别对应 1 号、2 号、3 号振弦的频率，正常频率应在________ Hz 至____________ Hz，同时 3 根振弦的频率应该相当，集水筒满时的弦频率会在________ Hz 左右。如果某根振弦频率，低于________ Hz，该振弦极有可能内部弦丝断裂。若使用的万用表无频率测量功能，可以通过直流电压档进行初步判断，有正常输出的振弦应在________ V 左右，发生故障的振弦电压一般在________ V 左右。

参考答案：1300；3200；3200；1000；4；5。

5. 现场校准

设备安装完成后，应使用雨量标准器对传感器进行现场测试，测试方法如下：

(1)选择晴朗的天气进行现场测试。

(2)先将数据线拔下，将其与雨量校准器的数据线相接，并将雨量校准器清零；采用雨量校准专用量杯量取 10 mm 水量，缓慢倒入内筒，模拟雨强为 2～4 mm/min。现场测试重复进行 3 次，并分别进行误差计算。

3.5.8 日常维护

值班人员应严格按照《地面气象自动观测规范》等相关规范、规定要求，按时巡视、检查和维护设备、场地及电源供电情况等。

1. 维护之前应先断开称重式降水传感器电源，拔下数据线；维护完毕后，再接上数据线和电源线。

2. 定期检查承水口水平高度，检查内筒内液面高度，发现不符合要求时，及时纠正。

3. 定期检查清洁仪器，清除承水口的蜘蛛网及其他堵塞物。如遇有承水口沿被积雪覆盖，应及时将口沿积雪扫入桶内，口沿以外的积雪及时清除。

4. 每次较大降水过程后，及时检查，防止溢出。

5. 预计将有沙尘天气但无降水，应及时将桶口加盖；沙尘天气结束后，及时取盖。

6. 降水过程中，因降水量较大可能超过量程时，应在降水间歇期及时排水。

7. 每月检查供电设施，保证供电安全。

8. 每年春季对防雷设施进行全面检查，复测接地电阻。

9. 按业务要求定期进行校准，校准周期应不超过 1 年。

10. 当设备故障时，应及时进行维护或维修。

3.5.9 注意事项

对设备进行维护时，取拿传感器务必小心谨慎。

3.5.10 课堂小结

1. 称重式雨量传感器输出信号有 RS232 串行数字信号与频率信号输出两种，可进行切换。

2. 防冻液的添加可参考用户说明书中配比，注意乙烯乙二醇为有毒化学品，防蒸发油推荐航空液压油。对含有防蒸发油、防冻液的液体应按当地环保规定进行处理。

3. DSC2 型称重式降水传感器下部有运输保护螺钉，在运输和进行维护时，要拧紧该保护螺钉，以免损坏内部的振动弦线。工作时再拧松保护螺钉(4 圈)。要注意保证安装好的称重悬挂机能自由地活动。

3.6 光电式数字日照计

3.6.1 预习内容

1. 光电式数字日照计的测量原理、安装和测试方法。

2. 光电式数字日照计的维护要求与方法。

3.《光电式数字日照计功能需求书》(气测函〔2016〕70 号)。

3.6.2 学时

2～3 学时。

3.6.3　目的要求

1. 掌握光电式数字日照计的安装与调试。
2. 掌握日照供电系统测量。
3. 掌握常用的日照终端命令。
4. 理解引起日照测量误差偏大的原因。

3.6.4　设备与工具

1. 1 套 DZP1 型综合硬件集成控制器及配件。
2. 1 套光电式数字日照计(本章以 DFC2 为例)。
3. 数字万用表和配套工具。

3.6.5　工作原理与结构

气象观测业务中允许列装的光电式数字日照计型号主要有 3 种,表 3.6.1 给出了这些型号的相关信息。

表 3.6.1　业务台站用光电式数字日照计型号

装备名称	型号	生产单位
光电式数字日照计	DFC1	江苏省无线电科学研究所有限公司
	DFC2	华云升达(北京)气象科技有限责任公司
	DFC3	中环天仪(天津)气象仪器有限公司

作为代表,本章以 DFC2 型光电式数字日照计为例进行介绍。

1. 系统结构与组成

包含 HYSD-1 型光电式数字日照传感器、数据处理单元、供电单元、通信单元、安装附件等部分组成。

光电式数字日照计外观示意如图 3.6.1 所示。

(1)日照传感器采用 3 个光电感应器件测量太阳总辐射和散射辐射,计算出太阳直接辐射,并判断累计日照时数,以 RS232 通信方式输出。

(2)供电系统用于提供数字日照传感器运行的电力供应,采用 12 V/38AHr 的铅酸免维护电池进行供电,外部 220 V 交流市电对蓄电池充电。

(3)安装支架用于固定传感器和供电箱。其中固定传感器的支架和底盘带有纬度调节、南北方向刻线和水平调节装置。

2. 工作原理

日照传感器采用置于光学镜筒中的 3 个同轴光电感应器对总辐射和散射辐射进行自动连续观测,根据计算出的直接辐照度判断有无日照。测量原理如图 3.6.2 所示,3 个带有圆柱形漫射器的光电管 D_1、D_2、D_3 分别安置在同一轴线上,并通过遮光罩及其入射窗 W_1、W_2 对入射到 D_2、D_3 上的辐射进行约束。

光电管 D_1 在 360°的环形范围内接收总辐射。D_2 和 D_3 接收环形范围内不同方向上的辐射,而太阳直接辐射只能照射到 D_2、D_3 中的一只,其中较小的输出值即为散射辐射。直接辐

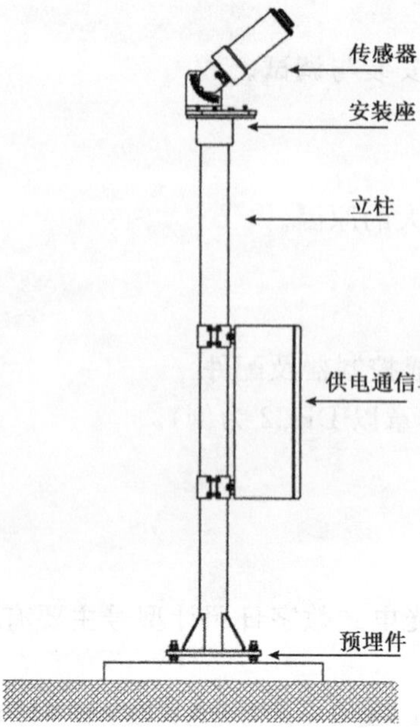

图 3.6.1 光电式数字日照计外观示意图

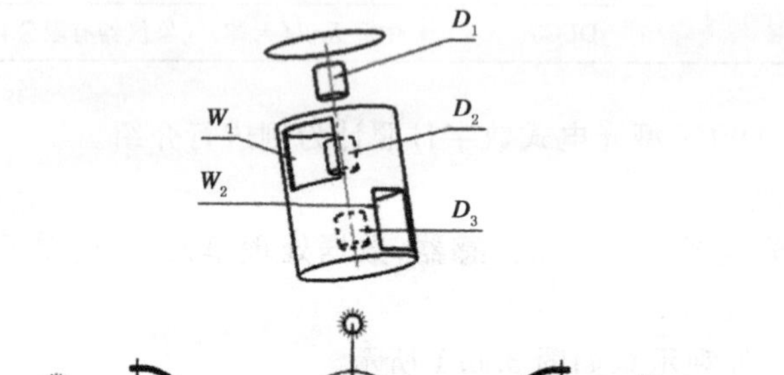

图 3.6.2 光电式数字日照计测量原理图

射为总辐射和散射辐射的差值，若直接辐照度≥120 W·m^{-2}，则算作有日照，把时间累计，得到每小时和每天的日照时数。此光电式数字日照计分钟日照算法如图 3.6.3 所示。

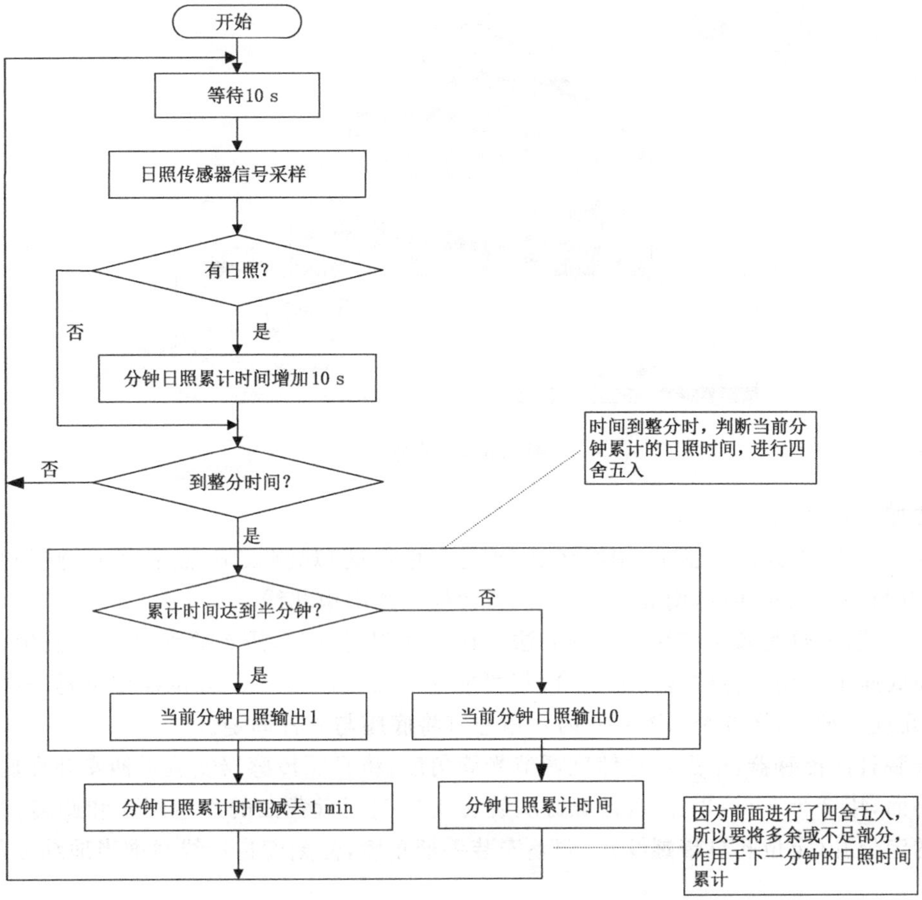

图 3.6.3 分钟日照算法

3.6.6 实习实训内容与步骤

1. 熟悉 DFC2 光电式数字日照计的日照传感器、供电系统和安装底座。

2. 安装

(1)安装(观测场)

DFC2 光电式数字日照计安装方法比较简单，既可以在单独立柱的顶端固定，也可使用横臂固定在风杆等结构上。安装步骤如下：

①安装立柱或水平横臂。

②组装日照计固定底座，安装旋转支架到底座上，用 3 个 M4×8(表示直径 4 mm，长度 8 mm，下同)内六角螺钉从底座底部固定。安装水平泡到底座上，用 3 个 M2×8 十字盘头螺钉从顶部固定。

注：底座旋转支架有刻度的一面朝向水平泡。

③安装底座，如图 3.6.4 所示，调整水平和南北向；用 3 个 M6×20 内六角螺钉将底座固定到安装基座上，旋转安装基座抱箍，调整底座的南北子午线对齐正北(水平泡位置在东北)。

用 3 个 M6×30 内六角螺钉调整底座水平，使水平泡内的气泡位于中央。测定南北线的

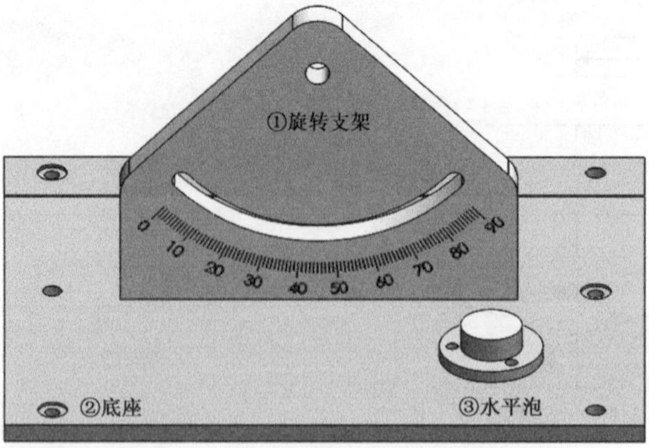

图 3.6.4　底座

主要方法如下：

a. 经纬仪法：真太阳时正午，用经纬仪(通过深色玻璃)观测太阳，然后降低物镜到水平面一点，该点与观测点相连，即南北线，并在仪器台柱上画出南北线。

b. 铅垂线法：这是较常使用的一种方法。在真太阳时正午，用铅垂线观测其投影(当地子午线)，使底座上的南北方位线与其重合，尽可能达到±0.25°以内。方位往往不是一次就能对好，反复几次对准后，用 6 个 M8×16 内六角螺钉将底座与立杆固定。

④安装日照传感器，根据本地纬度调节光筒角度，将日照传感器安装手柄安装在旋转支架刻度盘一面，用 2 个 M6×20 内六角螺钉从旋转支架刻度盘背面的固定圆孔和旋转槽插入到安装柄的定位孔(定位孔自带螺纹)。调整安装手柄角度，使刻度指示线对准当地纬度值，拧紧螺钉。

注：确认传感器尾部刻度线与底座纬度线的误差角度，误差角度加上台站纬度，得出最终的纬度，传感器刻度线对齐底座上的最终纬度。

最终纬度＝误差角度＋台站纬度

⑤将供电机箱用抱箍固定在立柱上，机箱门朝北。

⑥设备连线：日照传感器信号线缆经过立柱穿线孔、机箱防水锁头等穿入机箱后，按照接线如(彩)图 3.6.5 所示接入机箱内的防雷板，安装好的日照计如图 3.6.6 所示。

⑦对系统进行启动测试。

⑧测试正常后，按照终端命令将设备的运行、台站参数等进行设置，并确认参数正确。设备在有日照天气情况下运行 24 h，下载历史数据留存备查。

经过以上几个步骤的安装、调整，就完成了日照计的安装工作。日照计安装好后，应与人工观测进行对比，试观测一段时间，检查其是否准确。否则，应反复调整南北方向，使设备水平，直到准确为止。

(2)安装(实习实训室)

①使用指南针确定南北，根据底座上的指北标识调整南北向。

②通过调整 3 颗升降螺钉调节底座水平，使用工具固定调节螺栓。

③光筒朝向正北，将光筒水平放置，使用水平尺确认水平。

注：北半球，光筒顶端朝向正北。南半球，光筒顶端朝向正南。

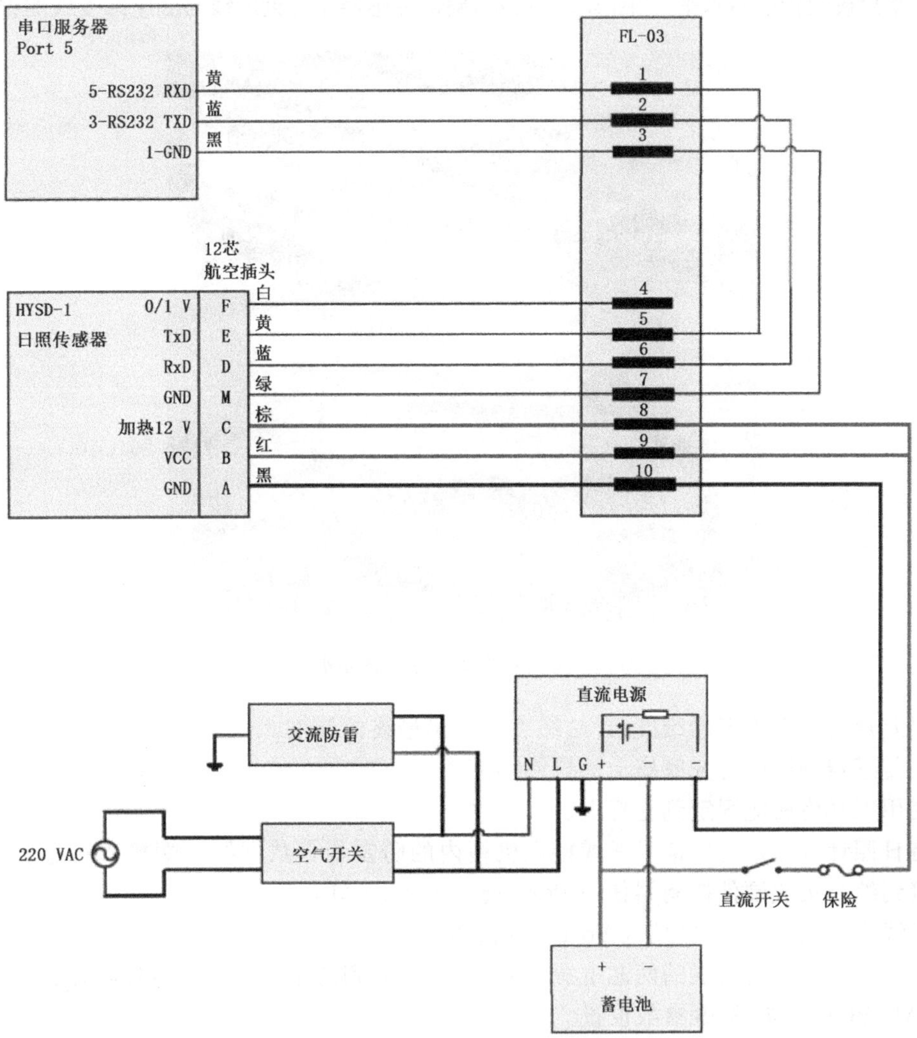

图 3.6.5　日照计接线

图 3.6.6　台站安装的日照计

④水平尺确定传感器水平，如图 3.6.7 所示，确认传感器尾部刻度线与底座纬度线的误差角度。

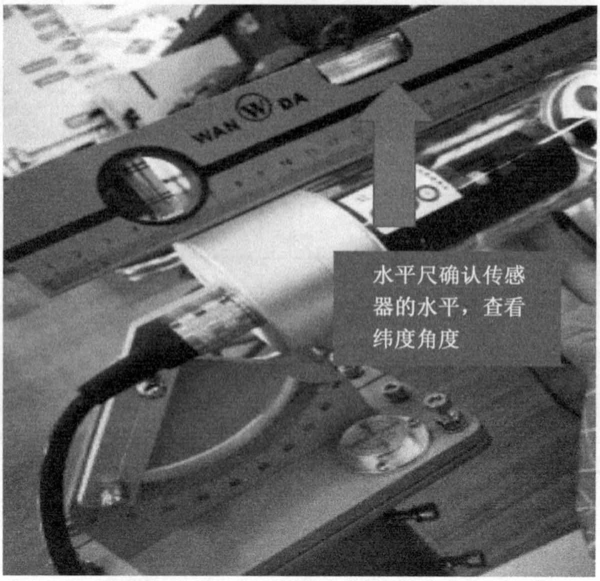

图 3.6.7　水平尺确定传感器水平

⑤误差角度加上规定的维度(台站纬度)，得出最终的纬度。

⑥将传感器刻度线对齐底座上的最终纬度。

⑦使用工具将底座固定到立杆上。

⑧将日照计日照传感器信号线缆接入机箱内的防雷板。数据线一端接入传感器，另一端正确连接到综合集成硬件控制器任一 Port，此处选 Port 口 5。

注意线序：绿、蓝、黄分别接入 Port 口 1、3、5。

将日照计电源线与提供的两芯电源线并联后，接入到防雷板通道(注：棕红接正，黑接负)。

3. SMOPORT 与 ISOS 参数设置

打开 SMOPORT 软件，将日照挂接的 Port 口的对应端口设置为 RS232 方式，将串口相关状态设置为“9600,N,8,1”即可。

将日照挂接入 ISOS，设置经度、纬度、日期、时间等必要参数。

4. 供电系统测量

接通电源，对表 3.6.2 关键点数据进行测量。

注意：上电之前先请示老师，以防电源线连接错误，造成事故！测交流电时，万用表务必拨在交流电压档，否则烧坏表笔！

表 3.6.2　供电关键点测试

测量项	数值(结果保留 2 位小数)
空气开关输入端供电电压	
电源控制器输入端供电电压	
日照传感器供电电压	
日照传感器加热端供电电压	

通过对供电系统关键点进行测量，请您判断供电系统是否正常，请在相应□中打“√”。

正常□　　正常□

参考答案：AC220V，AC220V，DC13.8V，DC13.8V，正常。

5. 终端命令

光电式数字日照计安装完成后，使用地面综合观测业务软件（ISOS）或串口调试工具，设置台站经度、纬度、日期、时间等必要参数。

注意：台站经度、纬度、日期、时间必须设置正确。

（1）光电式数字日照计＿＿＿＿＿＿（选填经度或纬度）设置错误，会导致地方时错误；安装时＿＿＿＿＿＿（选填经度或纬度）角不正确，会影响测量精度。请查看本计算机的 ISOS 台站参数，根据本机的经纬度，设置经度的命令为＿＿＿＿＿，设置纬度的命令为＿＿＿＿＿＿，并在 ISOS 软件终端操作。

参考答案：经度，纬度，LONG XXX. XX. XX，LAT XX. XX. XX。

（2）若时间设置不正确，＿＿＿＿＿＿＿。请根据计算机日期和时间，在 ISOS 软件终端修改日照传感器的日期和时间，命令为＿＿＿＿＿＿。设置日期时间后，请查看日照传感器的日期时间是否设置正确，其命令为＿＿＿＿＿＿。

参考答案：会导致日照时数错位，从而导致日照时数统计错误；DATETIME，YYYY－MM－DD，HH：MM：SS。DATETIME。

（3）若日照的通信参数错误，会导致无法正常通信，不能正常读取日照数据。请读取日照采集器的通信参数，其命令为＿＿＿＿＿＿。

参考答案：SETCOM。

（4）读取日照传感器实时数据的命令为＿＿＿＿，从返回的数据可看出，直接辐射辐照度为＿＿＿ $W \cdot m^{-2}$，最近 1 min 内＿＿＿＿（有/无）日照，日照小时累计＿＿＿＿，日照日累计＿＿＿＿小时，自检＿＿＿＿（正常/异常）。

参考答案：READDATA。相关返回值可以参考下列说明进行读取和填写。

注：实习时，若日照计放实验室，因实验室的白炽灯不是太阳光谱波段，故返回数据无日照。日照计的数据帧格式如表 3.6.3 所示，其输出数据示例如表 3.6.4 所示，相关数据帧格式的详细说明可参见《光电式数字日照计功能规格需求书》（气测函〔2016〕70 号）相关内容。

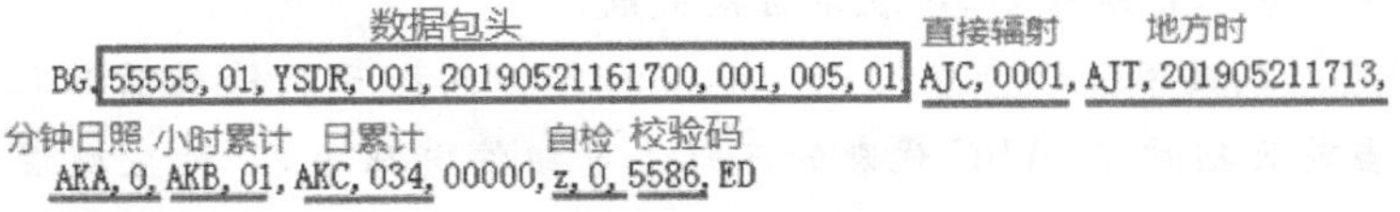

表 3.6.3　完整数据帧格式

<table>
<tr><td colspan="4" rowspan="2">起始标识</td><td colspan="16">数据包头</td></tr>
<tr><td colspan="4">区站号</td><td colspan="4">服务类型</td><td colspan="4">设备标识位</td><td colspan="4">设备 ID</td></tr>
<tr><td colspan="4">BG</td><td colspan="4">5 位字符</td><td colspan="4">2 位数字</td><td colspan="4">4 位字母</td><td colspan="4">3 位数字</td></tr>
<tr><td colspan="20">数据包头</td></tr>
<tr><td colspan="5">观测时间</td><td colspan="5">帧标识</td><td colspan="5">观测要素变量数</td><td colspan="5">设备状态变量数</td></tr>
<tr><td colspan="5">14 位数字</td><td colspan="5">3 位数字</td><td colspan="5">3 位数字</td><td colspan="5">2 位数字</td></tr>
<tr><td colspan="20">数据主体</td></tr>
<tr><td colspan="10">观测数据和质量控制</td><td colspan="10">状态信息</td></tr>
</table>

续表

观测要素变量名1	观测要素变量值1	观测要素变量名 m	观测要素变量值 m	质量控制位	状态变量名1	状态变量值1	状态变量名 n	状态变量值 n
校验码		结束标识						
4位数字		ED						

表 3.6.4 自动日照计输出数据示例

完整数据	BG,12345,00,YSDR,000,20150115100000,001,004,01,AJT,201501150900,AKA,1,AKB,60,AKC,035,0000,z,0,5018,ED
起始标识	BG
数据包头	12345,00,YSDR,000,20150115100000,001,004,01
数据主体	AJT,201501150900,AKA,1,AKB,60,AKC,035,0000,z,0
校验码	5018
结束标识	ED

(5)根据当前电脑时间,下载当前时刻前 5 min 至当前时刻的历史数据。

参考答案:DOWN,2019-07-21,20:00:00,2019-07-21,20:05:00↙。

注:①历史数据保存时间长度大于等于滞后当前时刻 72 h。

②由上位机统筹考虑下载时间和内容,优先保证实时数据传输,一次下载内容一般不超过 1 h 数据;

③缺测数据格式为:BG,QZ(区站),ST(服务类型),DI(设备标识),ID(设备 ID),DATETIME(时间),FI(帧标识),/////,校验,ED↙

(6)若要进行日照设备自检,可在终端输入自检命令:__________。从返回数据可见,主板温度为__________℃,主板电压为__________V。

参考答案:AUTOCHECK;17.3,12.1 。

返回值:＜ 3138C0001:T,20161201120000,A0000,B0000,C0000,T0173,V121 ＞

注:自检状态 T 表示自检成功,F 表示自检失败。

HYSD-1 型光电式数字日照传感器自检返回的内容包括日照传感器 9 位序列号、1 位自检状态码、14 位当前日期时间,ABC 代表的三路光电组件电压值,T 为主板温度、V 为主板电压等。ISOS 终端软件只对其进行显示,不做处理。

(7)日照常见的其他终端命令,如表 3.6.5 所示。

表 3.6.5 其他常见终端命令

命令	返回值	参数	命令说明
QZ↙	正确返回值为区站号	参数:设备区站号(5 位数字或字母)	读取设备的区站号
ST↙	正确返回值为服务类型	参数:服务类型(2 位数字)	读取设备的服务类型

续表

命令	返回值	参数	命令说明
DI↙	正确返回值为日照传感器设备标识位		读取设备标识位
ID↙	正确返回值为设备 ID	3 位数字	设置或读取设备 ID
FTD↙	正确返回值如＜001,01M＞↙,表示每分钟主动发送实时分钟数据	FI,mmC	设置或读取设备主动模式下的发送时间间隔
FI↙	正确返回值为:＜001＞↙, 注:HYSD-1 型光电式数字日照传感器仪输出分钟帧数据		读取设备帧标示
SETCOMWAY,1↙	＜F＞↙表示设置主动发送失败,返回＜T＞↙表示设置主动发送成功	1 为主动发送方式,0 为被动读取方式	设置握手机制方式

3.6.7　日常维护

1. 定期应检查光筒玻璃罩是否清洁,如有灰尘、雨、雪、水汽凝结物,应及时用软布将光筒擦净。

2. 每周定期检查日照计内干燥剂状况,注意及时更换。

3. 定期查看设备的各个部分是否被腐蚀或者自然损坏,尤其是在自然条件较为恶劣的地区。如果有损坏或者腐蚀,应当立即进行处理、更换相关部件。

4. 每月检查仪器的水平、方位、纬度等是否正确,发现问题,及时纠正。

5. 每月检查供电设施,保证供电安全。

6. 每年春季对防雷设施进行全面检查,复测接地电阻。

7. 按业务要求定期进行校准,校准周期应不超过 2 年。

8. 当设备故障时,应及时进行维护或维修。

3.6.8　注意事项

1. 北半球,光筒顶端朝向正北。南半球,光筒顶端朝向正南。

2. 光电式数字日照计的安装非常严格,如要求底座水平、纬度值调节准确。

3. 光电式数字日照计的光学镜筒应保持清洁,否则造成日照不准。

4. 若使用了调试命令 DEBUG,一定要硬件复位,否则,ISOS 读取数据时会出错。

3.6.9　课堂小结

1. DFC2 光电式数字日照计的底座水平、经纬度值会影响日照时数,此外,定期维护日照计,才能保证日照时数的准确性。

2. 日照计有很多常用终端维护命令,如 READDATA 可读取日照实时数据,AUTO-CHECK 在设备调试维护时可使用。

3.6.10　思考题

想一想,哪些因素可能引起日照测量误差偏大?

答：引起日照测量误差偏大的原因包括：①玻璃罩灰尘较厚；②日照传感器安装不规范；③经纬度设置有误；④采集电路的温漂严重或光电感器的器件老化。

3.7 天气现象视频智能观测仪

3.7.1 预习内容

1. 天气现象视频智能观测仪测量原理、组成结构。
2. 天气现象视频智能观测仪的日常维护。

3.7.2 学时

2～3 学时。

3.7.3 目的要求

1. 掌握天气现象视频智能观测仪的安装与部署要求。
2. 掌握天气现象视频智能观测仪的参数设置。
3. 理解并掌握天气现象视频智能观测仪的日常维护。

3.7.4 设备与工具

1. 1 套天气现象视频智能观测仪。
2. 1 对正常可用的空闲光纤。
3. 室内光纤转换模块到网络交换机的网线。
4. IP 地址 1 组(10 个)和与之匹配的子网掩码、网关。
5. 数字万用表、改刀等配套工具、梯子。

3.7.5 工作原理与结构

文章以 HY-WP1A 型天气现象视频智能观测仪为例，介绍该类仪器的相关知识。

1. 概述

HY-WP1A 型天气现象视频智能观测仪是华云升达公司研发的一款通过图像识别技术进行天气现象自动观测的气象仪器。

该仪器可对总云量、云状、地面凝结现象(霜、露、雨凇、雾凇)、结冰、积雪和雪深等天气现象(或气象要素)进行自动观测识别，并具备扩展电线积冰、视程障碍现象(轻雾、雾、霾、浮尘、扬沙、沙尘暴)的自动观测识别能力。

2. 整体结构

天气现象视频智能观测仪由图像采集单元、图像处理单元、通信单元、供电单元和附件等组成，其外观如图 3.7.1 所示。

图 3.7.1 天气现象视频智能观测仪外观

(1)图像采集单元

图像采集单元由 1 个鱼眼高清摄像机、1 个长焦高清摄像机和 1 个短焦高清摄像机组成，如图 3.7.2 所示。

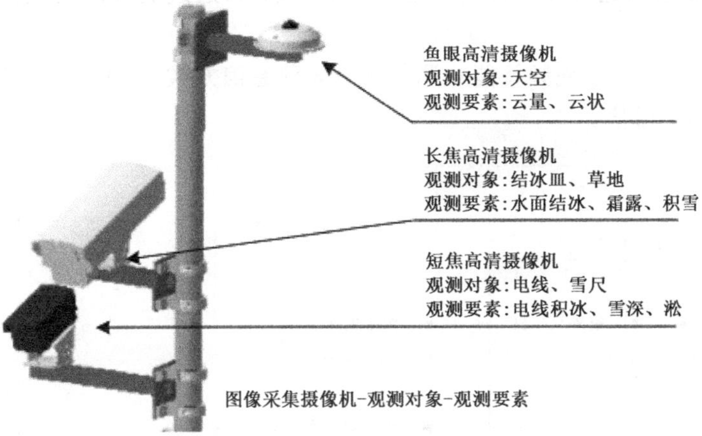

图 3.7.2　摄像机对应观测要素与对象示意图

鱼眼高清摄像机:可水平 180°观测,使用时垂直向上安装,用于观测总云量与云状。

长焦高清摄像机:使用时对准结冰皿与草地,用于观测水面结冰、霜、露、积雪。

短焦高清摄像机:使用时对准雪尺与电线,用于观测雪深、雨凇、雾凇。

(2)图像处理单元

图像处理单元由控制处理器和存储单元组成,控制处理器是由 CPU、GPU、内存等组成的嵌入式 AI 计算机,控制处理器内置了嵌入式识别软件和控制管理软件,用于天气现象(或气象要素)的自动观测识别和设备控制管理,负责处理采集的视频和图片等信息,进行数据质量控制、数据运算处理和记录存储。

集图像采集、算法运算和业务逻辑软件为一体的主控制器,如图 3.7.3 所示,是以具备 AI 算力嵌入式主板为核心的边缘计算设备,可根据需求进行外围硬件配置以及软件配置,可用于多种图像识别场景,例如,雪深、云、天气现象等观测。

图 3.7.3　HY-MC1A 主控制器实物

(3)通信单元

通信单元是主要完成数据发送、接收以及通信方式转换等功能的部件，采用 RS232 串口通信和光纤通信。识别结果通过 RS232 串口通信线经过综合集成硬件控制器与 ISOS 软件连接，视频和图片数据采用光纤通信传输到室内通信终端，再通过业务内网上传至省级数据中心以及台站(图 3.7.4)。

HY-WP1A 型天气现象视频智能观测仪共有 3 种通信方式，分别为串口通信、光纤—网线通信、可扩展无线 4G 通信。

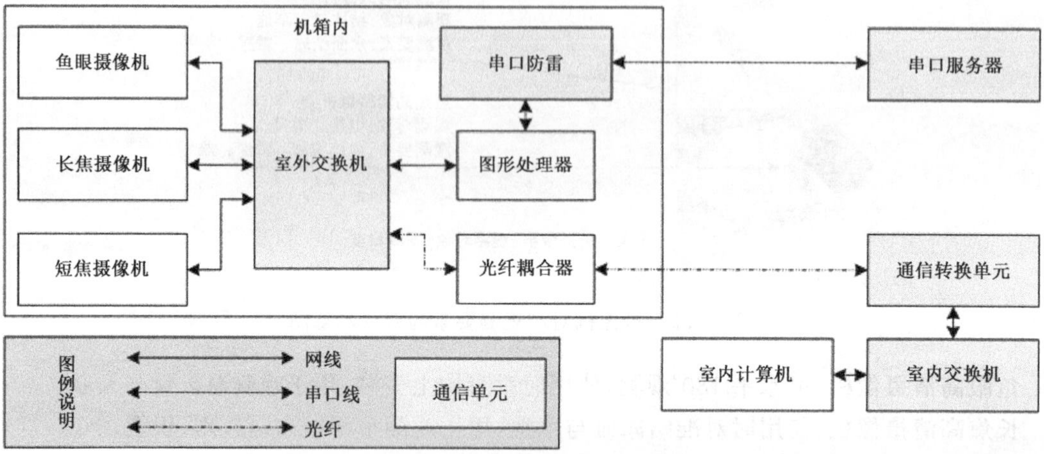

图 3.7.4　通信流程示意图

①交换机

交换机用于接收摄像机组输出的多路 RJ45 网线信号，并将其汇集送入 HY-MC1A 主控制器。主控制器处理后生成的信息也通过网线传回交换机，由交换机将其通过光纤链路最终传输至上位机(图 3.7.5)。

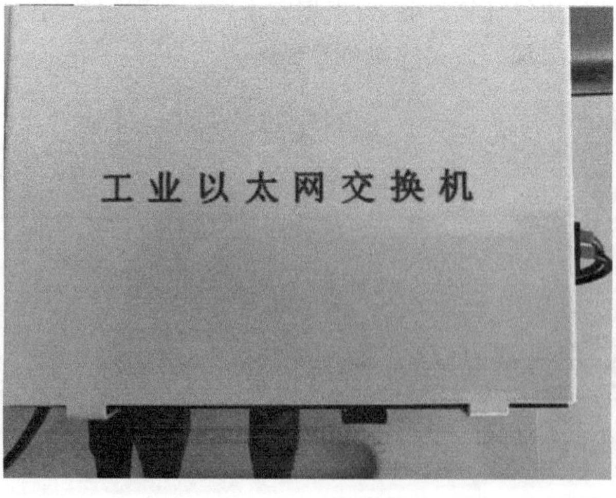

图 3.7.5　交换机实物图

②串口通信方式及其通信设备

根据业务要求，新型自动气象站通信方式都采用直连接入综合集成硬件控制器(又称串口服务器)的方式。这种方式的优点在于，可直接在不对自动站进行任何变动的情况下，将新增的智能传感器或智能仪器设备接入串口服务器的空闲接口，从而实现扩展采集。

传输内容：数据字典字符串(包含图像识别结果、观测仪的状态信息)。

传输方式：RS232。

通信参数："9600，N，8，1"。

③光纤通信方式及其通信设备

通过主控制器的 RJ45 接口经机箱内工业网络交换机的光纤接口，通过观测场的备用光纤传输至观测室，连接室内光电转换模块，连接至室内交换机与上位机通信。传输内容主要包括图像识别结果、图片信息和短视频信息。

HY-WP1A 通信转换单元的主要工作设备是一个光纤转网线的交换机，它的作用是将室外长光纤信号引入进来，并将其转换为 RJ45 网线信号输出。从通信转换单元输出的网线再接入使用单位原有的交换机中，最终由网线送到目的计算机作为上位机进行通信(图 3.7.6)。

图 3.7.6 室内通信转换单元实物图

(4)供电单元

供电单元如图 3.7.7 所示，主要由以下几部分构成：电源控制器、交流防雷器、空气开关及保险管组成，辅以必要的接线端子等附件。

①电源控制器

用于将交流输入转换为直流输出。直流 12 V 开关电源用于为主控制器、工业交换机、短焦高清摄像机提供工作电压。直流 24 V 开关电源用于鱼眼高清摄像机和长焦高清摄像机提供工作电压。

②交流防雷器

HY-WP1A 型天气现象视频智能观测仪采用的交流防雷器适用于交流 50 Hz、额定电压 230 V 的配电控制系统，满足 SPDⅡ级试验。其用于抑制瞬态过压低于设备耐受冲击电压，泄放电涌能量，从而保护系统电路及设备。

③空气开关

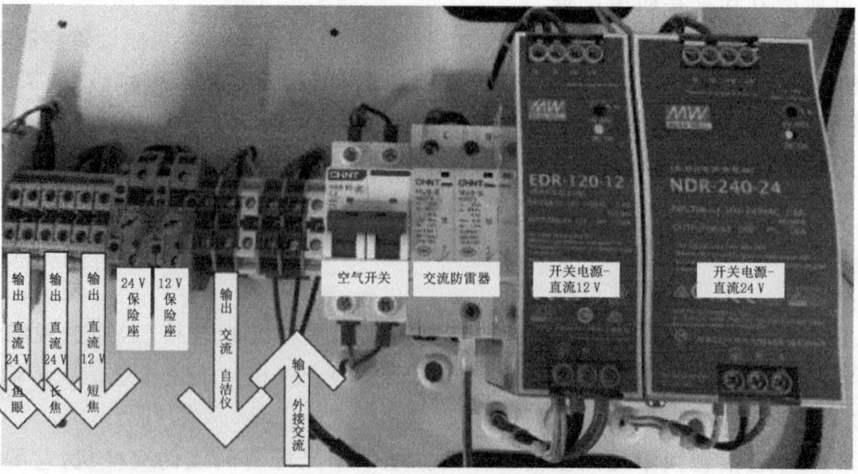

图 3.7.7　供电单元示意图

空气开关为交流输入的开关，控制交流供电的通断。HY-WP1A 型天气现象视频智能观测仪完全使用交流供电，若断开空气开关，将切断整站所有电源，全套设备将停止工作。

④保险管

本系统中有 24 V 与 12 V 两路电源，它们所配备的保险管规格是有区别的，分别为 10 A 和 5 A，更换时需要注意其对应的安装位置，如图 3.7.8 所示。

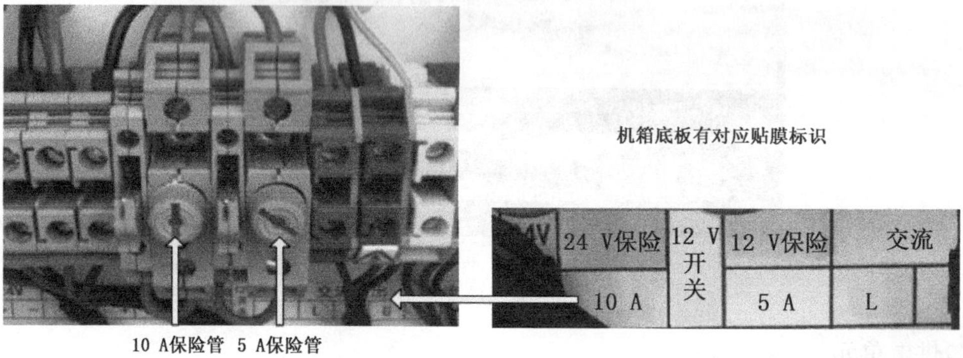

图 3.7.8　保险管规格与位置

(5)附件

附件包括防雷单元、自洁仪(选配)、立杆、安装基础预埋件以及观测识别所必须的辅助观测目标物等。

3.7.6　实习实训内容与步骤

1. 熟悉 HY-WP1A 型天气现象视频智能观测仪的组成结构。

2. 硬件安装

HY-WP1A 型天气现象视频智能观测仪在观测场中的具体布设位置要求，可参考附录 I 所示。

(1)检查摄像机与横臂的安装是否规范

将 3 个摄像机分别安装到对应横臂上,鱼眼高清摄像机的横臂带托盘,长焦高清摄像机使用小横臂,短焦高清摄像机使用大横臂。

注:鱼眼高清摄像机安装时指北标志对北。

将 3 个横臂安装到立杆上,安装时注意方向,并对准相应的走线孔。所有摄像机安装完成后,需要撕掉镜头上的覆膜。

(2)接入网线、电源线等

将相机的网线、电源线接入机箱指定位置,将光纤正确接入,如图 3.7.9、图 3.7.10 所示。

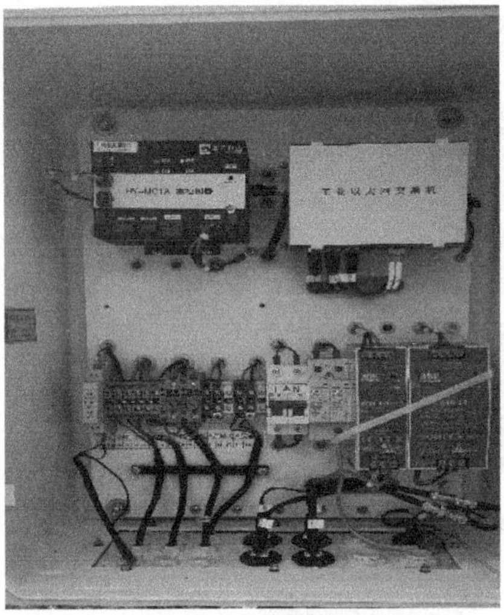

图 3.7.9　HY-WP1A 机箱内部接线

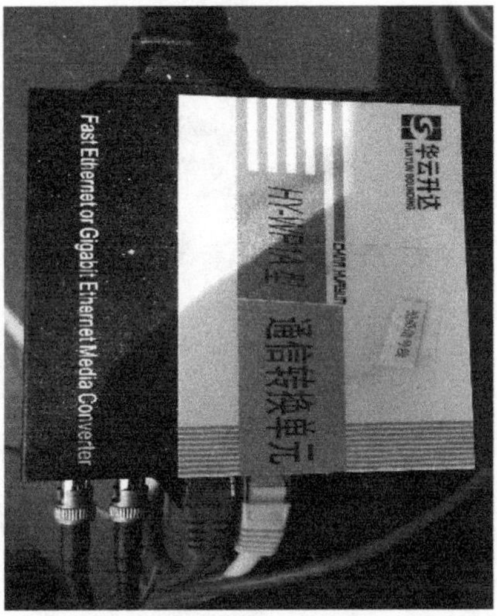

图 3.7.10　室内通信转换单元接线

(3)组装目标物

目标物及其观测要素的安装可参考图 3.7.11 所示。

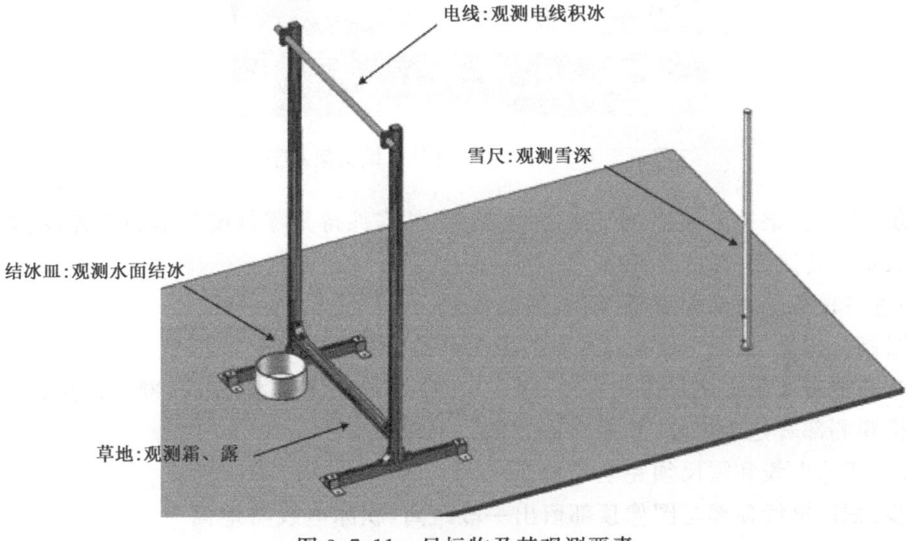

图 3.7.11　目标物及其观测要素

第 1 步：将电线积冰支架组装好（图 3.7.12），并用水平尺确认电线积冰支架水平（图 3.7.13）。

图 3.7.12 组装好的电线支架

图 3.7.13 用水平尺确认电线支架水平

第 2 步：雪尺支架插入土壤，雪尺拧在支架上，并需保持其零刻度与地面平齐，注意确保零刻度不被杂草等物遮挡（图 3.7.14）。

（4）检查各设备是否部署规范，调节各设备。

①鱼眼高清摄像机（图 3.7.15）观测对象为天空，主要观测云量、云状。

②短焦高清摄像机观测对象为电线、雪尺，主要观测电线积冰、雪深、凇。请检查核实短焦高清摄像机观测部署是否规范，并在空格处填写正确答案。

第 1 步：积冰电线和雪尺须完全可见。

第 2 步：积冰电线顶部与图像顶部留出一段距离，积冰电线与地面________________，并尽

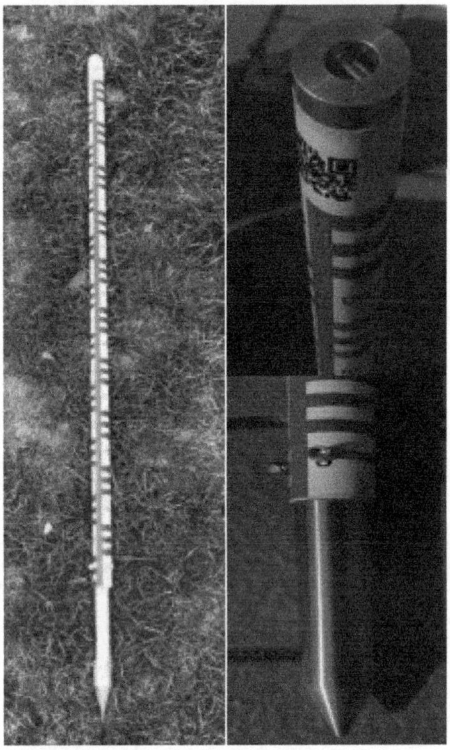

图 3.7.14　雪尺与其配套支架

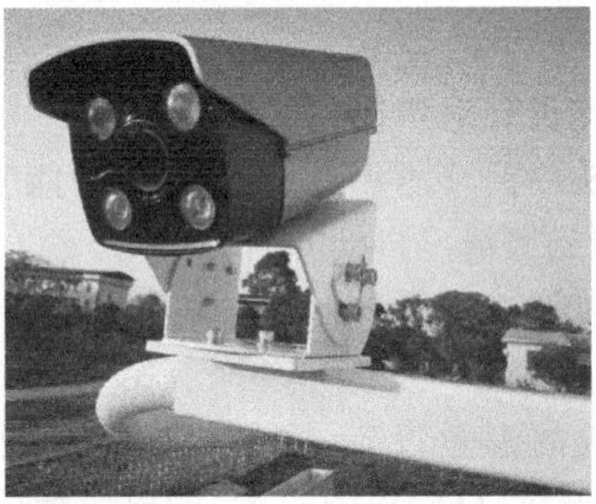

图 3.7.15　短焦高清摄像机

可能保持平直。

参考答案：水平。

第 3 步：积冰电线底部与雪尺顶部留出一段距离，防止结冰遮挡雪尺刻度。

第 4 步：雪尺必须________________于地面。验收时要求倾斜角度小于__________度($\tan\theta<0.05$)。

参考答案：垂直；3。

第 5 步：雪尺零刻度与图像底部留出一小段距离。

第 6 步：雪尺刻度(0～100 cm)须占图片高度的________(填百分比)以上。

注：目测占到 60％左右即可。

参考答案：50%。

第 7 步：不能遮挡雪尺刻度（尤其须注意杂草遮住低刻度）。

第 8 步：雪尺红色中轴线要求居中（中轴线左右两边刻度宽度大致相同），上方二维码应正对摄像机镜头。

第 9 步：图片背景中不要出现________色和________色物体。

参考答案：蓝；红。

第 10 步：积冰电线下方不要出现（水平方向）较长的_______色物体。

参考答案：白。

第 11 步：图像必须清晰，不能出现对焦模糊的情况。

第 12 步：补光灯应根据环境光照情况自动开启和关闭。

第 13 步：采用白光补光，须同时打开近光灯和远光灯。

注：远光灯调至最强（10），近光灯调至较强（8）。

3）长焦高清摄像机观测对象为结冰皿、草地，主要观测水面结冰、霜露、积雪。请检查核实长焦高清摄像机观测部署是否规范，并在空格处填写正确答案。

第 1 步：霜露的目标物是_____，镜头应尽量对准草较_______（多/少）的位置，优先选择叶片较_____________（宽/窄）的草作为观测对象。

参考答案：草；多；宽。

第 2 步：站在观测场北边，可以看到，结冰皿须放置于结冰架的_______（左下/右下）角，在图像中须完全可见。

参考答案：左下。

第 3 步：尽量拉近图像（提升焦距），使结冰皿占据图像左半部分大部分面积、图像右半部分有较多的草。

第 4 步：图像必须清晰，不能出现对焦模糊的情况。

第 5 步：镜头调好后，对镜头中的草洒水，确保在图像中能明显看出草上的水珠。

第 6 步：补光灯应根据环境光照情况自动开启和关闭。

第 7 步：采用白光补光，亮度调至中值（5）。

3. 参数设置

参数设置主要包括：摄像机的参数设置，主控内置软件设置，ISOS 业务软件与“SMO-PORT”参数设置。短焦高清摄像机（HY-WP1A 型）的出厂默认参数如表 3.7.1 所示。

参数设置调试浏览器推荐使用：谷歌浏览器、IE 浏览器、360 浏览器极速模式。

表 3.7.1 短焦高清摄像机（HY-WP1A 型）出厂默认参数

设备名称	默认 IP 地址	默认端口	初始用户名	初始密码	建议设置密码	工作电压
鱼眼高清摄像机	192.168.1.64	无	admin	按提示激活	Admin123	24 V 直流
上长焦高清摄像机	192.168.1.64	无	admin	按提示激活	Admin123	24 V 直流
下短焦高清摄像机	192.168.1.64	无	admin	按提示激活	Admin123	12 V 直流
主控制器	192.168.1.100	8080	无	123456	不修改	12 V 直流

(1)摄像机的参数设置

①鱼眼高清摄像机参数设置

第 1 步:连接摄像机。

高清摄像机上电后,将高清摄像机的 RJ45 网线与计算机连接。

第 2 步:修改计算机 IP 地址。

将计算机本地连接 IP 地址修改为与调试设备同网段的任意空闲 IP,方能实现二者通信。

第 3 步:设置摄像机用户名、密码。

高清摄像机的默认 IP 地址都为 192.168.1.64,使用计算机谷歌浏览器在地址栏输入 192.168.1.64,即可访问摄像机(首次访问需允许访问该网页)。

默认用户名 admin,首次登录激活时需要统一设置密码为 Admin123,即可登录摄像机。

第 4 步:开启 ONVIF 协议。

在图像网页界面,依次点击配置—网络—高级配置,进入集成协议界面,在此界面勾选启用 ONVIF。在用户列表中选择添加,依次设置用户名、密码及用户类型(勾选管理员)。添加的用户名和密码需与摄像机本身的用户名和密码一致。

用户名:admin,密码:Admin123。

注:①不勾选此项会导致摄像机拍摄不到画面。②完成设置后要点击"保存"按钮。

第 5 步:设置时间。

在图像网页界面,依次点击配置—系统设置,进入时间配置界面,勾选手动校时,设置时间,勾选与计算机时间同步。

第 6 步:启用加热。

第 7 步:鱼眼高清摄像机码流。

第 8 步:设置摄像机 IP 地址(必须最后操作)。

在图像网页界面,依次点击配置—网络,可以进入 TCP/IP 配置界面,在此界面可按用户实际网络环境需要将摄像机 IP 地址修改为指定网段地址,修改后请点击"保存"。IP 地址、子网掩码、网关、DNS 按照当地气象局分配的参数进行设置,IP 地址记录到建站信息表。

注:修改 IP 地址的操作必须在以上操作完成后再进行。因为更改 IP 后,摄像机与调试计算机不再是同网段,无法进行通信,若想再建立连接,必须将计算机本地 IP 设置为分配 IP 网段中的空闲 IP,方能再次通信。综上所述,为避免重复操作,请调整完所有参数后再更改摄像机 IP。

②长焦高清摄像机参数设置

第 1 步:连接摄像机。

高清摄像机上电后,将高清摄像机的 RJ45 网线与计算机连接。

第 2 步:修改计算机 IP 地址。

将计算机本地连接 IP 地址修改为与调试设备同网段的任意空闲 IP,方能实现二者通信。

第 3 步:设置摄像机用户名、密码。

高清摄像机的默认 IP 地址都为 192.168.1.64,使用计算机谷歌浏览器在地址栏输入 192.168.1.64,即可访问摄像机(首次访问需允许访问该网页)。

默认用户名为 admin,首次登录激活时需要统一设置密码为 Admin123,即可登录摄像机。

第 4 步:开启 ONVIF 协议。

在图像网页界面，依次点击配置一网络一高级配置，进入集成协议界面，在此界面勾选启用 ONVIF。在用户列表中选择添加，依次设置用户名、密码及用户类型(勾选管理员)。添加的用户名和密码需与摄像机本身的用户名和密码一致。

用户名：admin，密码：Admin123。

注：不勾选此项会导致摄像机拍摄不到画面。

第 5 步：完成设置后要点击“保存”按钮。

第 6 步：设置时间。

在图像网页界面，依次点击配置一系统设置，进入时间配置界面，勾选手动校时，设置时间，勾选与计算机时间同步。

第 7 步：调节焦距。

长焦高清摄像机焦距需手动机械调节，方法为打开摄像机上盖，旋转起内部两个调焦旋钮，配合观测画面，进行调节。

第 8 步：设置长焦高清摄像机码流。

第 9 步：设置摄像机 IP 地址(必须最后操作)。

在图像网页界面，依次点击配置一网络，可以进入 TCP/IP 配置界面，在此界面可按用户实际网络环境需要将摄像机 IP 地址修改为指定网段地址，修改后请点击“保存”。

IP 地址、子网掩码、网关、DNS 按照当地气象局分配的参数进行设置，IP 地址记录到建站信息表。

注：修改 IP 地址的操作必须在以上操作完成后再进行。因为更改 IP 后，摄像机与调试计算机不再是同网段，无法进行通信，若想再建立连接，必须将计算机本地 IP 设置为分高清摄像机上电后，将高清摄像机的 RJ45 网线与计算机连接。配 IP 网段中的空闲 IP，方能再次通信。综上，为避免重复操作，请调整完所有参数后，再更改摄像机 IP。

③短焦高清摄像机参数设置

第 1 步：连接摄像机。

高清摄像机上电后，将高清摄像机的 RJ45 网线与计算机连接。

第 2 步：修改计算机 IP 地址。

将计算机本地连接 IP 地址修改为与调试设备同网段的任意空闲 IP，方能实现二者通信。

第 3 步：设置摄像机用户名、密码。

高清摄像机的默认 IP 地址都为 192.168.1.64，使用计算机谷歌浏览器在地址栏输入 192.168.1.64，即可访问摄像机(首次访问需允许访问该网页)。

默认用户名 admin，首次登录激活时需要统一设置密码为 Admin123，即可登录摄像机。

第 4 步：开启 ONVIF 协议。

在图像网页界面，依次点击配置一网络一高级配置，进入集成协议界面，在此界面勾选启用 ONVIF。在用户列表中选择添加，依次设置用户名、密码及用户类型(勾选管理员)。添加的用户名和密码需与摄像机本身的用户名和密码一致。

用户名：admin，密码：Admin123。

注：①不勾选此项会导致摄像机拍摄不到画面。②完成设置后要点击“保存”按钮。

第 5 步：设置时间。

在图像网页界面，依次点击配置一系统设置，进入时间配置界面，勾选手动校时，设置时间，勾选与计算机时间同步。

第 6 步：调节焦距。

短焦高清摄像机焦距通过网页调节，方法同其他设置一样，通过浏览器访问摄像机 IP 地址，点击“预览”，配合画面，在页面中进行调节。

第 7 步：短焦高清摄像机码流。

第 8 步：设置摄像机 IP 地址(必须最后操作)。

在图像网页界面，依次点击配置一网络，可以进入 TCP/IP 配置界面，在此界面可按用户实际网络环境需要将摄像机 IP 地址修改为指定网段地址，修改后请点击“保存”。

IP 地址、子网掩码、网关、DNS 按照当地气象局分配的参数进行设置，IP 地址记录到建站信息表。

注：修改 IP 地址的操作必须在以上操作完成后再进行。因为更改 IP 后，摄像机与调试计算机不再是同网段，无法进行通信，若想再建立连接，必须将计算机本地 IP 设置为分配 IP 网段中的空闲 IP，方能再次通信。综上，为避免重复操作，请调整完所有参数后，再更改摄像机 IP。

(2)主控内置软件设置

控制管理软件实现包括初始化、参数设置、运行状态信息、数据存储、数据传输、远程升级和时钟同步等功能。

如图 3.7.16 所示，进入主控软件登录界面，登录页面地址：http://192.168.1.100:8080。密码：123456。

注：页面地址中的标点符号必须是半角(英文)状态。

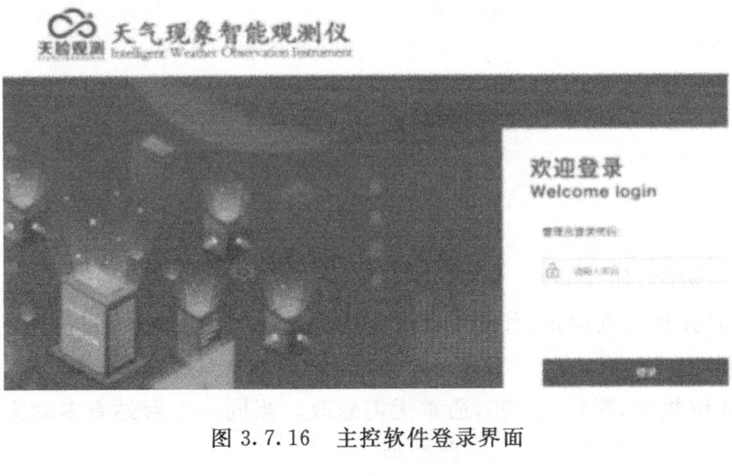

图 3.7.16　主控软件登录界面

①设备管理菜单

在摄像机端设置好参数后，还需要在主控软件中将摄像机 IP 地址也同时改为与摄像机保持一致的 IP 地址。

如图 3.7.17 所示，进入菜单“设备管理”，进行编辑。

输入对应摄像机的用户名、密码以及 IP，点击确定。

如需添加镜头参数，点击新增。当前设备支持新增设备，无法获取状态，不建议增加，默认 3 个支持 ONVIF 协议的海康摄像机。

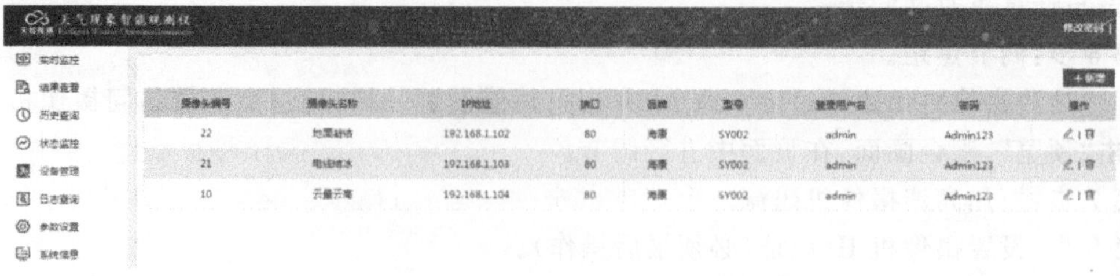

图 3.7.17　主控软件镜头参数配置

②参数设置菜单

点击参数设置，该版块包括：手动校时、站点信息设置、自洁仪参数设置、上位机信息设置、摄像机参数设置、FTP 设置、主控参数设置、重启。

注：主控参数设置（必须最后修改主控 IP）。修改 IP 地址的操作必须在以上操作完成后再进行。因为更改 IP 后，主控与调试计算机不再是同网段，无法进行通信，若想再建立连接，必须将计算机本地 IP 设置为分配 IP 网段中的空闲 IP，方能再次通信。综上，为避免重复操作，请调整完所有参数后，再更改主控制器 IP。

手动校时：

进行手动校时界面，点击“设置”即可，保证运行浏览器所在电脑时间正确（图 3.7.18）。

图 3.7.18　手动校时

站点信息设置：

区站号为 5 位数字，如 58000。

经纬度按照时分秒规则设定，如 102°45′20″，30°34′12″，经纬度单位符号“°”“′”“″”用智能拼音输入法可打出。

设备 ID 为 3 位数字，默认为 000，通常无需修改。当同一个台站有多套天脸设备，则从第二套起，需依次设置为 001、002、003，以此类推。

高度为海拔高度，按实际高度设定。

自洁仪参数设置（选配）：

此参数在选配有自洁仪硬件时才需要设置。

自洁仪频率，默认为 0（单位是分钟），按需修改，推荐设置为 10。

自洁仪模式，默认为 1，无需修改。

上位机信息设置（图 3.7.19）：

上位机 IP 为 ISOS 服务器主机 IP 地址。

实况 IP 为 ISOS 服务器主机 IP 地址。

实况端口:8082,无需修改。升级端口:8086,无需修改。

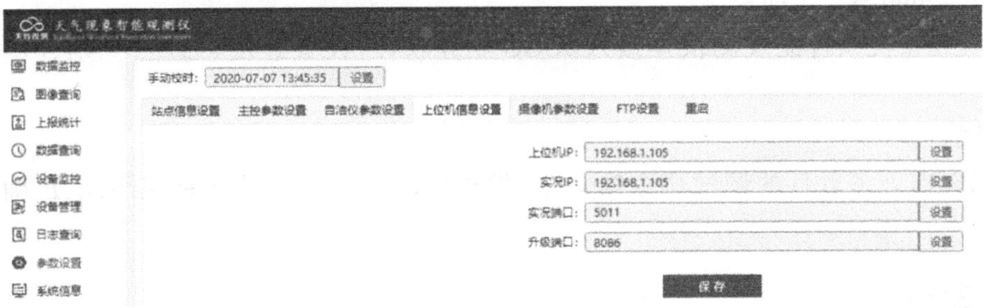

图 3.7.19　上位机信息设置

摄像机参数设置:

此处摄像机补光均选择“OFF”,在摄像机手动设置补光时间。

FTP 设置:

FTP 设置,根据实际省气象局分配信息进行逐一设置 。

· 修改 FTP 服务器参数(IP 地址、文件目录、端口、用户名、密码、上传频次),每修改完一项需点击设置,弹出设置成功,即为配置成功。

· 图片及视频采集频次,按需设置,修改完点击设置,弹出设置成功,即为配置成功。

主控参数设置(必须最后修改主控 IP):

图像采集频率,按省气象局要求设定,推荐设置为 1 min。视频采集频率,按省气象局要求设定,推荐设置为 10 min。串口号无需更改。波特率默认 9600,采用默认即可。判识接口无需手动更改。其中的 IP 地址为主控制器 IP,当主控制器 IP 参数变更后,判识接口中的 IP 内容会自动与之同步,其余内容保持不变。主控制器 IP、主控制器子网掩码、主控制器网关,根据实际分配 IP 设置。

软重启保存参数:

所有参数设置完成后,必须点击页面“重启”按钮进行软重启,方能使所设参数保存起效。

③实时监控菜单

所有安装与设置工作至此已全部完成,这时需要进入“数据监控”确认系统运行状态是否正常。

首先将调试计算机本地 IP 设置为设备分配 IP 的同网段中的空闲 IP,或者登录原本就在该网段内的计算机。通过计算机浏览器访问主控 IP 地址,在“参数设置”—“主控参数设置”页面,将“图像采集频率”和“视频采集频率”改为 1 min,以便能尽快查看到实际运行状态。系统启动后大概 1 min,点击“ 数据监控”选项查看,所有状态与实际相符,代表状态正确。等待 2 min 后,点击结果查看,确认 3 个摄像机是否都有图像生成,验证观测目标图片是否正常。确认所有状态均正常后,将“图像采集频率”和“视频采集频率”改为省气象局要求的数值(如图像采集频率为 1 min,视频采集频率为 10 min)。如果忘了恢复采集频率,会导致生成与上传数据过多,挤占省气象局的服务器空间。

④其他功能

历史查询、状态监控、数据查询、日志查询、系统信息。

(3)SMOPORT 与 ISOS 参数设置

打开 SMOPORT 软件，将天气现象视频智能观测仪挂接的 Port 口对应端口设置为 RS232 方式，9600 N 8 1 即可。

将天气现象视频智能观测仪挂接入 ISOS 业务软件，设置经度、纬度、日期、时间等必要参数。

4. 调试

打开 ISOS 业务软件的调试命令窗口中，发送“READDATA”命令，返回值正确，则调试完成。

3.7.7 日常维护

台站按下述要求开展天气现象视频智能观测仪的日常巡视、维护工作。

1. 每周检查摄像机镜头的遮挡和污染情况，若有遮挡或污染应及时清理。应在日出前或日落后进行清理。清洁摄像机镜头时，护罩式镜头可用柔软不起毛的棉布或脱脂棉沾无水乙醇直接擦拭镜头玻璃，鱼眼镜头可先用清水冲洗表面浮尘与沙粒，再用柔软不起毛的棉布或脱脂棉沾无水乙醇擦拭镜头，注意不要划伤玻璃表面，勿用其他物品清洁。可根据设备附近环境的情况，延长或缩短维护的时间间隔(遇沙尘、降雪等影响观测时，应及时清洁)。

2. 每月定期检查摄像机的水平、方位和倾角，检查立柱是否稳固，检查辅助观测目标物是否稳固，发现问题及时纠正，避免振动等对摄像机拍摄产生的不良影响。

3. 每月检查地面集中观测区自然下垫面及露、霜目标物草地状况，保持平整良好。

4. 每月检查供电设施，保证供电安全。

5. 每年春季对防雷设施进行全面检查，复测接地电阻。

6. 结冰容器应尽可能使用代表当地自然水体(江、河、湖)的水，器内水量不足时需及时添加；专用量雪尺应保持竖直，刻度零线与地面集中观测区自然下垫面齐平。

7. 结冰容器、专用雪深尺、电线积冰支架上的观测导线等非结冰期时应收回室内妥善保管，结冰期开始前按照要求及时布设安装。

8. 定期更换设备易损件，尤其是在自然条件较为恶劣的地区；如果损坏或腐蚀应及时进行处理、更换。

9. 当设备故障时，应及时进行维护或维修。

3.7.8 注意事项

1. 设备上电前，请务必注意正负极顺序，以免造成不必要的损失，甚至严重的人员伤亡。

2. 主控内置软件参数设置，必须最后修改主控 IP。

3.7.9 课堂小结

1. 天气现象视频智能观测仪的结构较为复杂，其安装与部署需要一定的网络设置知识或技巧。

2. 天气现象视频智能观测仪的参数设置较多，需要耐心操作。

3. 理解并掌握天气现象视频智能观测仪的日常维护。

3.8　故障排除

3.8.1　预习内容

《新型自动气象站维修规范(试行)》(气测函〔2015〕165 号)。

3.8.2　学时

2～4 学时。

3.8.3　目的要求

了解新型自动气象站故障排查、维修的基本方法和思路。

3.8.4　设备与工具

1. 成套新型自动气象站。
2. 数字万用表。
3. 与实习实训所用的设备相成套的各类工具 1 套。
4. 串口调试线缆等(若需要)。
5. 线缆焊接、制作相关工具(若需要)。

3.8.5　原理与说明

1. 故障发现和分类

新型自动气象站发生故障后,应按照《气象观测装备维修业务管理办法(试行)》的要求和流程,积极开展维修工作。

根据故障现象,新型自动气象站故障主要分以下三类:全部要素异常、错误或缺测;分采集器采集的观测要素异常、错误或缺测;基本观测要素异常、错误或缺测。

2. 全部要素异常、错误或缺测

指新型自动气象站的全部观测要素异常、错误或缺测,其处理流程如图 3.8.1a 所示。其中:

(1)业务软件主要检查软件是否退出、卡死,参数是否正常。

(2)业务计算机主要检查计算机是否死机,RS232 通信串口是否损坏,或计算机是否故障。

(3)主采集器主要检查其供电(包括市电、防雷模块、电源转换模块、空气开关、保险管、蓄电池等)是否正常,或主采集器是否故障。

(4)通信链路主要检查通信光纤是否断路,通信线路是否接触不良,或主采集器信号防雷板是否故障。

(5)光电转换模块主要检查其供电是否正常,或光电转换模块是否故障。

(6)综合集成硬件控制器主要检查其供电是否正常,或组成综合集成硬件控制器的某部分是否故障。

3. 气温、湿度异常、错误或缺测

一般指接入温湿度分采集器的气温、湿度等观测要素部分或全部异常、错误或缺测，其处理流程如图 3.8.1b、图 3.8.2 所示。其中，线缆主要检查线缆是否有接触不良、短路、断路。

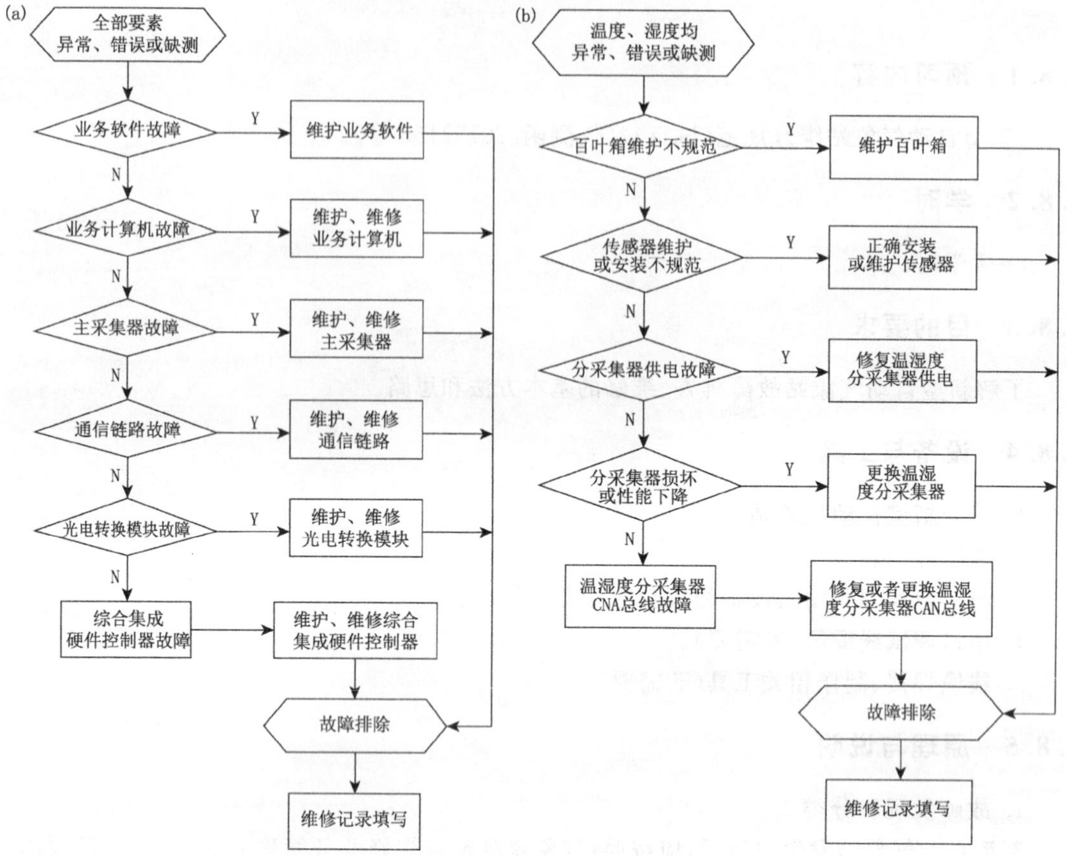

图 3.8.1　全部要素故障处理(a)和温度、湿度要素均出现异常故障的处理(b)流程

4. 地温异常、错误或缺测

一般指接入地温分采集器的草温、浅层地温、深层地温等观测要素部分或全部异常、错误或缺测，其处理流程如图 3.8.3 所示。其中，线缆主要检查线缆是否有接触不良、短路、断路。

5. 气压异常、错误或缺测

一般指接入主采集器的气压观测要素异常、错误或缺测，其处理流程如图 3.8.4a 所示。其中：线缆主要检查线缆是否有接触不良、短路、断路；传感器维护主要检查传感器器口的水平、变形。

6. 翻斗雨量异常、错误或缺测

一般指接入主采集器的翻斗雨量观测要素异常、错误或缺测，其处理流程如图 3.8.4b 所示。其中，线缆主要检查线缆是否有接触不良、短路、断路。

7. 风向、风速异常、错误或缺测

一般指接入主采集器的风向、风速等观测要素异常、错误或缺测，其处理流程如图 3.8.5、图 3.8.6a 所示。其中，线缆主要检查线缆是否有接触不良、短路、断路；传感器维护主要检查传感器的水平、指北是否正常；风横臂维护主要检查风横臂的水平、指北是否正常。

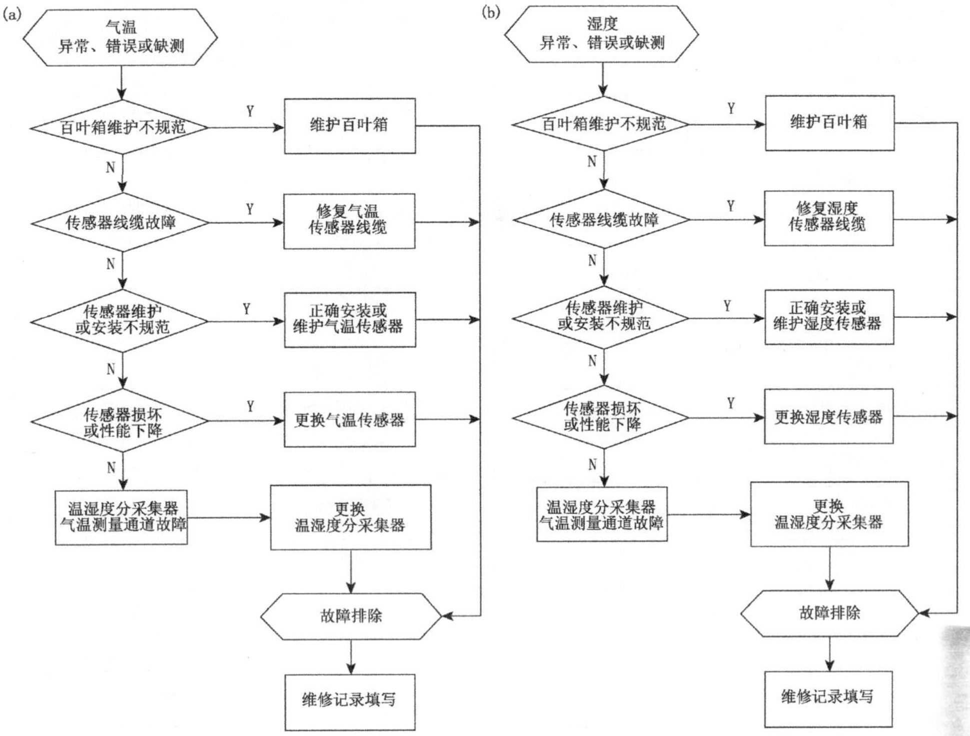

图 3.8.2　气温(a)和湿度(b)要素异常故障处理流程

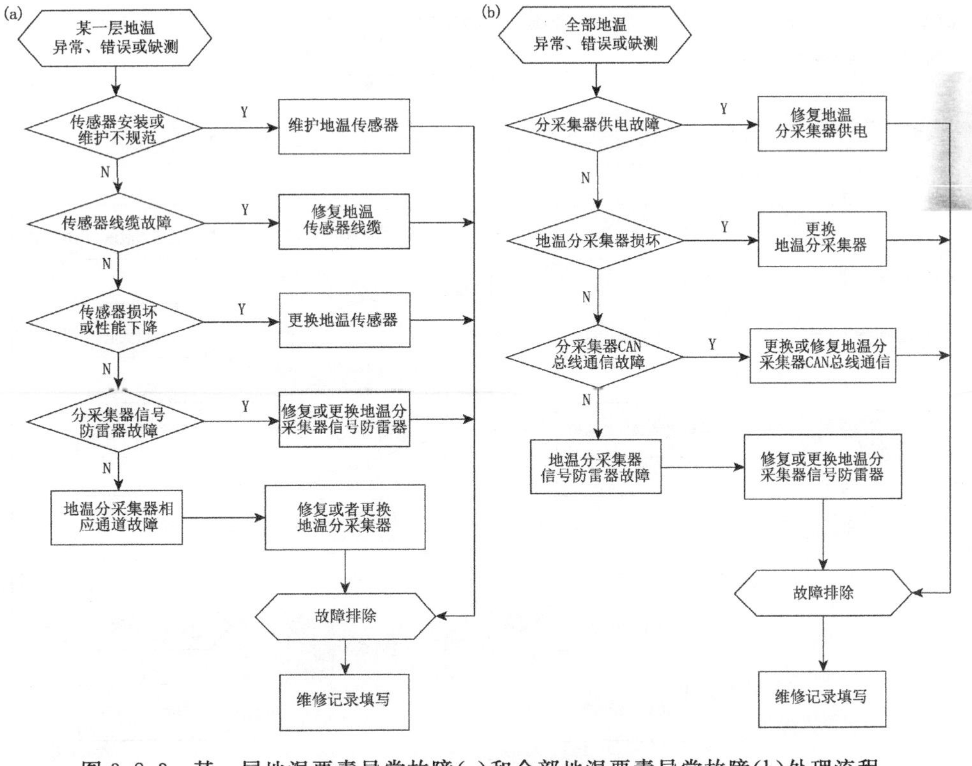

图 3.8.3　某一层地温要素异常故障(a)和全部地温要素异常故障(b)处理流程

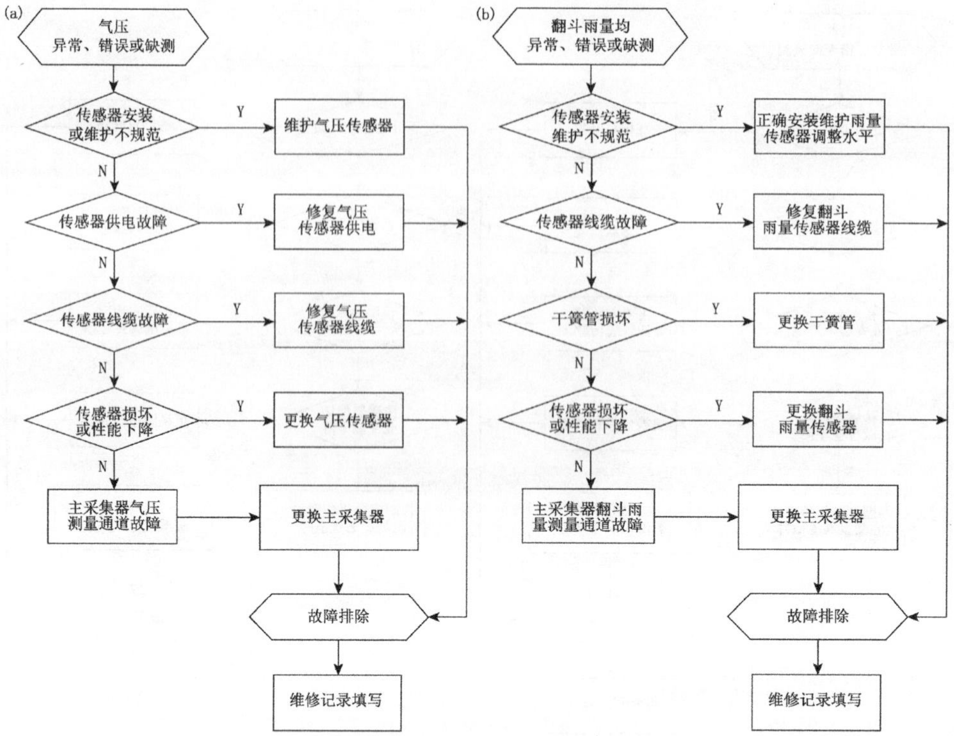

图 3.8.4 气压(a)和翻斗雨量(b)要素异常故障处理流程

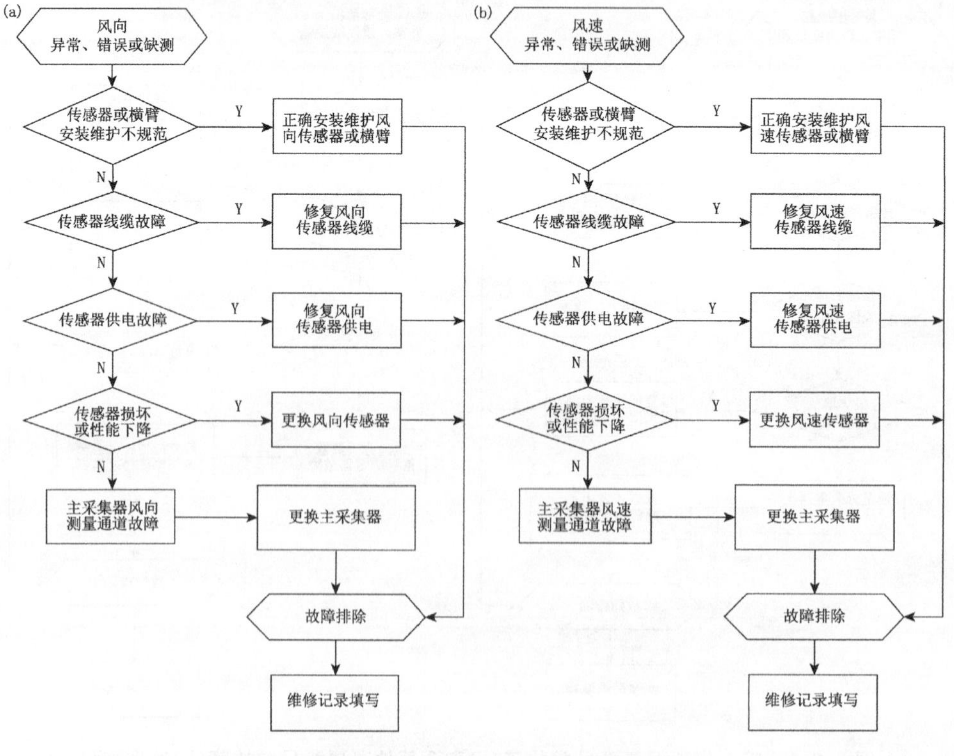

图 3.8.5 风向(a)和风速(b)要素异常故障处理流程

8. 能见度异常、错误或缺测

一般指接入主采集器的能见度观测要素异常、错误或缺测，其处理流程如图 3.8.6b 所示。其中，线缆主要检查线缆是否有接触不良、短路、断路；传感器维护主要检查传感器镜头是否清洁，采样区是否有蜘蛛网、鸟窝、灰尘、树叶等杂物。

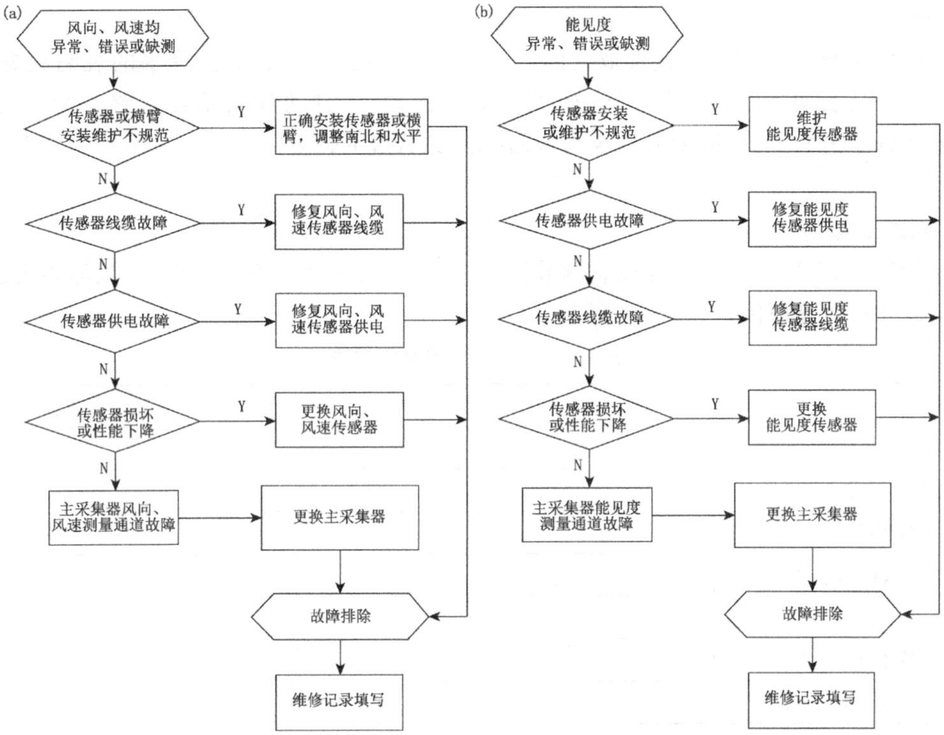

图 3.8.6　风向、风速要素异常故障(a)和能见度要素异常故障(b)处理流程

9. 其余气象要素异常故障

其余气象要素（辐射、大型蒸发等）异常故障排除流程图，以及新型自动站维修的详细业务规定请查阅《新型自动气象站维修规范（试行）》（气测函〔2015〕165 号）。

10. 故障排除

故障排除时，常用到下列工具：笔记本电脑 1 台（内含某款串口调试软件）、万用表 1 只、USB 转串口线 1 根、双孔标准通讯线 1 根、采集器测试线 1 根、大头针或回形针 1 个（用于连接万用表表笔无法触及的部位）、内六角 1 套、螺丝刀、小一字螺丝刀，如图 3.8.7 所示。

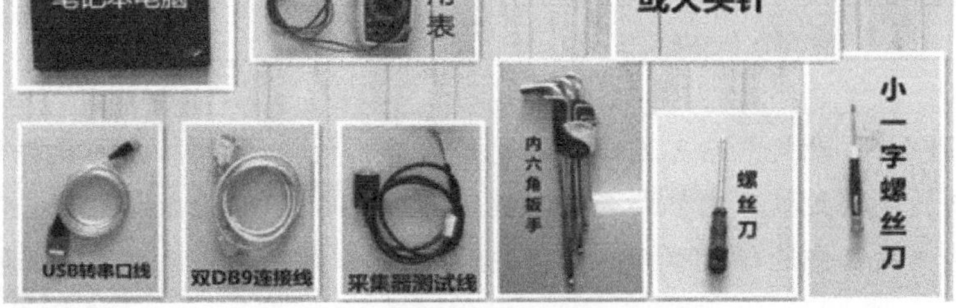

图 3.8.7　故障排除常用工具实物图

3.8.6 实习实训内容与步骤

以下场景适用于培训或业务训练场景等，由指导老师提前设置1～2处故障，学员(或选手)们则依次序对故障进行排查。

1. 查找故障

由ISOS数据显示窗口直接读取气温、相对湿度、气压、风向、风速、降水的观测数据，并填写入表3.8.1。此外，也可通过ISOS软件的串口终端，向自动气象站发生终端命令DMGD(对数字字典输出方式、数据读取指令为READDATA)，下载分钟常规观测数据来读取各观测数值。

2. 判断故障

依据表3.8.1填写的分钟常规观测数据，根据自动气象站的响应情况，对故障表现进行记录，并初步分析故障原因。

表3.8.1 各气象要素读取值

要　素	练习1数值	练习2数值
气温(℃)		
相对湿度(%)		
气压(hPa)		
风向(°)		
风速(m/s)		
降水(mm)		
其他1		
其他2		
其他3		

注：表格中未包含的元素，若有问题，可填写到表中第一列的其他项。

故障表现：

(1)______________________________。

(2)______________________________。

(3)______________________________。

(4)______________________________。

造成故障的可能原因：

(1)______________________________。

(2)______________________________。

(3)______________________________。

(4)______________________________。

注：若通过指令，自动气象站可返回正确完整的观测数据，则故障应为软件故障(包括参数设置等)；若返回的观测数据不完整或者某些数据与实际不符，则为数据故障，可对发生数据故障相对应要素的观测器件进行故障排查修复；若自动气象站对指令无响应，则通常为通信故障或者电源故障。

3. 排除故障

参照前文实习实训中所涉及的测量方法和步骤，尝试确认故障原因，并排除故障。故障排查过程中，应注意插拔供电安全；在插拔各器件时，先断电。

4. 填写故障维修单

故障排除之后，依照表 3.8.2 填写故障维修单。

将相关故障信息依次填写入表 3.8.2(或表 3.8.3)中。

表 3.8.2　故障维修单(练习 1)

站名		站号	
故障开始时间		故障结束时间	
维修开始时间		设备型号	
故障现象			
故障部位			
维修过程和方法			
备件更换明细			
备注			
维修人员		联系电话	

表 3.8.3 故障维修单(练习 2)

站名		站号	
故障开始时间		故障结束时间	
维修开始时间		设备型号	
故障现象			
故障部位			
维修过程和方法			
备件更换明细			
备注			
维修人员		联系电话	

3.8.7 注意事项

1. 故障诊断时，首先需要采取措施对故障进行初步的判断划分，判断是软件故障还是硬件故障。

2. 安全原则。需要插拔电源时，请牢记：采集器、后备电源、微机、UPS、打印机都与市电AC220 V 相接，插拔电源插头时，应注意安全。

3. 逻辑原则。要进行充分的分析，列出造成故障的可能原因，找出最符合逻辑，即最符合电路原理和信号流程的故障原因，从而判别故障部位。此外，在实际工作中，由于分采集器盒（温湿度、地温等）一般不会损坏，所以尽量不要先打开。在排查故障时，建议先通过测量防雷板（DZZ5 等）通道和接线盒（温湿度、风）等更易测试的部位来排查故障。

4. 分解原则。自动气象站的组件很多，有时分析的结果可能有多个原因和多个组件产生故障，在这种情况下，可以脱开部分连接线，把自动气象站分成几个部分，缩小范围进一步检查分析。

5. 替代原则。大体上分析出故障部位后，最简单而又可信的证实就是用好的组件"替代"坏的组件，需要注意的是："替代"时，须切断电源，严禁带电操作（部分器件在带电操作时，易烧毁）。

6. 记录原则。要把自动站的故障现象、故障判别和维修过程、维修结果记录在案，这对台站积累经验非常有用。

7. 在实际工作中，由于分采集器盒（温湿度、地温等）一般不会损坏，所以尽量不要先打开。在排查故障时，建议先通过测量防雷板（DZZ5 等）通道和接线盒（温湿度、风）等更易测试的部位来排查故障；经上述判断后，若定位到温湿度分采集器盒可能产生故障时，才对其进行测量排查。

3.8.8　课堂小结

判别故障需要一些电子技术基础知识、经验和技能，有一定难度。但是，只要了解了自动气象站最基本的结构和工作原理，掌握了自动气象站故障判别的基本方法，能够做到"胆大""心细"，台站技术人员也能做到正确判别故障部位，并通过酌情更换备件来修复故障。

参考文献

中国气象局，2003. 地面气象观测规范[M]. 北京：气象出版社.

中国气象局，2020. 地面气象自动观测规范(第一版)[M]. 北京：气象出版社.

中国气象局气象探测中心，2016. 新型自动气象站实用手册[M]. 北京：气象出版社.

附录 A　新型自动气象站传感器信号模拟学习板操作

学习板概况

为了便于读者通过进行充分的基础实践操作练习，具备测量新型自动气象站所需的基本能力，设计了新型自动气象站传感器信号模拟学习板。

该学习板主要由以下 3 部分组成：第一，电路基础测量单元，包括常用元器件测量和基本电信号测量；第二，传感器信号生成单元，包括风向、风速、降水、温度、湿度和蒸发传感器信号生成；第三，外部接口单元，包括供电接口、信号输出及测量接口等。

该学习板上的各测量元件、供电电压和输出信号等均与新型自动气象站近乎完全一致。在实现方式上，采用了两种方式：一是实物模拟，即利用传感器实物来测量真实环境变化；二是信号模拟，即利用电路产生与自动气象站传感器输出相一致的信号。图 A 为该学习板 V2.0 版本的实物图。

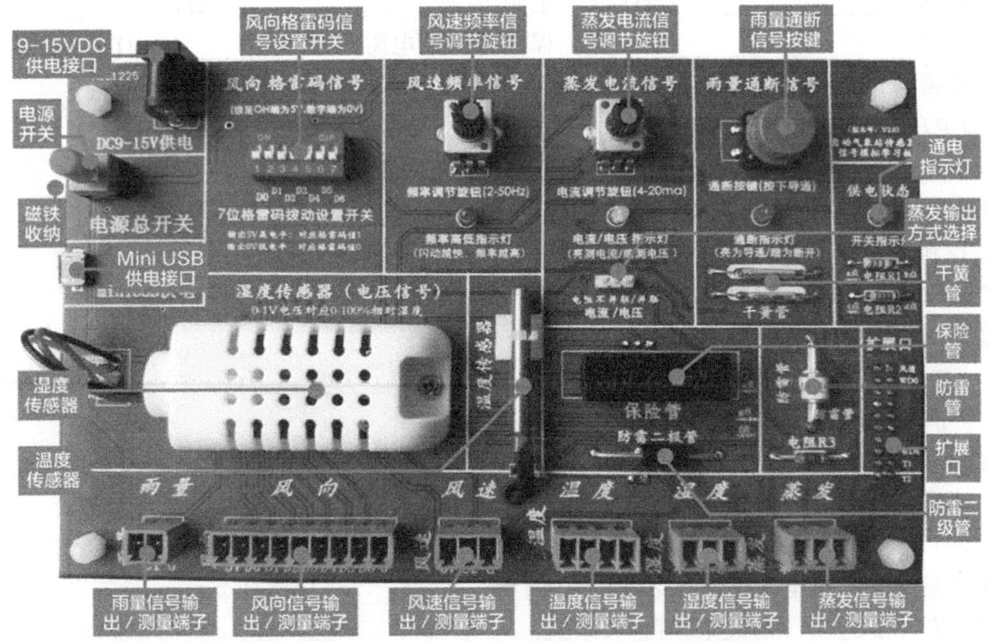

图 A　自动气象站传感器信号模拟学习板整体结构设计

实习报告 1　电子技术基础

1. 熟悉整体结构(不需通电)

对照实物图,查看新型自动气象站传感器信号模拟学习板的结构,寻找下列模块(找到的填"√",未找到"×"):

电阻 R_1,R_2(右上角)________;电阻 R_3(右下角)________;

保险管________;干簧管________;防雷二极管________;

温度传感器________;湿度传感器________;

雨量通断信号生成________;磁铁________;

风向格雷码信号生成及设置开关________;

风速频率信号生成及调节旋钮________;

蒸发信号生成及调节旋钮________;

电源开关________;电源指示灯________;电池________;电池接口________;

其他(补充填写)____________________。

2. 电阻、电压测量基本练习

(1)电阻测量(不需通电)

将万用表调至电阻合适档位,进行如下测量:

电阻 R_1=________________Ω;　电阻 R_2=________________Ω;

电阻 R_3=________________Ω;　保险管两端电阻 R=____________Ω。

参考答案:7.3k、1198、120、0。

(2)电压测量(通电)

调节万用表至直流电压的相应测量档位,进行如下测量:

①电池测量,测量电池正负极两端电压 U_1=________________V;

②找到学习板下部的接地端子(标志为 G,GND),找准其正确的测量点;

注:下文所有"端子",均指代学习板底部的相应"端子"。

③测量以下各点相对 G 端子的电压:

a 点电压 U_a=________________V;b 点电压 U_b=________________V;

5 V 供电端子电压 $U_{电}$=________________V。

注:万用表红表笔放置在待测点,黑表笔放置在 G 端子。

④测量 a,b 两点之间电压 U_2=________________V(电阻 R_1 两端电压);

比较 U_2 与 U_a,U_b 的关系,可得关系式________________。

⑤测量 a、5 V 供电端子两点之间电压 U_3=____________V;

比较 U_3 与 U_a、$U_{电}$ 的关系,可得关系式________________。

注:通过上述测量,体会万用表测量直流电压的方法;体会参考地(G)在测量直流电压时所发挥的基准参考点作用。

3. 基本元件测量(利用万用表蜂鸣档)

(1)线路通断测量(导通填“√”、不导通填“×”)(不用通电)

在学习板上不同焊盘或端子上进行如下测量练习：

电阻 R_1 两端(a、b 点)是否导通：________ ；

a 点和 5 V 供电端子是否导通：________ ；

风向端子 G 端子、风速端子 G 端之间是否导通：________ ；

风向 5 V 供电端子、风速 5 V 供电端子是否导通：________ ；

风速 G 端子、风速 5 V 供电端子是否导通：________ 。

参考答案：×、√、√、√、×。

(2)保险管测量

①保险管好坏测量(√或×)

测量保险管两端，判断保险管好坏：____________。

注：若发出蜂鸣声就说明是好的，不发声则是坏的。

②断电，取下保险管，再通电，此时电路是否通电？____________ ；

利用万用表电阻档，测量保险管的电阻 R=____________ Ω。

注：通过上述测量，理解保险管在电路中的作用。

(3)干簧管通断测量(√或×)

利用磁铁，使其掠过干簧管，同时利用万用表判断干簧管的好坏：____________ 。

注：干簧管导通瞬间，万用表测量其两端，若发出蜂鸣声说明是好的。

(4)二极管好坏测量(√或×)

防雷二极管反向电阻=________________，好坏判断：________________。

注：对正常防雷二极管来说，其正反向电阻值都很大。当其损坏时，则相当于一根导线，其电阻接近于 0 Ω。

实习报告 2　传感器模拟信号测量

1. 温度信号测量(不需通电)

在“温度”相应端子处，利用温度传感器 Pt100，进行如下测量：

(1)测量 1,3 脚(或 2,4 脚)间电阻值 R_1=____________ Ω；

测量 1 脚与 2 脚(或者 3 脚与 4 脚)之间的电阻值 R_2=________________ Ω；

R_1 减去 R_2 求得铂电阻的电阻 R=____________ Ω；

根据公式 $T \approx (R-100)/0.39$，估算出此时的温度 T=____________ ℃。

注：1～4 脚分别依次对应的端子底部编号是：*、+、-、R。

(2)用手或者呼气的方式，使 Pt100 的温度发生变化。重复以上(1)中的测量，得到一组新的数值：

R_1=________________ Ω，R_2=________________ Ω；

R=________________ Ω；T=________________ ℃。

结合体感室温，初步判断该 Pt100 传感器是否正常：____________。（√或×）

2. 湿度信号测量

利用万用表电压档，在“湿度”相应端子处，进行如下测量：

(1)湿度供电电压 U_1＝______________ V；

测量湿度输出端(＋)处电压 U_2＝______________ V；

估计此时的相对湿度 R_h＝______________。

(2)向湿度传感器呼气，测量此时湿度输出端(＋)处的电压变化：

U_2＝______________ V，并由此估计相对湿度 R_h＝______________。

3. 雨量通断信号测量

利用万用表蜂鸣档，在“雨量”相应端子处准备进行测量。

此时，按动雨量按键，观测万用表是否发出蜂鸣声：__________。（√或×）

利用磁铁掠过干簧管，使其导通，观察是否发出蜂鸣声：________。（√或×）

4. 风向测量

(1)风向传感器的供电电压 $U_{风}$＝__________ V；

(2)查阅格雷码风向对照表(附录 E)，确定当风向为 202°方位时，其对应的格雷码值应为：________________。

(3)根据上述格雷码值，将学习板上“风向格雷码信号”处的拨码开关(红色)拨至合适的档位。

注：拨码开关的“1～7”对应左下角风向端子的“D_0～D_6”；将拨码开关拨至“ON”方向即表示高电平，即格雷码的“1”，否则为低电平，对应“0”。

(4)打开万用表(直流电压档)，在风向端子找到对应的风向信号连接点，依次测量风向 D_0～D_6 的输出电压信号：

D_0＝________ V，D_1＝________ V，D_2＝________ V，

D_3＝________ V，D_4＝________ V，D_5＝________ V，D_6＝________ V；

(5)上述测量值对应的 7 位格雷码编码应为：________________。

注：高电平对应为 1，低电平对应为 0。

参考答案：1101100。

(6)查阅格雷码风向对照表(附录 E)，可知此时风向 WD ＝________。

注：通过上述测量，理解格雷码与电压高低电平之间的换算关系。

5. 风速测量

(1)风速传感器的供电电压 U_1＝________ V。

(2)(选做)利用示波器，观测“风速”端子 C2 处的风速输出信号波形。

(3)(选做)调节风速频率信号旋钮(P2)，利用示波器，观察 C2 处的风速输出信号波形变化。

6. 拓展练习

可利用扩展线缆等，将学习板各路信号与自动气象站的相应端子相连，观察自动气象站的采集结果是否与预想一致(仅可在培训时，或在专业人员指导下进行)。

附录B　CAWS600-B型自动气象站操作

实习报告1　整体结构和供电

1. 熟悉整体结构

(1)对照线路图，查看CAWS600-B型自动气象站的实物结构(可参考图2.1.2、图B1)，查看是否存在下列设备(填入"√"或"×")：

主采集器________；气压传感器________；气压传感器导气管________；

交流输入电源________；交流避雷器________；开关电源________；

直流输入电源________；防雷板________；地温分采集器________；

蓄电池________；其他(补充填写)________________________。

(2)观察主采集器箱底部的接口排列和接线方法。

(3)查看实习实训自动气象站是否存在下列传感器设备(填入"√"或"×")：

温度、湿度________；单独的温度(气温)________；气压________；

风向、风速________；翻斗式雨量________；称重式降水________；

浅层地温________；深层地温________；草温________；蒸发________；

辐射________；能见度________；其他(补充填写)________________；

(4)仔细观察各传感器接口的特点及其与主采集器或分采集器的连接方法。

(5)查看通信方式(填入串行通信RS232/RS485、CAN总线、光纤通信等)：

主采集器与各分采集器之间的通信方式：____________________。

自动气象站和业务计算机之间的通信方式：________________。

气压传感器与主采集器之间的通信方式：________________。

2. 供电测量

注：a. 本手册中线路连接仅针对实习设备，工作中应结合实际情况进行测量；

b. 电源操作应谨慎小心，不要用手或导体触碰AC220 V电源各连接点。

(1)在断电的情况下，认识供电系统各部分名称和连接方法(可参考图2.2.2)。

(2)连接相应的电源线缆并检查，以初步确定连接无误。

(3)合上空气开关与直流开关(刀片开关)，为主采集器加上直流供电(通电次序为先通直流，再通交流)，观察各电源指示灯明暗变化，目测自动气象站数据采集器是否通电成功：

通电成功□　　未通电□

若未通电，则应观察各电源指示灯工作状态，根据故障表现，对照电路图进行逐级检查，以排除故障。

(4)交流供电测试

选择万用表交流电压档，测量空气开关输入电压 $U_{交}$ =________ V；

开关电源输入(最左侧两引脚)电压 $U_{入}$ =________ V。

(5)直流供电测试

选择万用表直流电压档，测量电源控制器(开关电源)输出电压 $U_{出}$ =________ V；

蓄电池输出电压 U_1 =________ V；刀片开关处电压 U_2 =________ V；

保险管处电压 U_3 =________ V；________ 主采集器输入电压 U_4 =________ V。

传感器供电(防雷板 6 脚)电压 U_5 =________ V。

(6)断电操作：先关闭交流电，再关直流电。

(7)保险管测量

保险管在路电阻 R =________ Ω；

用万用表蜂鸣器档位进行在路测量，是否有蜂鸣声。

有□　　没有□

根据上述结果，对保险管的好坏进行判断。好□　　坏□

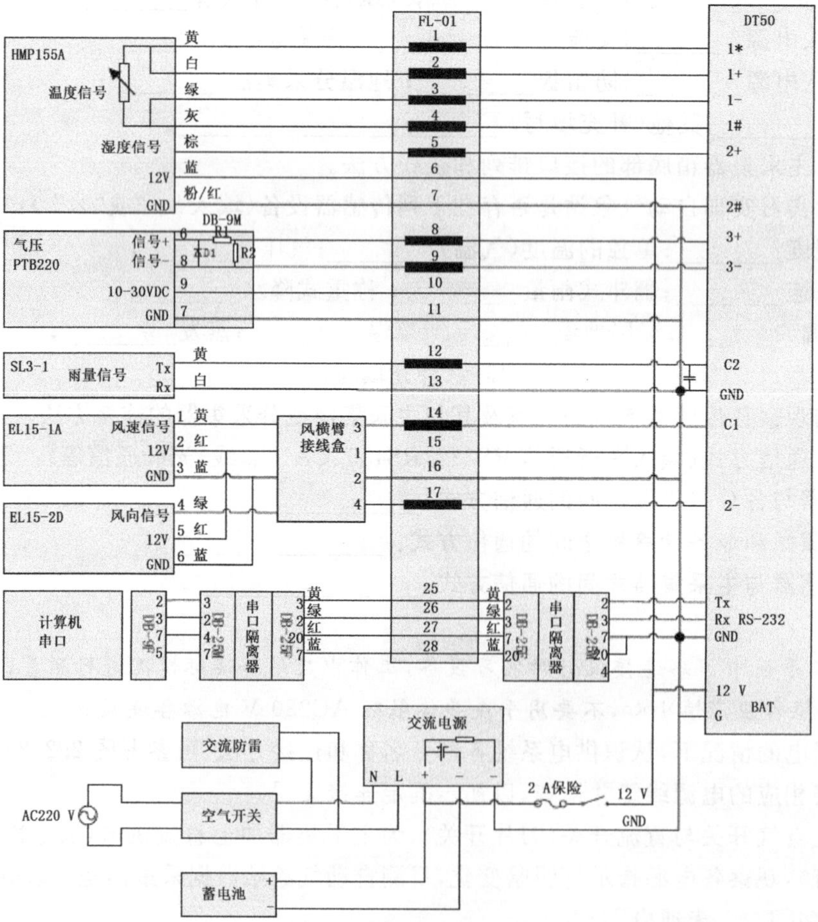

图 B1　CAWS600-B 内部接线

实习报告 2 气温、湿度、气压、雨量传感器的测量

1. 气温传感器

注：安装全部的传感器、插拔任何器件都必须要断电进行！

(1)对照接线图(图 A)，查看传感器与主采集器的连接线缆和接线方法。

(2)将温度传感器连接至防雷板的相应接口端子上，进行如下测量(非在线)：

测量 1 脚(或者 2 脚)与 3 脚(或者 4 脚)之间的电阻 $R_1=$__________ Ω；

测量 1 脚与 2 脚(或者 3 脚与 4 脚)之间的电阻 $R_2=$__________ Ω；

R_1 减去 R_2 求得铂电阻的电阻大小 $R=$__________ Ω；

利用公式 $t=(R-100)/0.39$，求出测量时的温度 $t=$__________。

(3)根据上述结果，初步判断分采集器处的温度值是否正常：

正常□　不正常□

2. 湿度、气压传感器

(1)对照接线图(图 A)，将湿度传感器至防雷板的相应接口端子上。

(2)将气压传感器连接在防雷板(CAWS－DY01)的相应接口端子(图 A1)。

(3)给主采集器通电(注意开、关次序)。

(4)测量防雷板 5 脚输出电压 $U=$__________，此时的相对湿度值为__________。

(5)根据上述测量结果，初步判断湿度传感器的好坏：好□　坏□。

(6)测量气压输出信号，防雷板 8 脚输出电压 $U=$__________。

3. 雨量传感器

(1)将主采集器交直流开关断开，自动站设备断电。

(2)拆卸雨量传感器外筒。

(3)将数字万用表拨至“蜂鸣”档。翻动雨量传感器翻斗时(不要用手触碰翻斗内沿)，测量雨量传感器的红、黑两接线柱，听万用表是否发出蜂鸣声：

是□　　否□

据此判断翻斗计数功能是否正常：

正常□　　不正常□

(4)将电缆从底座小孔中穿入，并打一个结。

(5)将电缆红、黑线缆分别接入传感器后的红、黑接线柱；将电缆的屏蔽线接入底座上的任意一个螺柱。

(6)将雨量传感器放至底座上，调节底座水平(若气泡偏向某一个螺丝，则将该螺丝向下调整，或将对向的螺丝向上调整，气泡大致居中后再稍微调一下其他的螺丝)，并固定螺栓；

(7)查看计数翻斗及计量翻斗，计数翻斗与计量翻斗翻转灵活，倾向必须一致；

(8)盖上外筒，用水平尺测量桶口是否水平(垂直交叉测量水平)，并调节至水平；

(9)固定所有螺丝，将雨量传感器另一端电缆连接在防雷板上(图 A)。

4. 仪器整理

(1)先断电(先关闭交流电、再关闭直流电),然后进行传感器等部件的复位;

(2)万用表、工具等摆放整齐;

(3)各组长检查工具是否完整,仪器设备是否完好。

实习报告3 风、地温传感器的测量及串口调试

1. 风传感器

注:安装全部的传感器、插拔任何器件都必须要断电进行!

(1)将风传感器安装在风横臂上(风向在北,风速在南),用指南针确定南北向。

(2)将风横臂固定在支架上,用水平尺测量风横臂是否水平,调节风横臂至水平。

(3)将风电缆的另一端(接线盒输出),连接到主采集器防雷板上(图A)。

(4)确定上述接线连接无误后,接通电源。

(5)风速测量

利用万用表(直流电压档),在主采集器上找到对应的风速传感器连接点,测量防雷板上如下信号:

风速传感器的供电电压 U_1=________ V;

风杯静止时,风速传感器输出电压 U_2=________ V;(正常应为6 V左右)

风杯转动时,风速传感器输出电压 U_3=________ V。

根据测量值,初步判断风速供电与信号输出是否正常:

正常□　　不正常□

注:由于风速输出为频率信号,无法用万用表直接测量风速的大小。只能通过万用表来大致判断风速的工作状态。

(6)风向测量

利用胶带,将风向标固定在相应)。打开万用表(直流电压档),在防雷板上找到对应的风向传感器连接点,测量风向输出电压信号:

固定在0°方位附近(正北),输出电压 U=________ ,对应风向:____________;

固定在90°方位附近(正东),输出电压 U=________ ,对应风向:____________;

固定在180°方位附近(正南),输出电压 U=________ ,对应风向:____________;

固定在270°方位附近(正西),输出电压 U=________ ,对应风向:____________。

注:风向输出为电压信号(CAWS600),0～2.5 V(DC)对应风向0°～360°。

2. 地温传感器

注:安装全部的传感器、插拔任何器件都必须要断电进行!

(1)将地温变送器输出线连接在防雷板相应管脚(图B2)。

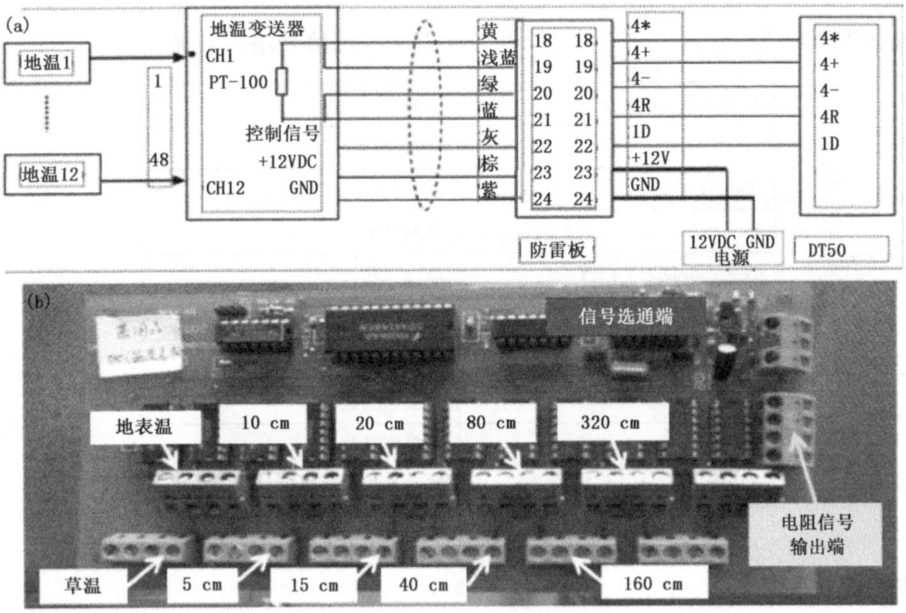

图B2　地温传感器接线图(a)及地温变送器内部实物图(b)

(2)参照气温传感器的测量方法，打开地温变送器接线盒，依次选择相应通道进行测试，大致判断各个通道对应铂电阻传感器的好坏。

传感器类型	R_1(Ω)	R_2(Ω)	R(Ω)	温度(℃)	好/坏判断(√或×)
地表温					
草温					
5 cm 地温					
10 cm 地温					
15 cm 地温					
20 cm 地温					
40 cm 地温					
80 cm 地温					
160 cm 地温					
320 cm 地温					

3. 数据采集

(1)将数据线连接至防雷板(25～28脚，分别对应黄、绿、红、蓝色连接线)，另一端通过串口隔离器连接到计算机。

(2)打开OSSMO2004监控软件，查看当前的温度、湿度、气压、雨量、风向、风速、地温等气象要素的数据。

4. 调试软件使用

在教师指导下，使用DT自带的detransfer软件或者串口调试工具进行调试，调试命令如图 B3 所示。

例，输入“TEST”—收到 PASS 字符，可确认 DT 模拟信号端口正常。

名称	解释
T	获取时间
T＝HH：MM：SS	修改时间
D	获取日期
D＝MM/DD/YYYY	修改日期
U	卸载所有数据
UB	卸载分钟数据
UC	卸载正点数据
RESET	采集器复位
TEST	测试采集器通道状态

图 B3　调试命令

5. 仪器整理

(1)先断电(先关闭交流电，再关闭直流电)，然后进行传感器等部件的复位。

(2)万用表、工具等摆放整齐。

(3)各组长检查工具是否完整，仪器设备是否完好。

附录C　DZZ4型新型自动气象站附图

注：新型自动气象站的更多相关信息可查阅《新型自动气象站实用手册》（中国气象局气象探测中心，2016）

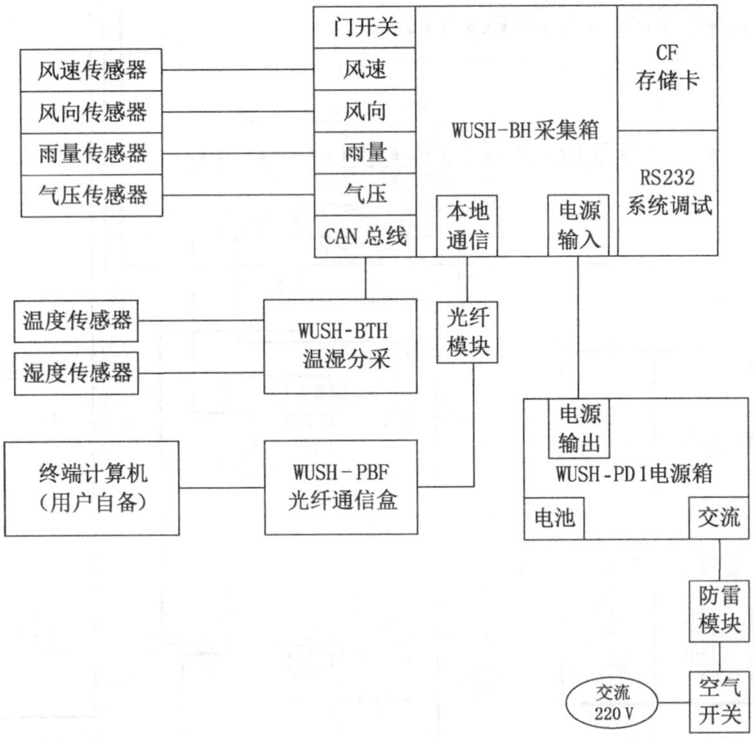

图C1　DZZ4型自动气象站系统结构

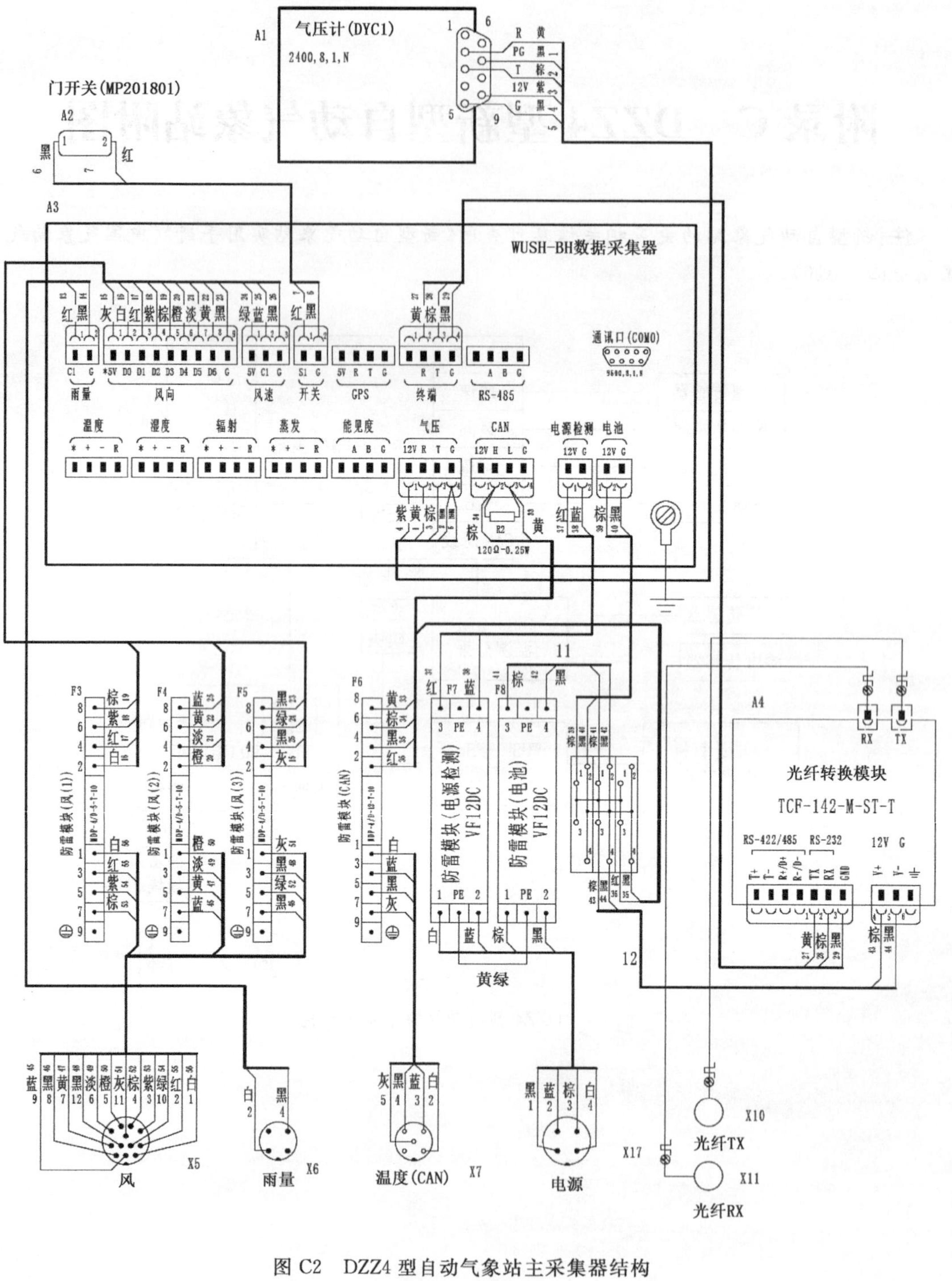

图 C2　DZZ4 型自动气象站主采集器结构

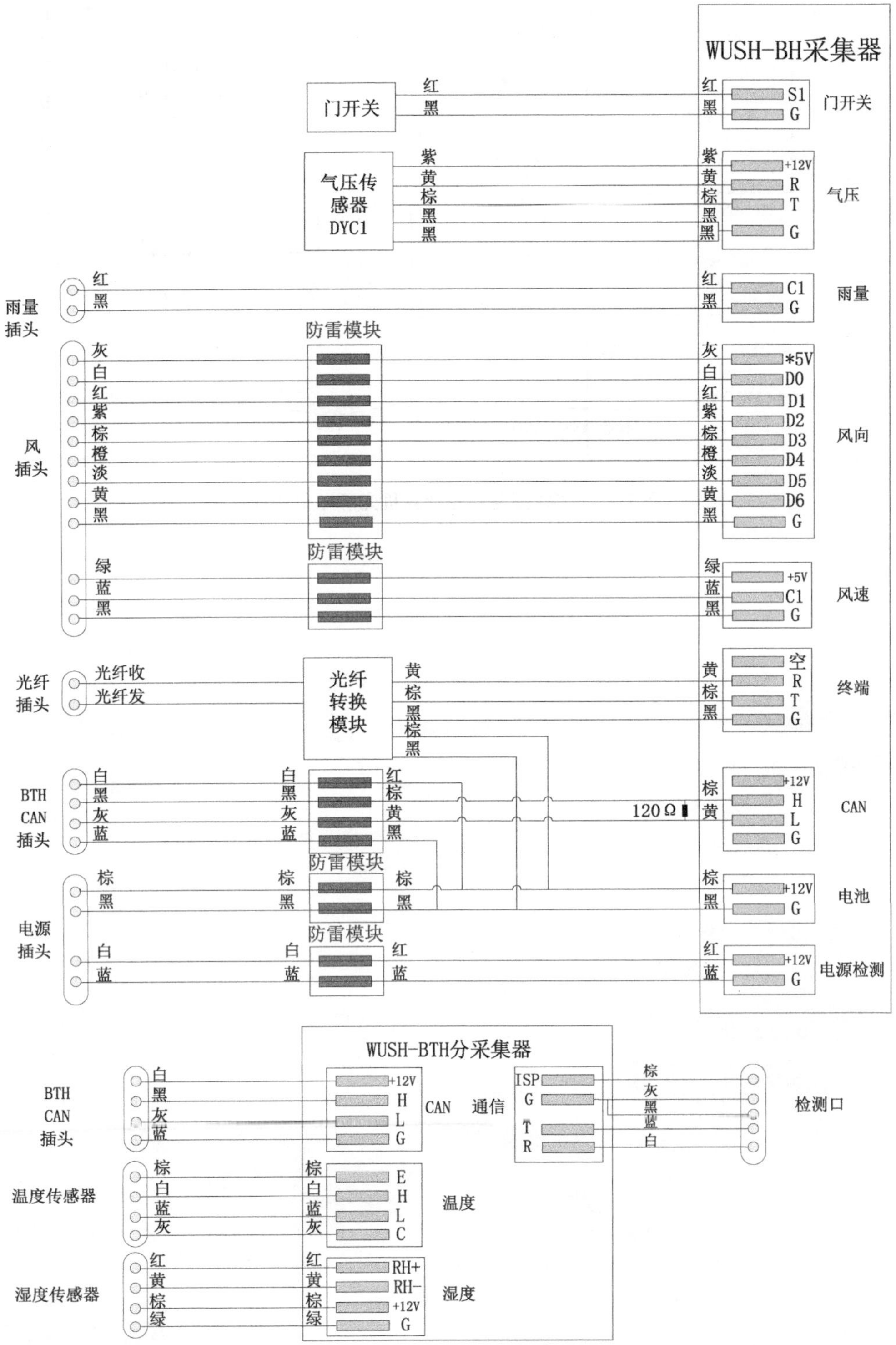

图 C3　DZZ4 型自动气象站采集系统接线

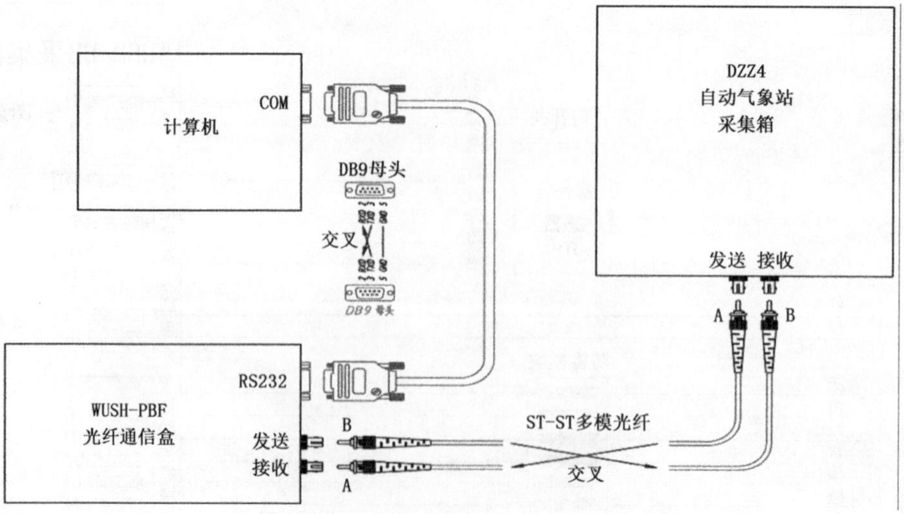

图 C4 DZZ4 型与业务计算机光纤通信接线

附录 D　DZZ5 型新型自动气象站附图

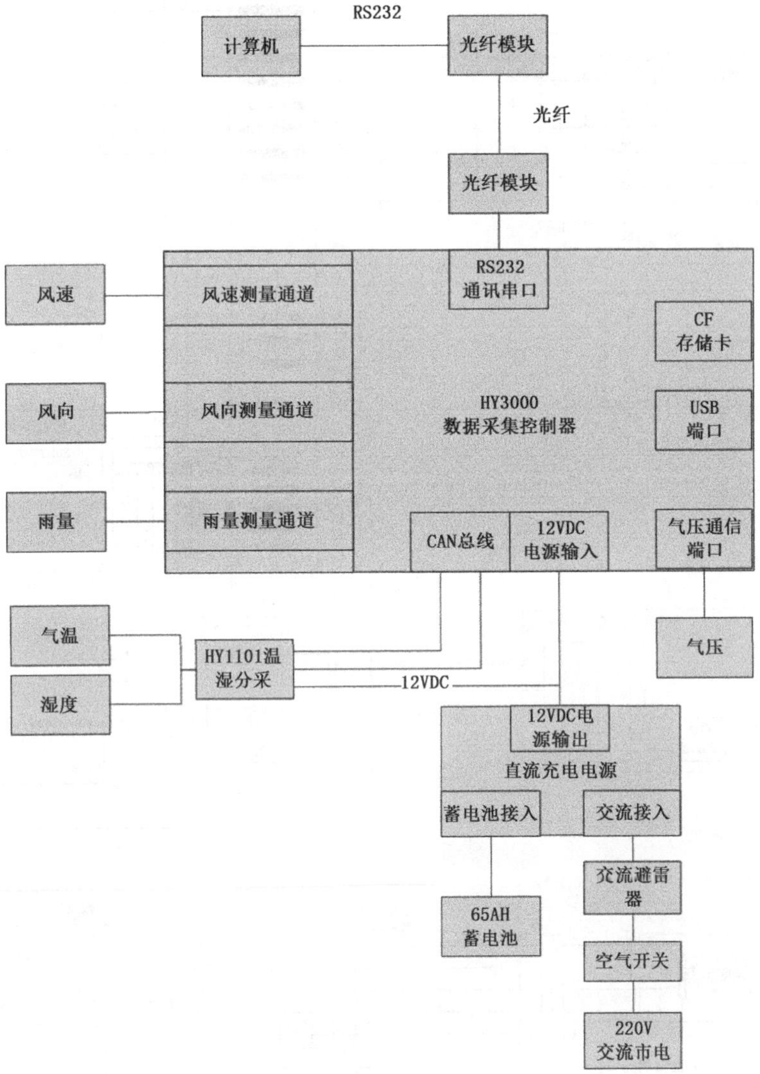

图 D1　DZZ5 型自动气象站系统结构(另见彩图)

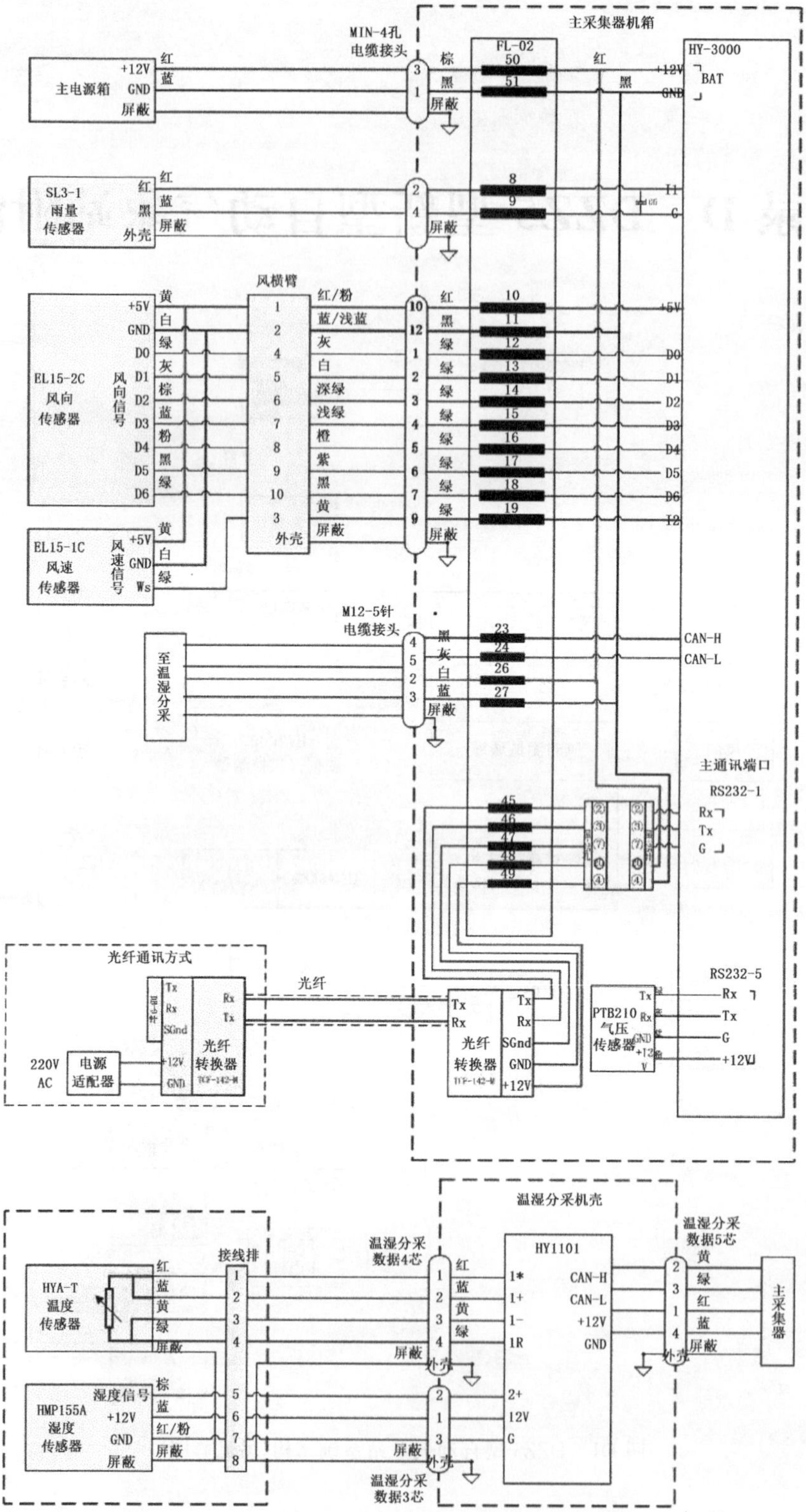

图 D2　DZZ5 型自动气象站采集系统接线

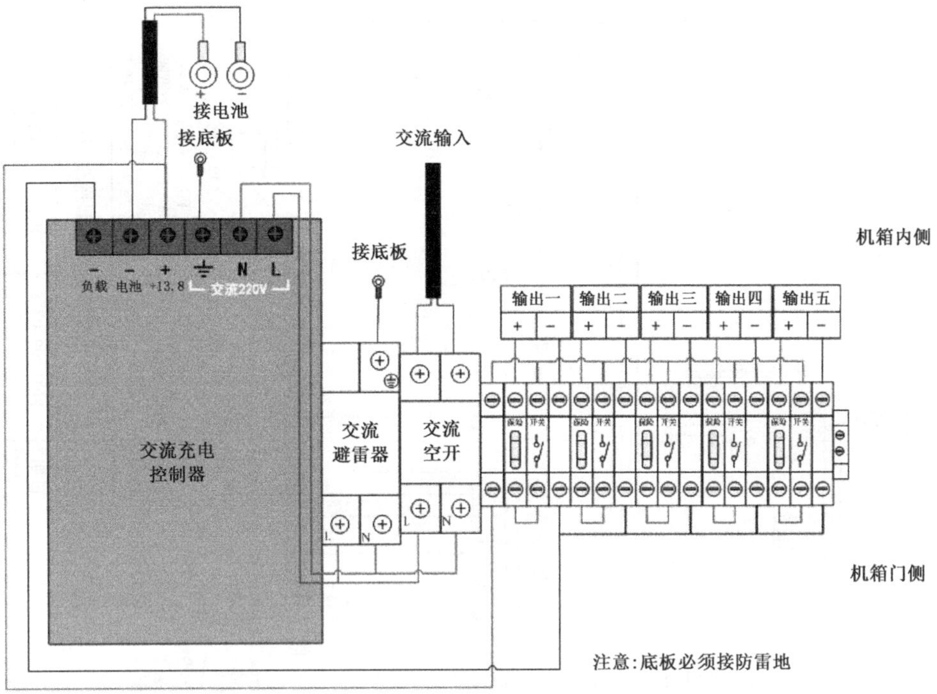

图 D3　DZZ5 型自动气象站电源系统结构(另见彩图)

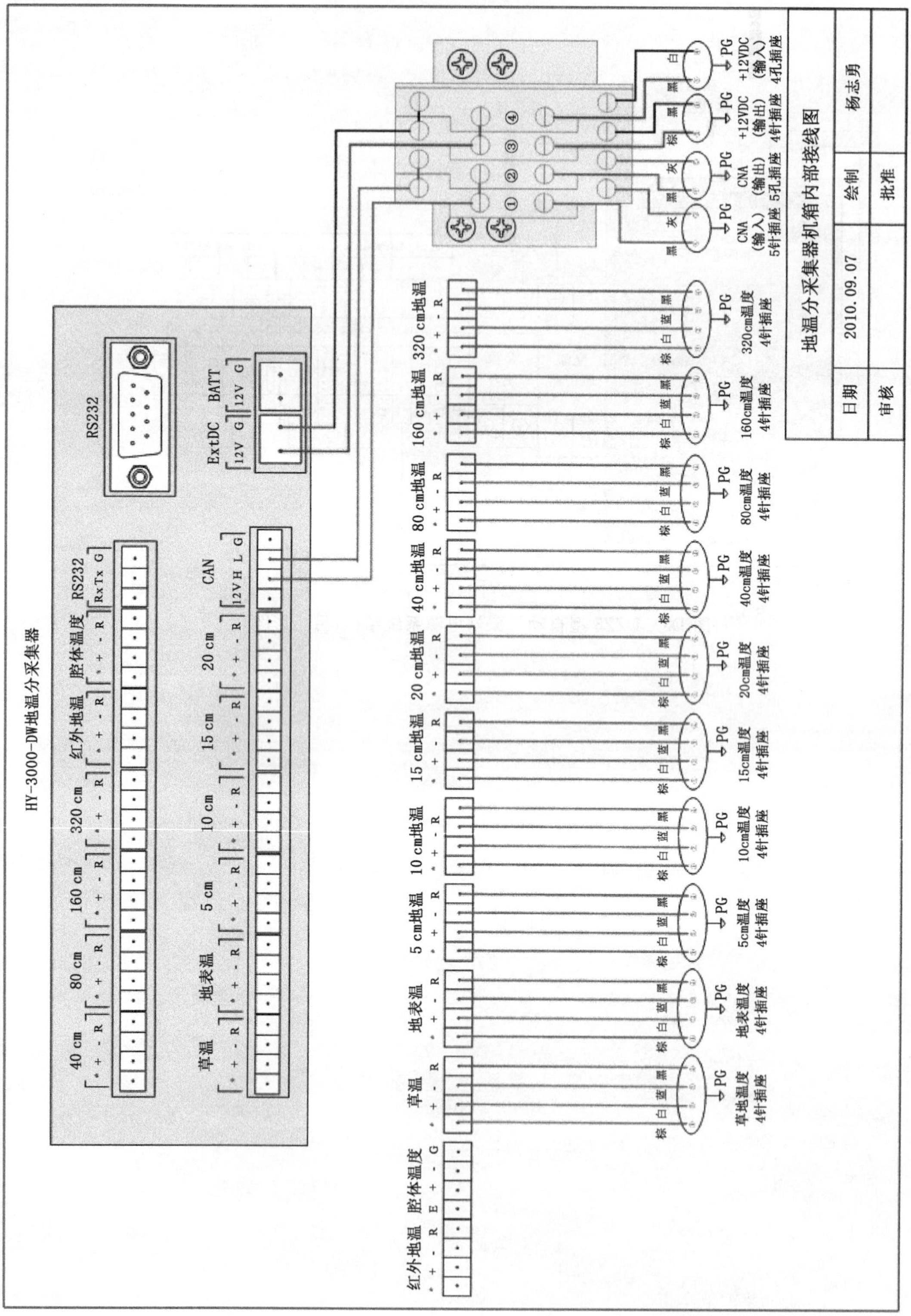

图 D4 DZZ5 型自动气象站的地温分采集器接线(另见彩图)

附录 E　风向角度和七位格雷码对照表

表 E　风向角度和 7 位格雷码对照

角度(°)	格雷码 GFEDCBA	角度(°)	格雷码 GFEDCBA	角度(°)	格雷码 GFEDCBA	角度(°)	格雷码 GFEDCBA
0(N)	0000000	90(E)	0110000	180(S)	1100000	270(W)	1010000
3	0000001	93	0110001	183	1100001	273	1010001
6	0000011	96	0110011	186	1100011	276	1010011
8	0000010	98	0110010	188	1100010	278	1010010
11	0000110	101	0110110	191	1100110	281	1010110
14	0000111	104	0110111	194	1100111	284	1010111
17	0000101	107	0110101	197	1100101	287	1010101
20	0000100	110	0110100	200	1100100	290	1010100
23	0001100	112	0111100	203	1101100	293	1011100
25	0001101	115	0111101	205	1101101	295	1011101
28	0001111	118	0111111	208	1101111	298	1011111
31	0001110	121	0111110	211	1101110	301	1011110
34	0001010	124	0111010	214	1101010	304	1011010
37	0001011	127	0111011	217	1101011	307	1011011
39	0001001	129	0111001	219	1101001	309	1011001
42	0001000	132	0111000	222	1101000	312	1011000
45	0011000	135	0101000	225	1111000	315	1001000
48	0011001	138	0101001	228	1111001	318	1001001
51	0011011	141	0101011	231	1111011	321	1001011
53	0011010	143	0101010	233	1111010	323	1001010
56	0011110	146	0101110	236	1111110	326	1001110
59	0011111	149	0101111	239	1111111	329	1001111
62	0011101	152	0101101	242	1111101	332	1001101
65	0011100	155	0101100	245	1111100	335	1001100
68	0010100	158	0100100	248	1110100	338	1000100
70	0010101	160	0100101	250	1110101	340	1000101
73	0010111	163	0100111	253	1110111	343	1000111
76	0010110	166	0100110	256	1110110	346	1000110
79	0010010	169	0100010	259	1110010	349	1000010
82	0010011	172	0100011	262	1110011	352	1000011
84	0010001	174	0100001	264	1110001	354	1000001
87	0010000	177	0100000	267	1110000	357	1000000

注：1. 7 位格雷码“由左至右”排列，对应“$D_6 \sim D_0$”，即由高位至低位排列。

2. 新型自动气象站主采集器上“由左至右”的各位，依次为“$D_0 \sim D_6$”。

附录 F 降水现象仪数据返回格式

表 F 降水现象仪数据返回格式(参考)

序号	要素名称	最大字长	实例	说明
1	起始标识符	2	BG	固定长度,2 个字母,以“BG”表示
2	区站号	6	853698	保持现有台站区站号不变,首位为 8 加 5 位区站号,如区站号为“12345”的台站记为“812345”
3	服务类型	2	00	00 基准站,01 基本站,02 一般站,03 区域站,04 交通气象站,05 电力气象站,06 农业气象站,07 旅游气象站,08 海洋气象站,09 风能气象站,10 太阳能气象站,11 生态气象站,12 气象辐射站,13 便携站,14 自动气候站
4	设备标识位	4	YWTR	YWTR 降水天气现象仪,YWDP 雨滴谱仪,YFSV 前向散射能见度仪
5	设备 ID	3	001	用于区分同一个区站号台站中同类设备
6	观测时间	14	20181104161400	北京时,年月日时分秒
7	帧标识	3	001	用于区分数据类型和时间间隔,由两部分组成:D,T。D 为 1 位数据,用于区分数据类型:0 代表实时数据,1 代表定时数据。T 表示 2 位十进制数值,代表观测时间间隔,00 代表秒,01～59 依次代表 1～59 min 间隔,60～83 依次代表 1～24 h 间隔。如分钟实时数据用 001 表示,定点定时数据用 160 表示
8	观测要素变量数	3	001	001 表示有 1 个观测要素。说明:a. 未探测到观测要素不输出,观测要素变量数为实际探测到的要素数,当出现故障,未探测到任何要素时,该类设备输出的观测要素变量数为 0,应在状态信息中输出故障信息。b. 对于设备或传感器故障时,对应设备或传感器的全部观测要素均输出缺测,对应变量数值处用“/”字符填充
9	设备状态变量数	2	17	17 表示有 17 个状态变量。说明:a. 设备自检状态变量为必输出项,当设备自检通过时只输出自检状态变量,即状态变量数为 1。b. 当设备某些属性状态不正常时,除输出自检状态外,还需输出所有状态不正常的状态变量名
10	降水现象	2	ANA	
11	降水现象值	2	08	01:雨,02:阵雨,03:毛毛雨,04:雪,05:阵雪,06:雨夹雪,07:阵性雨夹雪,08:冰雹

续表

序号	要素名称	最大字长	实例	说明
12	质量控制位	1	0	字符数量与观测要素变量数一致,1 个字符代表 1 个数据的质量控制码,按顺序与观测数据中的数据一一对应。 质量控制码含义如下: 0 正确,1 可疑,2 错误,3 修正数据,4 修改数据,5 预留,6 预留,7 预留,8 缺测,9 未做质量控制。 说明:a. 若有数据质量控制判断为错误时,在设备终端数据输出时,其值仍给出,相应质量控制标识为"2",但错误的数据不能参加后续相关计算或统计。b. 对于瞬时气象值,若属采集器或通信原因引起数据缺测,在设备终端数据输出时直接给出缺测,相应质量控制标识为"8"
13	设备自检状态	1	z	设备状态名称对应的变量名编码由属性类、属性码和后缀 3 部分组成。采用 ASCII 字符中的英文大小写字母、数字和下划线组合表示编码,区分大小写字母。说明:a. 状态属性类用小写字母表示,以与观测要素变量名明显区分。状态属性类分为:设备自检、传感器状态、电源状态、工作温度状态、加热部件状态、通风部件状态、通信状态、窗口污染状态和设备工作状态。依次用小写字母 z,y,x,w,v,u,t,s,r 表示。一些人工观测仪器的状态用 m 表示。避免状态属性类小写字母与观测要素特定义小写字母重叠使用。b. 属性码采用大写字母表示,按照 $A \sim Z$ 顺序对状态属性类下的各状态名称依次编码。c. 后缀用下划线加大写字母的观测要素类或观测要素名标示对应分采集器或传感器的状态;用下划线加大写字母的设备标示符标示多个设备状态。自动观测设备端不使用设备标示符后缀,当台站软件需要融合多个设备的数据包为一个大的数据包时,方可使用设备标示符以区分不同设备
14	设备自检值	1	0	设备自检值取值范围为 0 或 1,各值含义如下:0 代表正常,设备状态节点检测且判断正常,1 代表异常,设备状态节点能工作,但检测值判断超出正常范围。 自检状态说明:a. 设备在完成各个状态要素检测后,进行状态判断,当所有状态都为正常时,设备自检正常,对应状态值为 0。b. 设备在完成各个状态要素检测后,进行状态判断,当有一个或多个状态处于非正常状态时,设备自检异常,对应状态值为 1
15	蓄电池电压状态	1	XD	
	蓄电池电压状态值	1	0	取值范围为 0,3,4,5,各数值代表的含义:0 正常,3 偏高,4 偏低,5 停止
16	蓄电池电压值	1	xDV	
	蓄电池电压对应值	3	119	电压值为 11.9 V
17	AC-DC 电压状态	1	xE	
18	AC-DC 电压状态值	1	0	取值范围为 0,3,4,5,各数值代表的含义:0 正常,3 偏高,4 偏低,5 停止

续表

序号	要素名称	最大字长	实例	说明
19	AC-DC 电压值	1	xEV	
20	AC-DC 电压值对应值	3	119	电压值为 11.9 V
21	设备/主采工作电压状态	1	xH	
22	设备/主采工作电压状态值	1	0	取值范围为 0,3,4,5,各数值代表的含义:0 正常,3 偏高,4 偏低,5 停止
23	设备/主采工作电压数值	1	xHV	
24	设备/主采工作电压对应值	3	051	电压值为 5.1 V
25	降水传感器加热电流状态	1	xJ	
26	降水传感器加热电流状态值	1	0	取值范围为 0,3,4,5,各数值代表的含义:0 正常,3 偏高,4 偏低,5 停止
27	降水传感器加热电流	1	xJV	
28	降水传感器加热电流值对应值	2	01	加热电流为 0.1 A
29	降水传感器电压状态	1	xK	
30	降水传感器电压状态值	1	0	取值范围为 0,3,4,5,各数值代表的含义:0 正常,3 偏高,4 偏低,5 停止
31	内部传感器电压值	1	xKV	
32	内部传感器电压值对应值	3	064	电压值为 6.4 V
33	降水传感器温度状态	1	wF_B	
34	降水传感器温度状态值	1	0	取值范围为 0,3,4,各数值代表的含义:0 正常,3 偏高,4 偏低
35	降水传感器温度值	1	wF_BV	
36	降水传感器温度值对应值	4	0250	温度值为 25.0 ℃
37	降水现象仪环境温度状态	1	wF_C	
38	降水现象仪环境温度状态值	1	0	取值范围为 0,3,4,各数值代表的含义:0 正常,3 偏高,4 偏低
39	降水现象仪环境温度值	1	wF_CV	

续表

序号	要素名称	最大字长	实例	说明
40	降水现象仪环境温度值对应值	4	0210	环境温度值为21.0 ℃
41	传感器加热状态	1	vA	
42	传感器加热状态值	1	0	取值范围为0,3,4,各数值代表的含义:0正常,3偏高,4偏低
43	窗口污染情况	1	sA	
	窗口污染情况状态值	1	0	取值范围为0,6,7,8,各数值代表的含义:0正常,6轻微,7一般,8严重
	校验码	4	0516	定长,4位数字。采用校验和方式,对"BG"开始一直到校验段前(包括分隔符','在内)的全部字符以ASCII码全部累加。累加值以10进制无符号编码,高位溢出,取低4位
	结束符	2	ED	固定长度,2个字母,以"ED"表示

附录G　DSC1型称重式降水传感器测试命令

表G　传感器测试命令

命令格式	命令含义
SETCOM	通过命令方式设置采集器的通讯参数，包括：波特率、数据位、停止位、奇偶校验
LOGO	显示采集器的基本信息，包括：生产厂商、型号标识、采集器软件的版本号
DATE	当命令后不带参数时，表示返回自动气象站的日期，带参数时表示设置自动气象站的日期。时间格式：YYYY-MM-DD
TIME	当命令后不带参数时，表示返回自动气象站的时间，带参数时表示设置自动气象站的时间。时间格式：hh：mm：ss
DATETIME	同时设置日期和时间。 时间格式：YYYY-MM-DD hh：mm：ss
ID	当命令后不带参数时，表示返回自动气象站的区站号，带参数时表示设置自动气象站的区站号
RDPR	下载分钟降水观测数据，可指定时间范围。时间格式：YYYY-MM-DD hh：mm
DMPR	下载分钟降水观测数据和状态数据，可指定时间范围。时间格式：YYYY-MM-DD hh：mm
QCPS	设置采样值的 QC 参数
QCPM	设置分钟降水量的 QC 参数
MASSOVER	设置用于识别溢出报警的质量阈值
MASSDRAIN	设置用于识别排水的每分钟质量下降阈值
SAMPLES	以表格形式显示采样数据、状态数据

附录 H　光电式数字日照计观测要素及其编码

表 H　自动日照计观测要素及其编码

观测要素编码	观测要素名称	单位	比例因子	字节长度	备注
AJT	地方时	年月日时分	0	12	YYYYMMDDhhmm
AJC	直接辐射辐照度 （C 开头代表直接辐射表）	W/m^2	0	4	整数输出
AKA	分钟内有无日照	0/1	0	1	整数输出
AKB	日照小时累计(min)	分钟	0	2	整数输出
AKC	日照日累计数(h)	小时	1	3	观测精度:保留 1 位小数
AKI	24 h 日照	分钟	0	48	
AKJ	日出时间	时分	0	4	
AKK	日落时间	时分	0	4	

附录I HY-WP1A 型天气现象视频智能附图

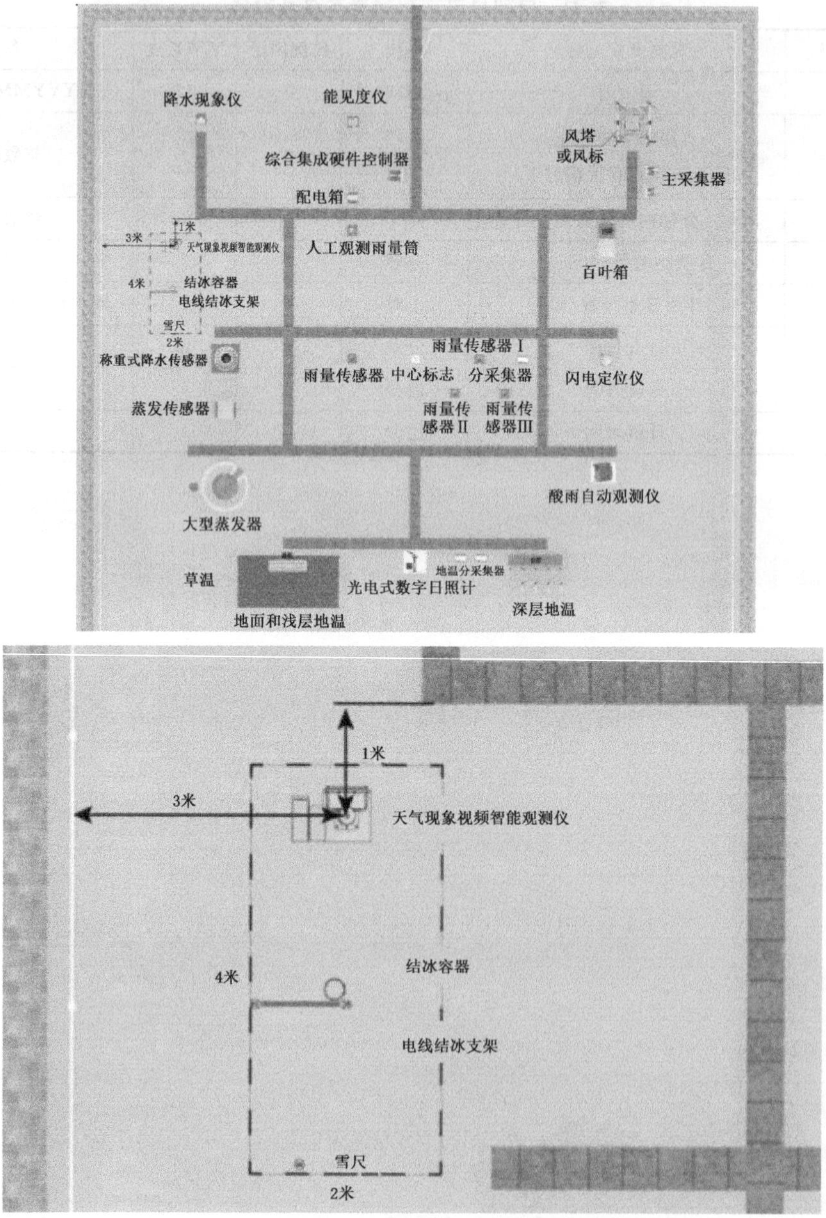

图 I1 整体布局图 A

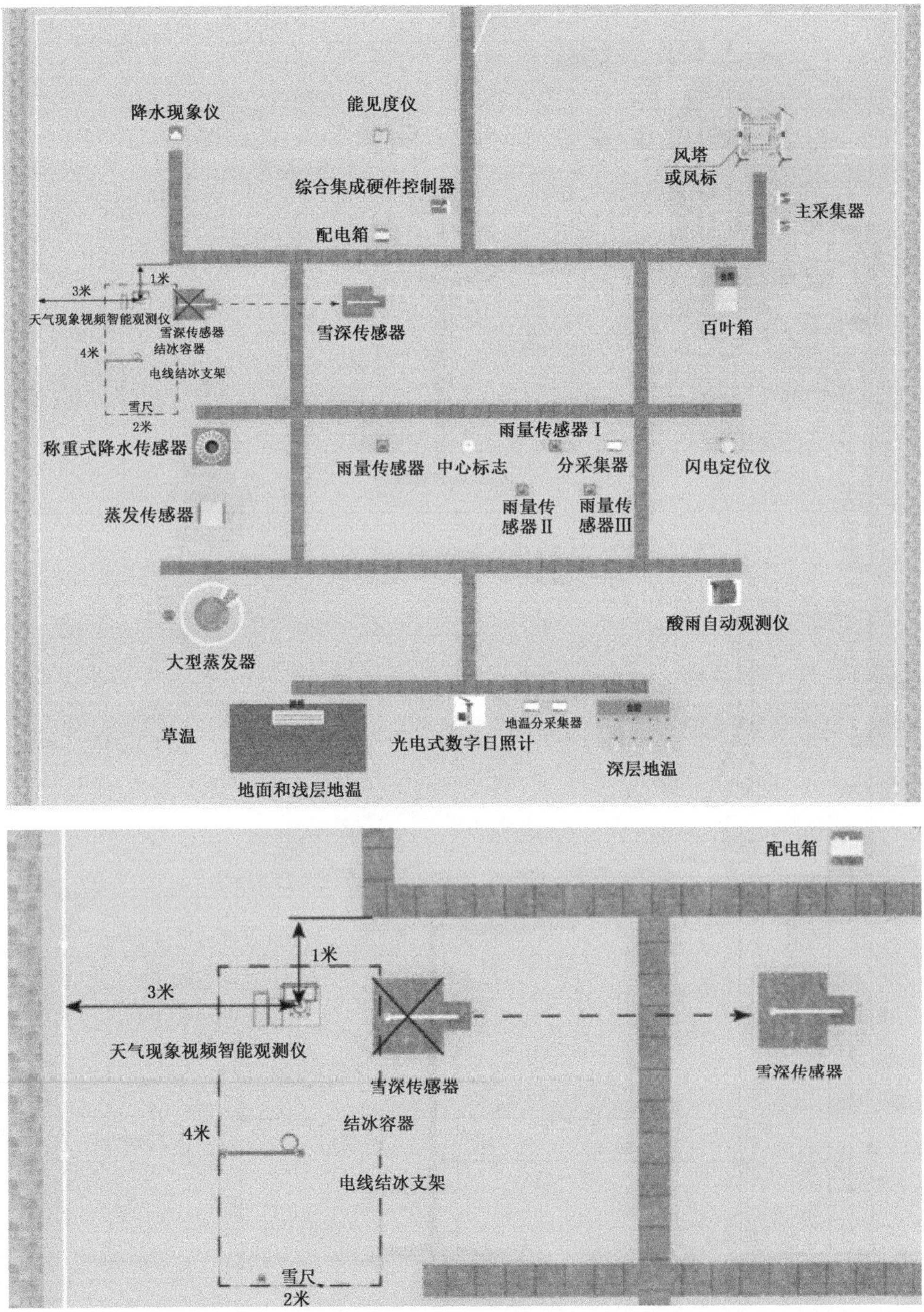
降水现象仪
能见度仪
风塔
或风标
综合集成硬件控制器
主采集器
配电箱
1米
3米
天气现象视频智能观测仪
雪深传感器
结冰容器
4米
电线结冰支架
雪深传感器
百叶箱
雪尺
2米
雨量传感器 I
称重式降水传感器
雨量传感器
中心标志
分采集器
闪电定位仪
蒸发传感器
雨量传感器 II
雨量传感器III
酸雨自动观测仪
大型蒸发器
地温分采集器
草温
光电式数字日照计
深层地温
地面和浅层地温
配电箱
1米
3米
天气现象视频智能观测仪
雪深传感器
雪深传感器
4米
结冰容器
电线结冰支架
雪尺
2米

图 I2 整体布局图 B

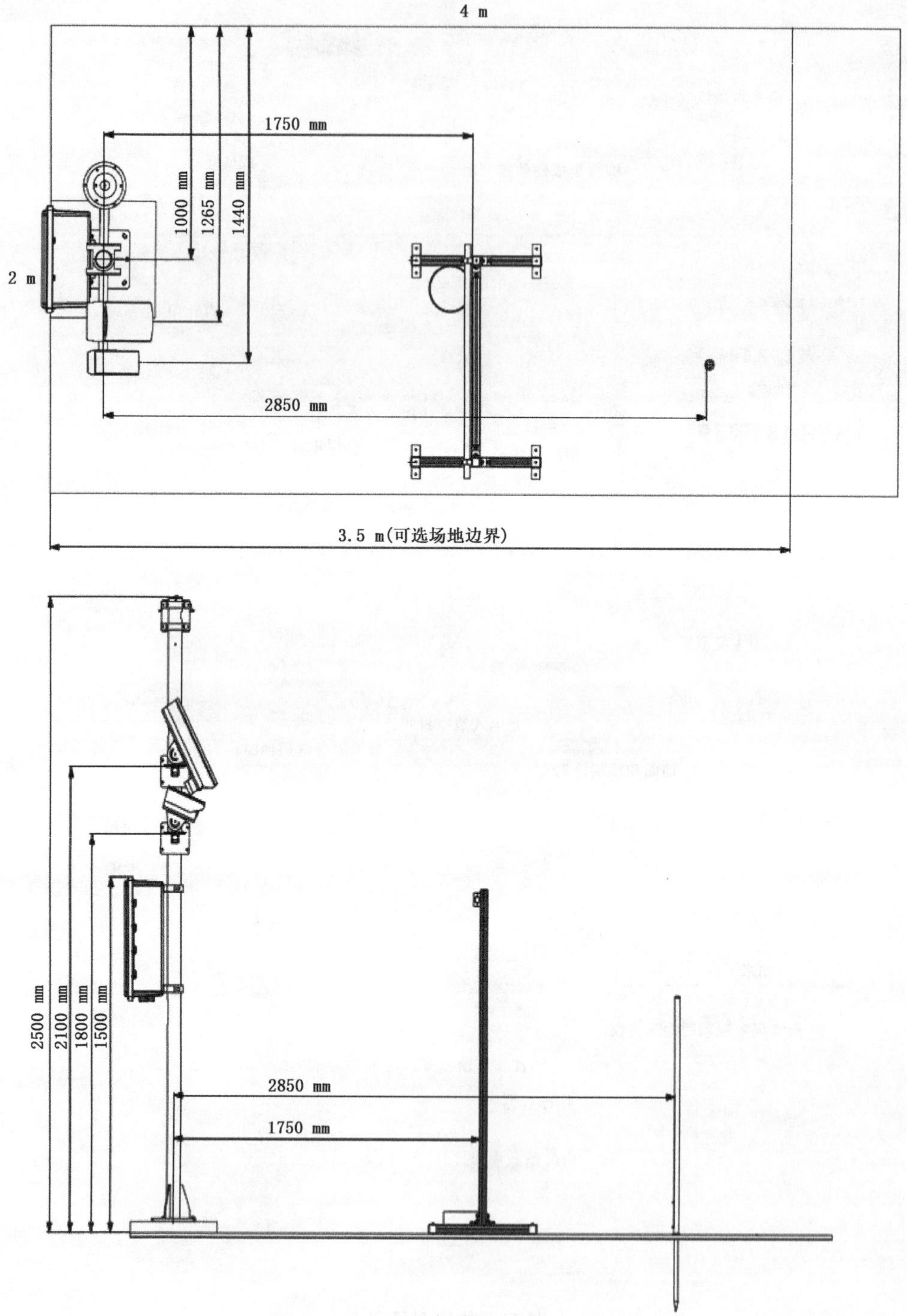
4 m
1750 mm
1000 mm
1265 mm
1440 mm
2 m
2850 mm
3.5 m(可选场地边界)
2500 mm
2100 mm
1800 mm
1500 mm
2850 mm
1750 mm

图 I3　高度与距离要求

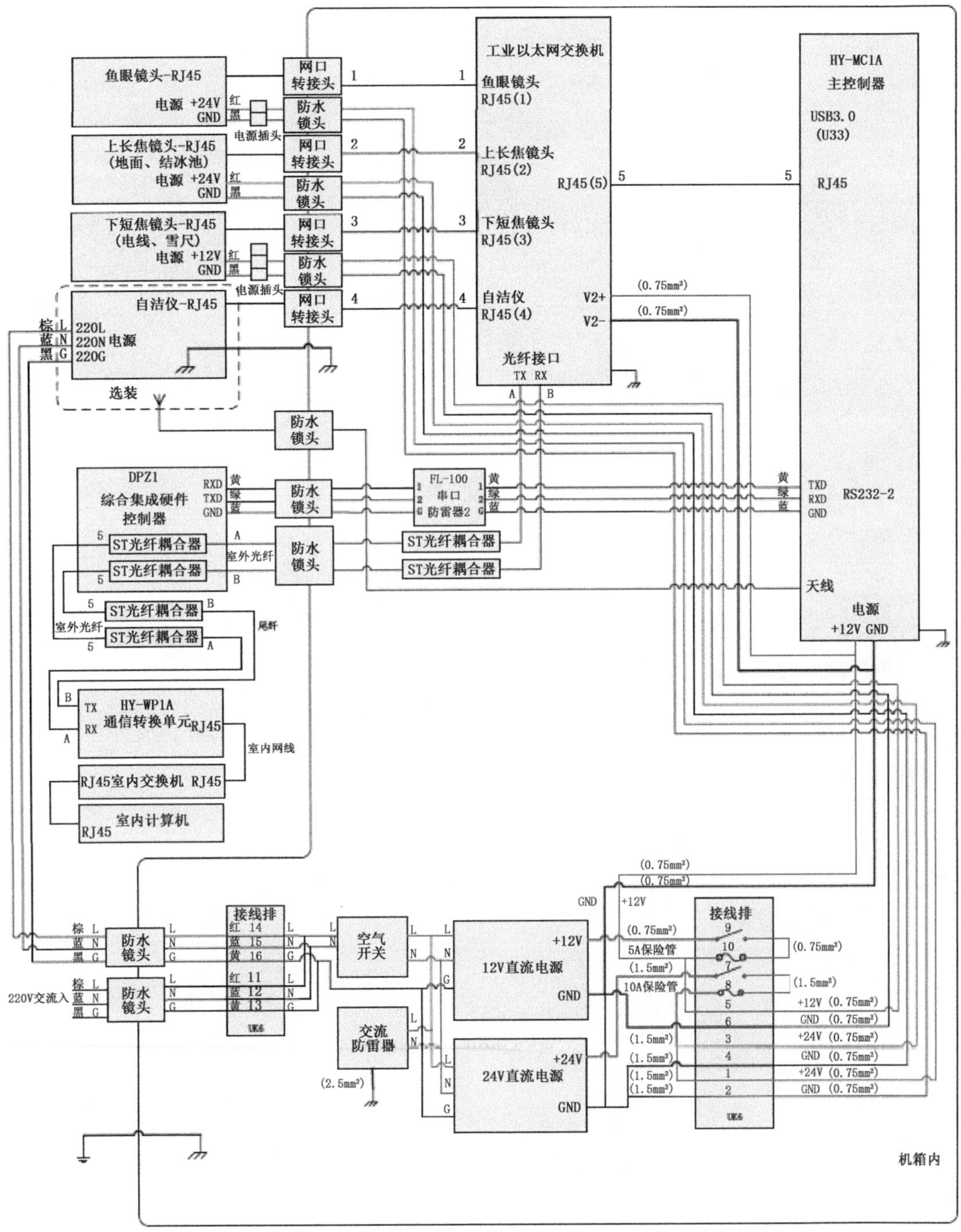

工业以太网交换机
鱼眼镜头
RJ45(1)
上长焦镜头
RJ45(2)
RJ45(5)
下短焦镜头
RJ45(3)
自洁仪
RJ45(4)
V2+
V2-
光纤接口
TX RX
HY-MC1A
主控制器
USB3.0
(U33)
RJ45
TXD
RXD
GND
RS232-2
天线
电源
+12V GND
鱼眼镜头-RJ45
电源 +24V
GND
红
黑
电源插头
上长焦镜头-RJ45
(地面、结冰池)
下短焦镜头-RJ45
(电线、雪尺)
电源 +12V
自洁仪-RJ45
220L
220N 电源
220G
棕
蓝
黑
选装
网口
转接头
防水
锁头
DPZ1
综合集成硬件
控制器
RXD
TXD
黄
绿
蓝
FL-100
串口
防雷器2
ST光纤耦合器
室外光纤
尾纤
HY-WP1A
通信转换单元
RJ45
室内网线
RJ45室内交换机 RJ45
室内计算机
(0.75mm²)
(1.5mm²)
(2.5mm²)
接线排
UK6
空气
开关
交流
防雷器
12V直流电源
24V直流电源
+12V
+24V
GND
5A保险管
10A保险管
220V交流入
机箱内

图 I4 接线图

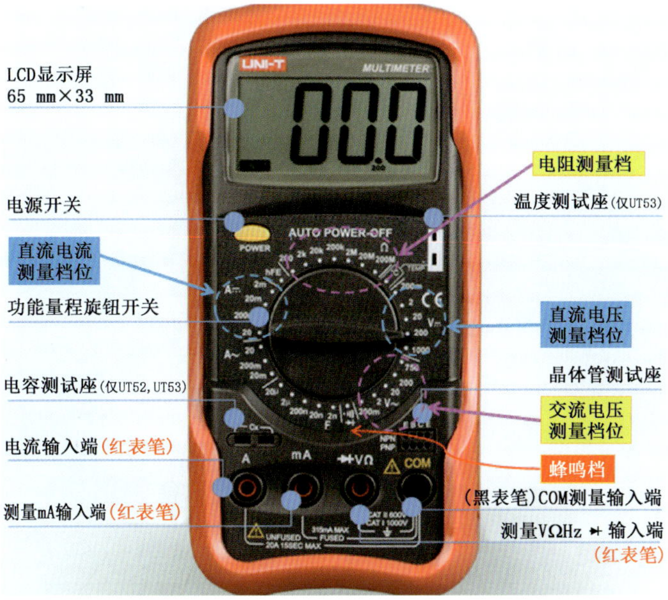

彩图 1.1.3　某款数字万用表实物图和功能介绍

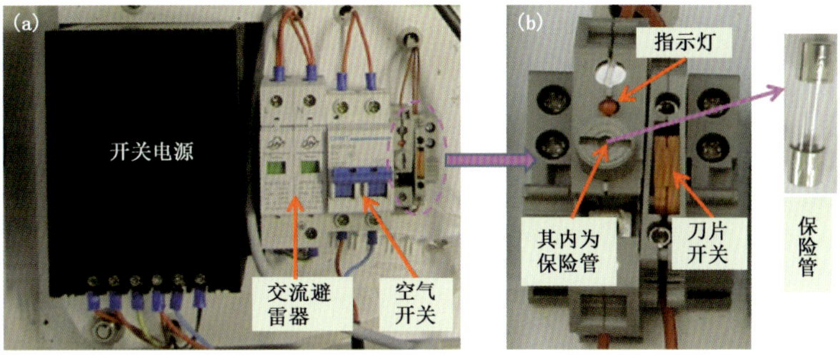

彩图 1.2.2　自动气象站(DZZ5)供电组件实物图

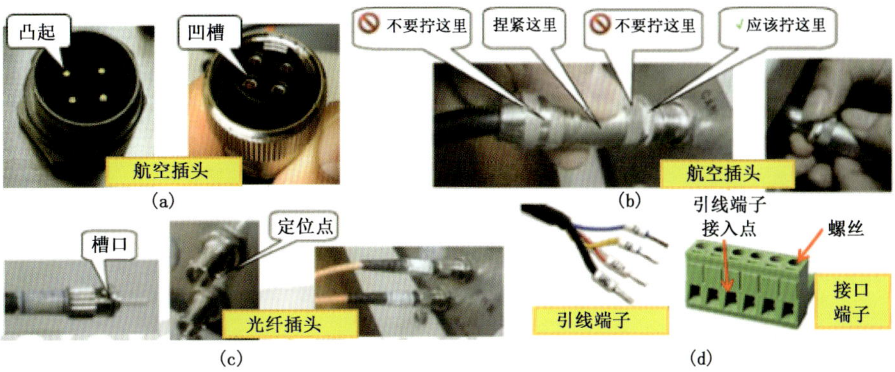

彩图 1.2.4　几种不同插头和接口的实物图

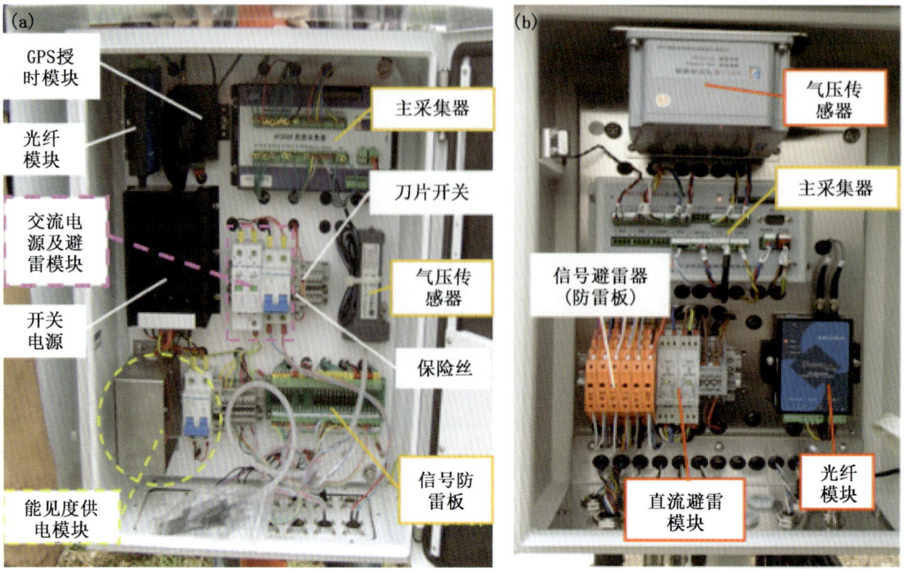

彩图 2.1.6　DZZ5 型(a)和 DZZ4 型(b)自动气象站主采集器箱实物图

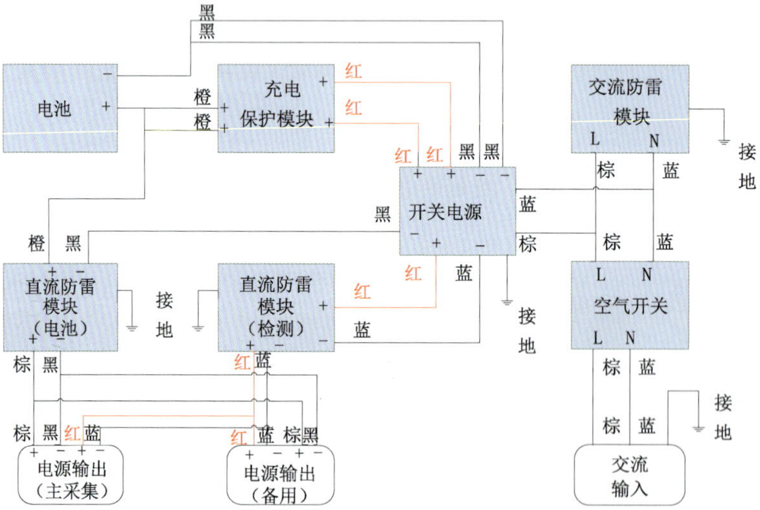

彩图 2.2.3　DZZ4 电源箱内部整体线路

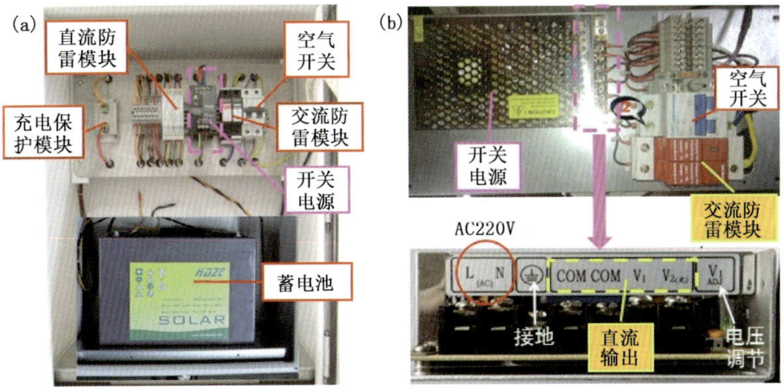

彩图 2.2.4　DZZ4 电源箱内部(a)和 DZZ6 电源(b)实物图

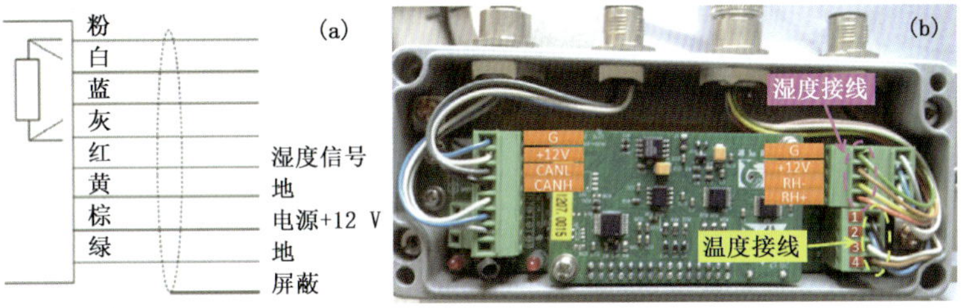

彩图 2.4.9　DZZ4 温湿度传感器接线图(a)和温湿度分采集器内接线实物图(b)

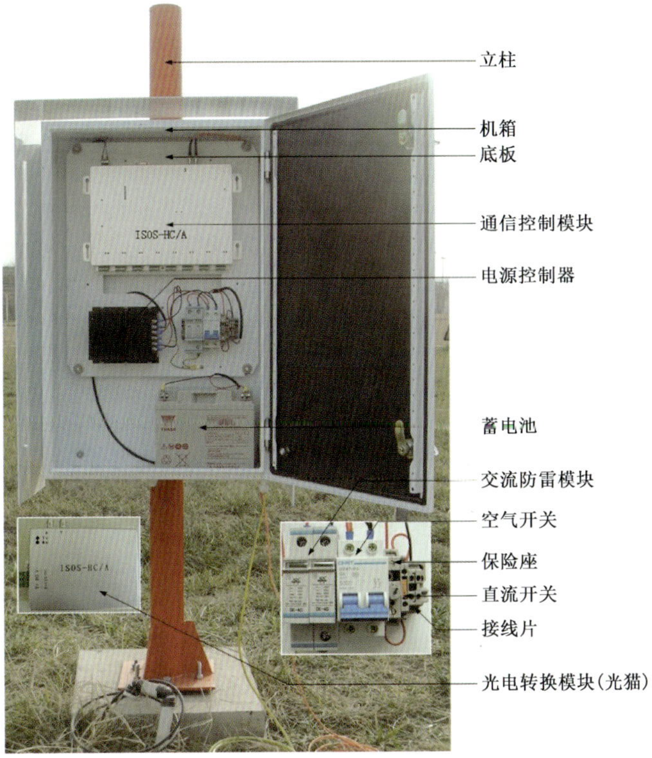

彩图 3.1.1　综合集成硬件控制器实物图

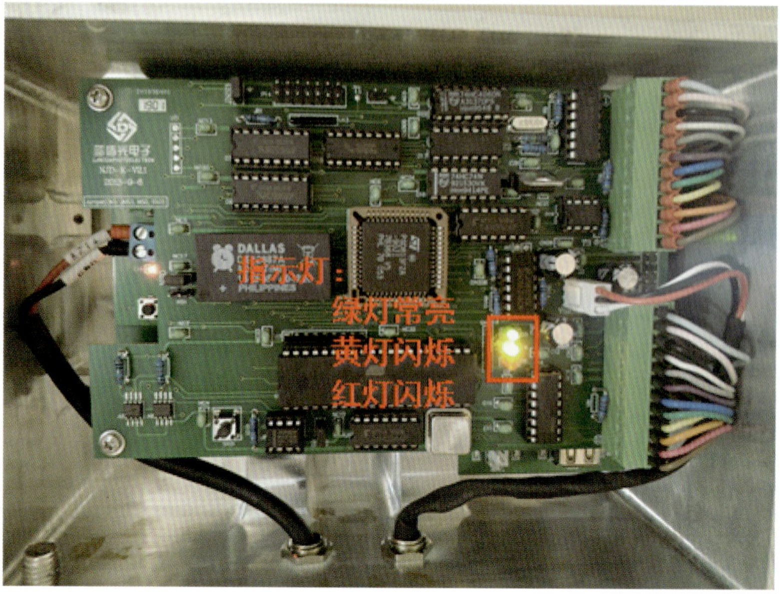

彩图 3.2.14　状态指示灯

彩图 3.2.15　数据线插在采集板

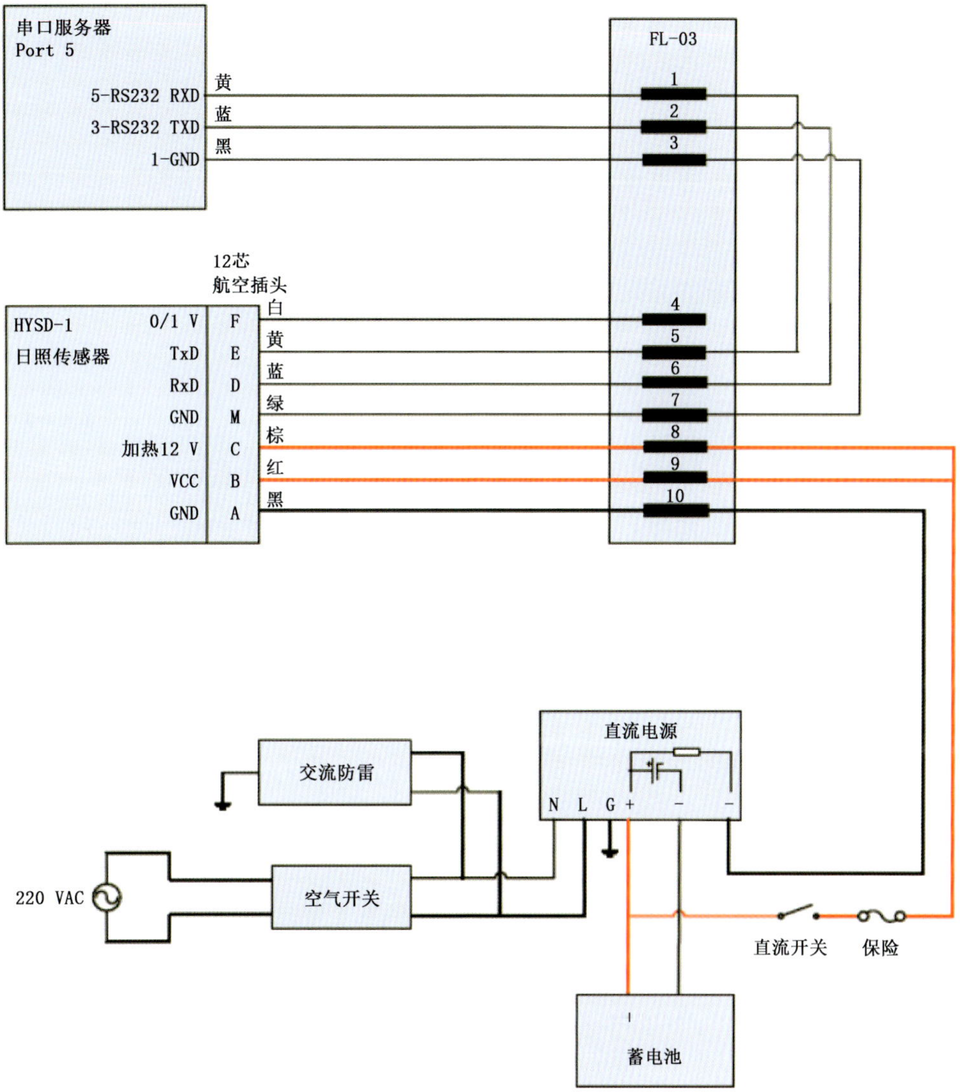
串口服务器
Port 5
5-RS232 RXD
3-RS232 TXD
1-GND
黄
蓝
黑
FL-03
1
2
3
4
5
6
7
8
9
10
12芯
航空插头
HYSD-1
日照传感器
0/1 V
TxD
RxD
GND
加热12 V
VCC
GND
F
E
D
M
C
B
A
白
黄
蓝
绿
棕
红
黑
直流电源
N L G + - -
交流防雷
空气开关
220 VAC
直流开关
保险
蓄电池

彩图 3.6.5　日照计接线

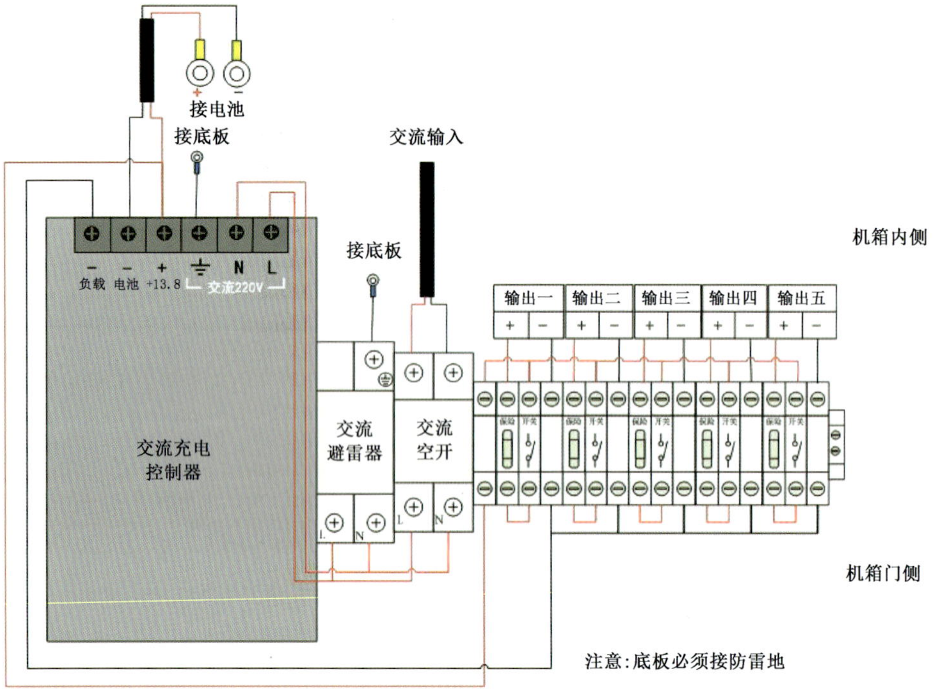

彩图 D3　DZZ5 型自动气象站电源系统结构

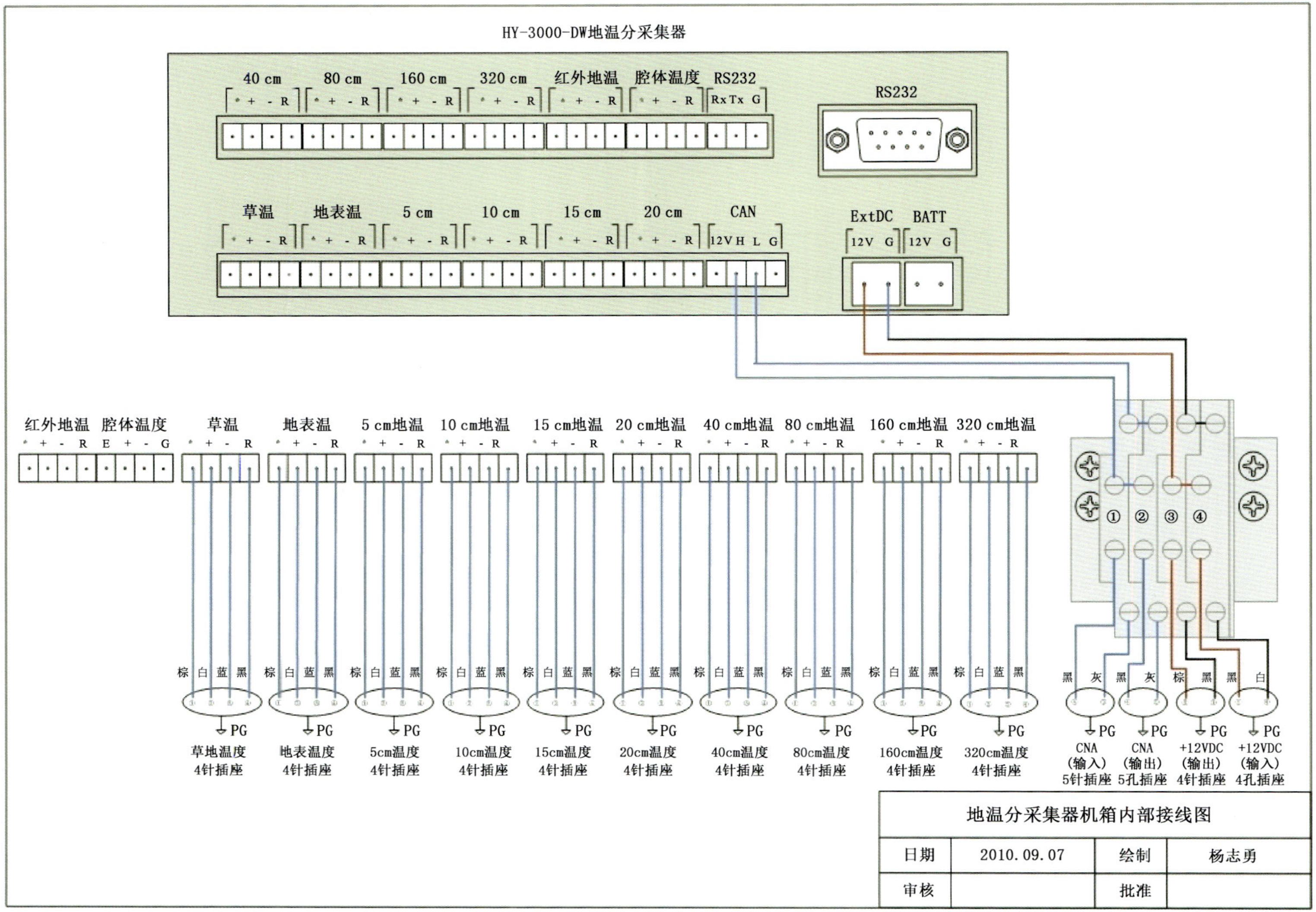

彩图 D4　DZZ5 型自动气象站的地温分采集器接线

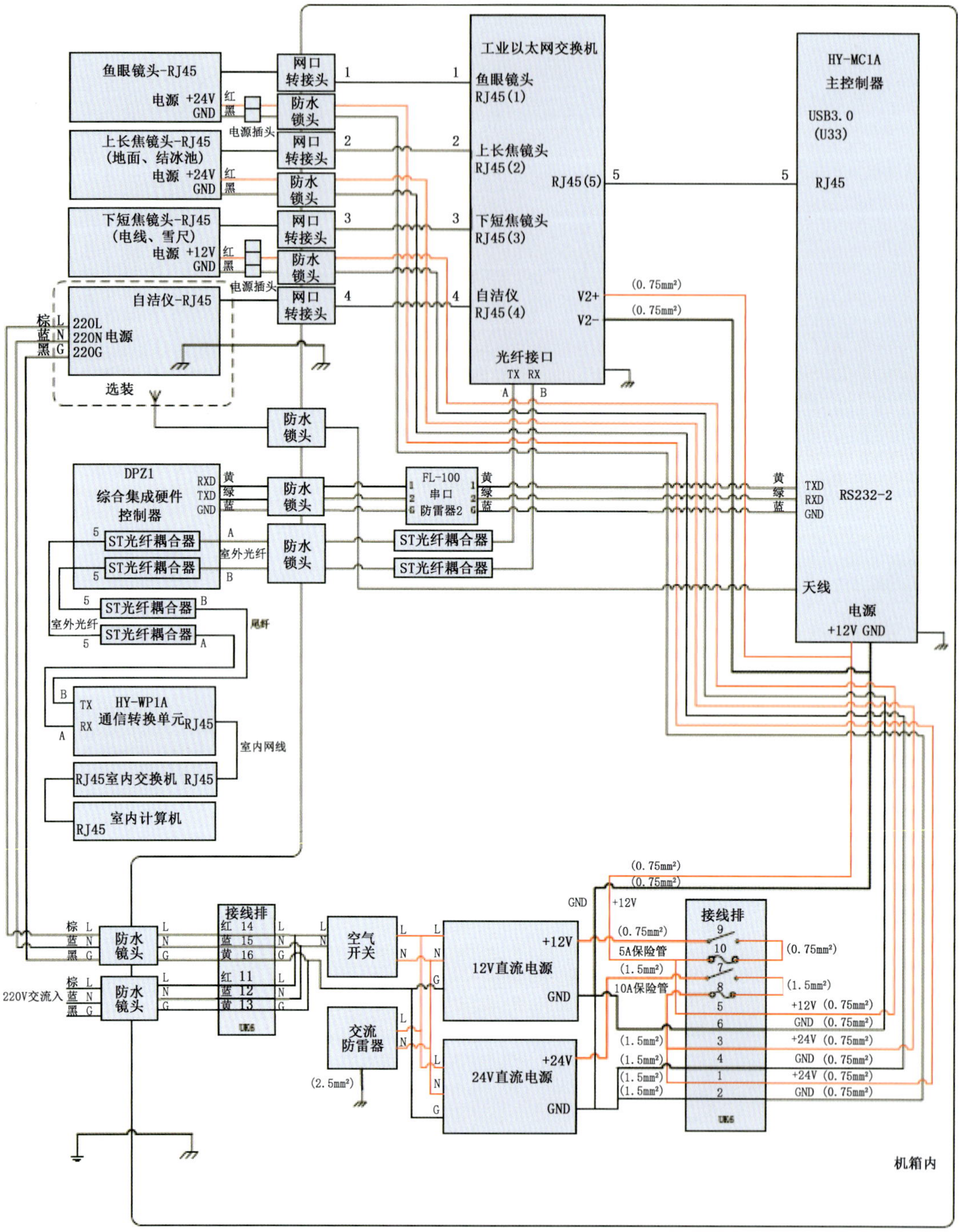

鱼眼镜头-RJ45
电源 +24V
GND
红
黑
电源插头
网口
转接头
防水
锁头
上长焦镜头-RJ45
(地面、结冰池)
电源 +24V
GND
下短焦镜头-RJ45
(电线、雪尺)
电源 +12V
GND
自洁仪-RJ45
220L
220N 电源
220G
棕
蓝
黑
选装
工业以太网交换机
鱼眼镜头
RJ45(1)
上长焦镜头
RJ45(2)
RJ45(5)
下短焦镜头
RJ45(3)
自洁仪
RJ45(4)
V2+
V2-
光纤接口
TX RX
A B
(0.75mm²)
HY-MC1A
主控制器
USB3.0
(U33)
RJ45
TXD
RXD
GND
RS232-2
天线
电源
+12V GND
黄
绿
蓝
DPZ1
综合集成硬件
控制器
RXD
TXD
GND
FL-100
串口
防雷器2
ST光纤耦合器
室外光纤
尾纤
HY-WP1A
通信转换单元
TX
RX
RJ45
室内网线
RJ45室内交换机 RJ45
室内计算机
接线排
红 14
蓝 15
黄 16
红 11
蓝 12
黄 13
UK6
220V交流入
空气
开关
交流
防雷器
(2.5mm²)
12V直流电源
+12V
GND
24V直流电源
+24V
GND
+12V
5A保险管
10A保险管
(1.5mm²)
+12V (0.75mm²)
GND (0.75mm²)
+24V (0.75mm²)
GND (0.75mm²)
+24V (0.75mm²)
GND (0.75mm²)
机箱内

彩图 I4 接线图